DIE WAFFEN DER RUSSISCHEN ARMEE

INFANTERIE & ARTILLERIE

Victor Schunkow

Motor
buch
Verlag

IMPRESSUM

Einbandgestaltung: Luis dos Santos
Titelbild: Vitaly. V. Kuzmin/CC-BY-SA 4.0

Bildnachweis: Die zur Illustration dieses Buches verwendeten Aufnahmen stammen – wenn nicht anderes vermerkt ist – vom Verfasser.

Durchgesehen und bearbeitet von Franz Leip

ISBN: 978-3-613-04510-1

1. Auflage 2023

Sie finden uns im Internet unter www.motorbuch-verlag.de

Lektorat: Redaktion Motorbuch
Innengestaltung: ERWE-WERBUNG Ralf Weinreich, Halle/S.
Druck und Bindung: Graspo CZ, 76302
Printed in Czech Republic

INHALT

ABKÜRZUNGEN

AEK
a) Awtomat Eksperimentalni Kokscharowa, – vollautomatische Versuchswaffe von Kokscharow (Maschinenpistole)
b) Awtomat Eksperimentalni Kowrowa – Versuchs-Sturmgewehr Kowrow
AGS
Awtomatitscheski Granatamjot na Stanke Lafettierter Maschinengranatwerfer
AK
Awtomat Kalaschnikowa – Kalaschnikow-Sturmgewehr
AKMS
Awtomat Kalaschnikowa Modernisirowanji Skladnoi – Modernisiertes Kalaschnikow-Sturmgewehr mit Klappschaft
AKSU
Awtomat Kalaschnikowa Skladnoi Ukorotschenni – Kurzes Kalaschnikow-Sturmgewehr mit Klappschaft
APS
Awtomat Podwodni Spezialni – Unterwasser-Spezialsturmgewehr
AS
Awtomat Serdjukowa – Serdjukow-Sturmgewehr
ASUNO
Awtomatisirowannaja Sistema Uprawlenija Ognom – Automatisierte Feuerleitanlage
ASWK
Armeiskaja Snaiperskaja Wintowka Krupnokalibernaja – Großkaliber-Armee-Scharfschützengewehr (schweres Scharfschützengewehr, Anti-Material-Gewehr)
B
Buksirujemaja – gezogen, geschleppt (Geschütz)
BM
Bojewaja Maschina – Kampffahrzeug (Bezeichnung für Mehrfachraketenwerfer)
BMD
Bojewaja Maschina Desanta – Gefechtsfahrzeug für Luftlandetruppen (Kettenschützenpanzer)
BMP
Bojewaja Maschina Pechoty – Gefechtsfahrzeug der Infanterie (Kettenschützenpanzer)
BRDM
Bronirowannaja Raswedywatelno Dosornaja Maschina – Gepanzertes Aufklärungs- und Patrouillenfahrzeug (Radspähpanzer)
BTR
Bronjetransportjor – gepanzerter Transporter (Radschützenpanzer)
FSB
Federalnoje Sluschba Besopastnosti – Föderaler Sicherheitsdienst (russischer Inlandsnachrichtendienst)
FSO
Federalnaja Sluschba Ochrany – Föderaler Schutzdienst (Personenschutz)
GAS
Gorkowski Awtomobilni Sawod – Automobilwerk Gorki
GM
Granatomjot Magasinny – Magazin-Granatwerfer (Repetier-Granatgewehr)
GP
Granatomjot Podstwolni – Unterlauf-Granatwerfer (Anbau-Granatwerfer)
GPW
Gosudarstwennaja Programma Wooryschenija – Staatliches Rüstungsprogramm
GRAU
Glawnoje Raketno-Artilleriiskoje Uprawlenie – Hauptverwaltung für Raketen und Artillerie (auch für die Handwaffen-Entwicklung zuständig)

GRU
Glawnoje Raswedywatelnoje Uprawlenie – Hauptverwaltung Aufklärung (militärischer Nachrichtendienst)
GSch
Grjasew, Schipunow – Konstrukteursnamen (Pistole von KBP)
K
Koleso – Rad (Bezeichnung für gezogenes Geschütz od. Geschütz auf Radfahrwerk)
KAMAS
Kamski Awtomobilni Sawod – Automobilwerk Kama
KBP
Konstruktorskoe Buro Priborostroenija – Konstruktionsbüro für Gerätebau
Kord
Krupnokaliberoe Oruschie Sawoda Degtjarjowa – Großkaliberwaffe des Degtjarjow-Werkes (überschweres MG)
KRUS
Kompleks Rasbedki, Uprawlenija i Swjasi – Aufklärungs-, Leit- und Kommunikationskomplex
MT-LB
Mnogozelewoi Tjagatsch Ljochki Bronirowanni – Leicht gepanzertes Mehrzweckzugmittel
MWD
Ministerstwo Wnutrennich Djel – Innenministerium
NA
Nosch Armeiski – Armeemesser (Feldmesser)
NAS
Nosimogo Awarijnogo Sapasta – Überlebensausrüstung
NB
Nosch Bojewoi – Kampfmesser
Nona
Nowoe Orudnie Nasemnoi Artilleri – Neues Bodenartilleriegeschütz (Bez. für einen Granatwerfer)
NR
Nosch Raswedtschika – Kundschafter-Messer
NRS
Nosch Raswedtschika Streljaischtschi – Schießmesser für Kundschafter
NSN
Nosch Spezialnogo Nasnatschenija – Messer für besondere Zwecke
NSP
Notschnoi Strelkowi Pribor – Nachtzielgerät
NSW
Nikitkin Sokolow, Wolkow – Konstrukteursnamen (überschweres MG NSW)
OF
Oskolotschno-Fugasni (Snarjad) – Spreng-/Splitter (Geschoss)
OKB
Opytno-Konstruktorskoje Buro – Experimental-Konstruktionsbüro
OSW
Osobaja Snaiperskaja Wintowka – Sonder-Scharfschützengewehr
OZ
Oruschie ZKIB – ZKIB-Waffe, Handwaffen-Kürzel des Unternehmens ZKIB SOO/Tula
PAG
Prizel Awtomtitscheskogo Granatomjota – Automatisches Granatwerfervisier
PBS
Pribor Beschumnoi Strelbi – Schalldämpfer

PJa
Pistolet Jarygina – Jarygin-Pistole
PK
Pulemjot Kalaschnikowa – Kalaschnikow-Maschinengewehr
PKB
Pulemjot Kalaschnikowa Bronjeawtomobilni – Kalaschnikow-Maschinengewehr für Schützenpanzer
PKM
Pulemjot Kalaschnikowa Modernisirowanji – modernisiertes Kalaschnikow-Maschinengewehr
PKMS
Pulemjot Kalaschnikowa Modernisirowanji Stankowi – Modernisiertes Kalaschnikow-Maschinengewehr mit Lafette (Dreibein)
PKP
a) Pulemjot Krupnolaliberni Pechnotni – Großkaliber Infanterie-Maschinengewehr (überschweres MG)
b) Pulemjot Kalaschnikowa Petscheneg – Kalaschnikow-Maschinengewehr Petscheneg
PKT
Pulemjot Kalaschnikowa Tankowi – Kalaschnikow-Panzermaschinengewehr
PM
Pistolet Makarowa – Makarow-Pistole
PMM
Pistolet Makarowa Modernisirowannij – Modernisierte Makarow-Pistole
PO
Prizel Optitschski – Zielfernrohr
PP
Pistolet Pulemjot – Maschinenpistole
PSO
Prizel Snaiperski Optitschski – Scharfschützen-Zielfernrohr
PSS
Pistolet Spezialni Samosarjadni – Spezial-Selbstladepistole
RChBS
Radiazionnoi, Chimitscheskoi i Biologitscheskoi Saschtschity – Strahlungs, chemische und biologische Abwehrtruppen (ABC)
RGD
Rutschnaja Granata Distanzionnaja – Distanz-Handgranate
RGN
Rutschnaja Granata Nastupatelnaja – Offensiv-Handgranate
RGO
Rutschnaja Granata Oboronitelnaja – Defensiv-Handgranate
RPG
Rutschnoi Protiwotankowi Granatomjot – Hand-Panzerabwehr-Granatwerfer (Panzerfaust)
RPK
Rutschnoi Pulemjot Kalaschnikowa – Hand-Maschinengewehr Kalaschnikow (leichtes MG)
RPO
Reaktivni Pechotni Ognemet – Reaktiver Infanterie-Flammenwerfer
RSchG
Reaktivnaja Schturmowa Granata – Reaktive Sturmgranate (Bunkerfaust)
RWSN
Raketnie Woiska Strategitscheskogo Nasnatschnenia – Strategische Raketentruppen
S
a) Samochodnoi – Selbstfahr…
b) Stankowi mit Lafette (MG)

SID
Sawod Imeni Degtjarjowa – Degtjarjow-Werk (Waffenfabrik)
SIL
Sawod Imeni Lichatschowa – Lichatschow-Werk (Lkw-Hersteller)
SKB
Spezialnoe Konstruktorskoje Buro (Kowroskogo Mechanitscheskogo Sawoda) – Sonderkonstruktionsbüro (des Maschinenwerkes Kowrow)
SN
Spezialnoje Nasnatschenje – Spezielle Verwendung, zur besonderen Verwendung (für Sondereinsatzkräfte; Speznas)
SOBR
Spezialnyje Otrjady Bystrowo Reagirowanja – Schnelle Sondereingreiftruppe (Spezialeinsatzkommando der russischen Nationalgarde)
SP
Spezialni Patron – Spezial- oder Sonderpatrone
SPP
a) Spezialni Podwodni Pistolet – Unterwasser-Spezialpistole
b) Snaiperski Pulemjotny Prizel – Scharfschützen-Maschinengewehr-Zielfernrohr
SPS
Samosarjadni Pistolet Serdjukowa – Selbstladepistole Serdjukow
SR
Spezialnaja Rasrabotka – Sonderentwicklung (Bezeichnung einiger Maschinenpistolen)
SUO
Sistema Uprawlenija Ognom – Feuerleitanlage
SW
Snaiperskaja Wintowka – Scharfschützengewehr
SWD
Snaiperskaja Wintowka Dragunowa – Dragunow-Scharfschützengewehr
SWU
Snaiperskaja Wintowka Ukorotschennaja – Verkürztes Scharfschützengewehr
SWU-AS
Snaiperskaja Wintowka Ukorotschennaja Awtomatitschskaja s Soschkami – Verkürztes automatisches Scharfschützengewehr mit Zweibein
TOS
Tjaschelaja Ognemetnaja Sistema – Schweres Flammenwerfersystem (Mehrfachraketenwerfer)
TT
Tulski Tokarewa obrasa – Tulaer Tokarew-Modell (Tokarew-Pistole TT-33)
WDW
Wosduschno Desantnie Woiska – Luftlandetruppen
WOG
Wystrel Oskolotschnyi Granatomotnyi – Werfer-Sprenggranate
WSK
Wintowotschi Snaiperski – KomplexScharfschützengewehr-Komplex (schallgedämpftes Scharfschützengewehr)
WSS
Wintowka Spezialnaja Snaiperskaja – Sonder-Scharfschützengewehr
ZNIITotschMasch
Zentralni Institut Totschnowo Maschinostroenija – Zentrales Forschungsinstitut für Feinmaschinenbau

Hinweis: Das stimmhafte russische „S" in Begriffen wie завод (Sawod, Werk) wird im Deutschen als „S" und nicht als „Z" gesprochen und im Unterschied zu anderen Darstellungen hier auch so geschrieben.

EINFÜHRUNG

Dieses Buch möchte die derzeitige Bewaffnung der russischen Streitkräfte mit Schützenwaffen und Artillerie überblicksartig vorstellen; außerdem verschiedene Handwaffen, die bei Sondereinsatzkräften des Innenministeriums und der Polizei in Dienst stehen. Es handelt sich um über 120 Waffentypen, von Kampfmessern über Sturmgewehre und Granatwerfern bis zu Panzerhaubitzen und taktischen Kurzstreckenraketen. Die Dokumentation richtet sich an alle, die sich für die Geschichte und Entwicklung militärischer Ausrüstung sowie für die Bewaffnung der russischen Streitkräfte interessieren.

Diese entstanden offiziell auf Grundlage des vom damaligen Staatspräsidenten Boris N. Jelzin am 7. Mai 1992 unterzeichneten Erlasses Nr. 219-RP „Über organisatorische Maßnahmen zur Schaffung des Verteidigungsministeriums der Russischen Föderation und der Streitkräfte der Russischen Föderation".

Nach Angaben des Pressedienstes des Verteidigungsministeriums gliedern sich die Streitkräfte der Russischen Föderation in

- Bodentruppen (Heer);
- Luft- und Raumfahrtstreitkräfte;
- Marine.

Die Luftlandetruppen (WDW) und die Strategischen Raketentruppen (RWSN) sind unabhängige Zweige.

Die Bodentruppen, deren Schützenwaffen und Artillerie in dieser Veröffentlichung vorrangig vorgestellt werden, sind die zahlenmäßig stärkste und, was Bewaffnung und Einsatzarten angeht, auch die breit gefächertste Teilstreitkraft. Sie sind dazu bestimmt, unter Einsatz militärischer Mittel feindliche Aggressionen abzuwehren sowie die territoriale Integrität und die nationalen Interessen der Russischen Föderation zu schützen.

Die Bodentruppen umfassen folgende Hauptwaffengattungen:

- Motorisierte Schützentruppen (Infanterie)
- Panzertruppen
- Raketentruppen und Artillerie
- Luftverteidigungstruppen
- Aufklärungstruppen
- Pioniertruppen
- Atomare-, chemische und biologische Abwehrtruppen;
- Fernmeldetruppen

Führungsstelle PU 12 auf SPW 60. Foto: R. Weinreich

Die **motorisierten Schützentruppen** stellen die zahlenmäßig stärkste Waffengattung des Heeres dar und bilden den Kern ihrer Kampfverbände. Zusammen mit den Panzertruppen erfüllen sie folgende Hauptaufgaben:

- In der Verteidigung: Halten von Gebieten, Linien und Stellungen; Abwehr feindlicher Angriffe und Zerschlagung des Gegners auf dem Gefechtsfeld.
- Im Angriff (Gegenoffensive): Durchbrechen der Verteidigung des Feindes, Zerschlagung seiner Verbände, Einnahme wichtiger Geländepunkte, Zonen, Linien und Einrichtungen, Überwinden von Wasserhindernissen und Verfolgung des sich zurückziehenden Feindes.
- Sie führen das Gefecht im Verbund mit anderen Waffen und Teilstreitkräften und operieren mit bzw. unterstützen See- und taktische Luftstreitkräfte.

Weitgehend selbstständige und feuerstarke motorisierte Schützenbrigaden bilden die Grundlage der motorisierten Schützentruppen.

Die **Panzertruppen** sind die Truppengattung mit der höchsten Schlag- und Stoßkraft des Heeres. Sie werden schwerpunktmäßig im Zusammenwirken mit motorisierten Schützentruppen eingesetzt und erfüllen folgende Hauptaufgaben:

- In der Verteidigung: Direkte Unterstützung motorisierter Schützentruppen bei der Abwehr und im Gegenangriff.
- Im Angriff: Operationen auf dem Gefechtsfeld bis in die Tiefe des Raumes unter Einsatz geballter Feuerkraft. Zerschlagung des Feindes in Offensive und Gegenoffensive.

Kranpanzer T 55 TK bei der Bergung eines Schützenpanzers BMP-1. Foto: R. Weinreich

Panzerbrigaden und Panzerbataillone motorisierter Schützenbrigaden bilden die Grundlage der Panzertruppen. Sie weisen hohe Beweglichkeit, Feuerkraft sowie Widerstandsfähigkeit gegen ABC-Waffen auf.

Raketentruppen und Artillerie bilden als Kampfunterstützungstruppen jenen Zweig der Bodentruppen, der durch Feuerschläge im Kampf der verbundenen Waffen oder selbstständig den Feind meist indirekt bekämpft und durch geballte Feuerkraft zerschlägt.

Sie gliedern sich in Artillerie- und Raketenartilleriebrigaden (Werferbrigaden) sowie in gemischte Brigaden, Regimenter und Bataillone mit selbstständigen Aufklärungsabteilungen.

Die **Luftverteidigungstruppen** (Luftabwehrtruppen) schützen Truppen und Objekte vor feindlichen Luftangriffen. Hochbeweglich, begleiten sie andere Waffengattungen in Angriff und Verteidigung oder schützen Objekte stationär mit Flugabwehrgeschützen und -raketen. Flugabwehrverbände gliedern sich in Führungs- und Leitstellen, Flugabwehr- sowie Flugabwehrraketen-Truppenteile und funktechnische Formationen (Radar). Sie sind in der Lage, feindliche Luftangriffswaffen in sämtlichen Höhen zu bekämpfen (im Tiefflug bis zu 200 m, in niedriger Höhe von 200 bis 1000 m, in mittlerer Höhe von 1000 bis 4000 m, in großer Höhe von 4000 bis 12.000 m und in der Stratosphäre über 12.000 m).

Die **Aufklärungstruppen** zählen zu den Spezialkräften der Bodentruppen und erfüllen vielfältige Aufklärungsaufgaben, um Kommandeure und Befehlsstellen mit Informationen über den Feind, die Geländebeschaffenheit und das Wetter zu versorgen. Ihre Aufklärungsergebnisse erleichtern die Entscheidungsfindung – bzw. bilden die Entscheidungsgrundlage – für taktische und operative Unternehmen und verhindern Überraschungsaktio-

Schützenpanzer SPW 40 P2. Foto: R. Weinreich

nen des Feindes. Neben selbstständigen operativen Aufklärungstruppenteilen übergeordneter Kommandostellen verfügen etwa motorisierte Schützen- und Panzerbrigaden sowie andere Waffengattungen über eigene taktische Aufklärungseinheiten. Funk- und elektronische Aufklärungsverbände sind für die Funkaufklärung durch Abhören und Entschlüsselung feindlicher Funknachrichten sowie für die elektronische Aufklärung feindlicher Waffensysteme, Stellungen, Truppenansammlungen usw. zuständig.

Die **Pioniertruppen** sorgen als Kampfunterstützungstruppen zum einen für die technischen Voraussetzungen zum Überwinden schwieriger Geländeabschnitte und von Wasserhindernissen. Zum anderen verfügen sie über Gerät und Kampfmittel (z. B. Minen) zum Sperren von Geländeabschnitten und Objekten. Zum Dritten räumen sie vom Feind (durch Minen, Drahthindernisse, Panzergräben usw.) gesperrte Geländeabschnitte bzw. machen diese für eigene Truppen wieder gangbar. Je nach Aufgabe gliedern sich die Pioniertruppen in Aufklärungs-, Kampf-, Bau-, Pontonpioniere und eine Vielzahl weiterer Truppenteile für technische oder Versorgungsaufgaben (z. B. Feldwasserversorgung).

Die **Strahlen-, Chemischen- und Biologischen Abwehrtruppen** (RChBS; ABC-Abwehrtruppen) sind für die Abwehr und den Schutz vor atomaren, chemischen und biologischen Kampfmitteln des Gegners zuständig. Sie sorgen für die Überlebensfähigkeit der eigenen Truppen unter radioaktiver, chemischer und biologischer Kontamination und stellen ihre Kampffähigkeit sicher. Die Grundlage der ChB-Truppen bilden multifunktionale RChBS-Brigaden mit Einheiten, die in der Lage sind, die gesamte Bandbreite an Schutzmaßnahmen durchzuführen. Die Chemischen Truppen verfügen außerdem über Waffen wie Flammenwerfer und Mehrfachraketenwerfer mit thermobarischer und Brandmunition.

Die **Fernmeldetruppen** stellen die funk- und fernmeldetechnischen Verbindungen der Bodentruppen in Friedens- und Kriegszeiten sicher. Zu den Fernmeldetruppen zählt eine Vielzahl von Truppenteilen mit unterschiedlichten Aufgaben. Neben dem Aufbau und dem Betrieb draht- und drahtloser Verbindungen gehören auch Meldedienste (Kurierdienste) zu ihren Aufgaben. Nicht zu vergessen Truppenteile zum Schutz eigener Fernmeldetätigkeit.

Die Streitkräfte der Russischen Föderation verfügen über eine beträchtliche Menge an Ausrüstung und Gerät. Laut dem Nachschlagewerk *The Military Balance* Ausgaben 2012, 2013, 2014 und 2015 bestand ihre Ausrüstug aus:

- 3540 Kampfpanzern (T-90, T-90A, T-80 BW, T-80U, T-72B, T-72BA, T-72BS);
- 5000 Schützenpanzern Kette (BMP-1, BMP-2, BMP-3);

- 4000 Schützenpanzern Rad (BTR-60, BTR-70, BTR-80, BTR-80A, BTR-82A);
- 5000 gepanzerten Zugmaschinen/Transportern (MT-LB, MT-LBu);
- 3260 selbstfahrenden Artilleriegeschützen im Kaliber 152 bis 240 mm;
- 6360 gezogenen Artilleriegeschützen im Kaliber 100 bis 152 mm;
- 3650 Mörsern (Granatwerfern) im Kaliber 82 bis 120 mm;
- 1600 Mehrfachraketenwerferen im Kaliber 122 bis 300 mm;
- 1690 Flugabwehrkanonen und Flugabwehr-Raketensystemen der Luftverteidigungstruppen.

Des Weiteren lagern Tausende von Panzern, selbstfahrenden Artilleriegeschützen, gezogenen Geschützen und Granatwerfern in verschiedenen Depots und Stützpunkten in Reserve. Die Lagerbestände an Schützenwaffen belaufen sich auf viele Millionen Einheiten nebst Milliarden Schuss Munition.

Dabei gilt es festzustellen, dass das meiste davon noch zur Zeit der UdSSR hergestellt wurde oder es sich um weiterentwickelte bzw. kampfwertgesteigerte Muster ursprünglich sowjetischer Technologie handelt. Seit Gründung der russischen Streitkräfte wurden die Truppen etwa zwei Jahrzehnte lang praktisch nicht mit neuen Waffenmustern versorgt.

Zur Erhöhung der Kampfkraft der russischen Streitkräfte gab das Verteidigungsministerium nacheinander zwei Staatliche Rüstungsprogramme (ГПВ; GPW) in Auftrag: bis 2006 (GPW-2006) und bis 2015 (GPW-2015). Etwa fünf Jahre nach ihrer Verabschiedung wurden beide jedoch als nicht umsetzbar bewertet und durch neue ersetzt. Das Dritte Staatliche Rüstungsprogramm bis 2020 (GPW-2020) wurde hingegen nahezu vollständig umgesetzt. Sein Hauptziel war es, den Anteil moderner Waffen in den russischen Streitkräften bis 2020 auf 70 % zu erhöhen. Dafür wurden 19 Billionen Rubel bereitgestellt, von denen etwa 13,3 Billionen für die Beschaffung von Waffen und militärischer Ausrüstung bestimmt waren. Die restlichen Mittel wurden ungefähr zu gleichen Teilen auf Forschung und Entwicklung und für die Reparatur/Wartung bestehender Waffen aufgeteilt.

Unvollständigen Angaben zufolge wurden gemäß GPW-2020 2,6 Billionen Rubel für die Beschaffung von Waffen und militärischer Ausrüstung für die Bodentruppen ausgegeben. Die teuersten Posten des Programms entfielen auf folgende Ausrüstung:

- 2300 Kampfpanzer;
- 2000 Artilleriesysteme;
- 10 Brigadesätze taktischer „Iskander-M"-Raketen (160 Zwillingswerfer und 320 Raketen);
- 9 Brigadesätze des militärischen Luftverteidigungssystems S-300W4;
- Mehr als 30.000 Fahrzeuge.

Die Ausstattung der Truppe mit diesen Waffen und militärischem Gerät ermöglichte es, die Fahrzeugflotte der motorisierten Schützen- und Panzerbrigaden sowie der sich gerade bildenden Panzer- und motorisierten Schützendivisionen nahezu vollständig zu erneuern. Die Ausstattung von 10 Brigaden mit neuen Kurzstreckenraketen „Iskander-M"-Raketen ermöglichte es, etwa 100 veraltete „Totschka-U"-Komplexe außer Dienst zu stellen und die Gesamtzahl der einsatzbereiten taktischen Raketen um etwa das Dreifache zu erhöhen.

Zu den wichtigsten Merkmalen der neuen Ausrüstung gehört, dass sie vielfach auf so genannten Einheitsplattformen (Einheitsfahrgestellen) aufgebaut wurde:

- Die schwere Kettenplattform „Armata" diente als Fahrgestell für den gleichnamigen Kampfpanzer, einen schweren Schützenpanzer, einen Bergepanzer, eine Panzerhaubitze und weitere Fahrzeuge;
- Die mittelschwere Plattform „Kurganez-25" diente zur Schaffung eines Schützenpanzers, eines Fla-Panzers, eines gepanzerten Personentransporters, eines 125-mm-Waffenträgers und weiterer Fahrzeuge;
- Die mittlere Radplattform „Bumerang" lieferte die Fahrgestelle für einen gepanzerten Personentransporter, einen Radschützenpanzer, ein Kampffahrzeug mit schweren Waffen, ein Kommandofahrzeug und weitere Fahrzeuge.
- Die Einheitsfahrgestelle „Motowos" und „Mustang" dienten als Grundlage für Transporter unterschiedlicher Lastenkapazität.
- Die geschützten Plattformen „Taifun-U" und „Taifun-K" dienten als Grundlage für geschützte Radfahrzeuge, die für den Einsatz in Krisengebieten ausgelegt sind.
- Das Einheitsfahrgestell „Woschtschina" bildete die Grundlage für spezielle Radfahrzeuge und leistungsstarke Zugmaschinen.

Die Verwendung einheitlicher Plattformen beschleunigte die Entwicklung und Produktion militärischer Fahrzeuge, vereinfachte die Ausbildung des Personals sowie die Wartung und Instandsetzung.

Im Zuge des Rüstungsprogramms GPW-2020 erreichte der Stand moderner Waffen in den strategischen Nuklearstreitkräften 83 %, in den Luft- und Raumfahrtstreitkräften 75 %, in den Luftstreitkräften sowie bei der Marine über 63 % und in den Bodentruppen 50 %. Der Ausstattungsgrad mit modernen Fernmeldemitteln erreichte in der Truppe 67 %.

Im Allgemeinen erreichte der Anteil moderner Waffen in den russischen Streitkräften fast 68 %.

Nach Angaben des Verteidigungsministeriums wird die Umsetzung von GPW-2020 es „den Streitkräften ermöglichen, alle militärischen Bedrohungen der Russische Föderation zu neutralisieren und zu einem echten staatlichen Instrument der Politik in vorrangigen Interessen zu werden".

Das Ende 2017 vom Präsidenten der Russischen Föderation Wladimir W. Putin genehmigte Rüstungsprogramm 2018–2027 (GPW-2027) stellt eine Fortführung und Erweiterung von GPW-2020 dar. Es sieht u. a. vor, eine waffentechnische Überlegenheit der russischen Streitkräfte in bestimmten Bereichen sicherzustellen (Schiffsabwehrraketen, elektronische Kriegsführung, Luftverteidigung) und den Rückstand bei unbemannten Luftfahrzeugen (Drohnen) und präzisionsgelenkten Waffen, Überwasserschiffen und automatisierten Leitanlagen zu verringern. Die Gesamtkosten von GPW-2027 wurden auf 19 Billionen Rubel veranschlagt. Der Löwenanteil wird den Bodentruppen zugehen.

Einigen Quellen zufolge wird mehr als ein Viertel des Gesamtbudgets für die Ausrüstung der Boden- und Luftstreitkräfte verwendet. Dies ist zum Teil auf die Erfahrungen des russischen Militärs zurückzuführen, dass Bodentruppen in künftigen Konflikten eine immer wichtigere Rolle einnehmen. Die Umverteilung der Mittel erklärt sich größtenteils auch aus der Serienproduktion neuer Modelle gepanzerter Fahrzeuge und Panzer. Die Kampfpanzer T-90M und T-14 „Armata", der Schützenpanzer „Kurganez-25" und der Schützenpanzer „Bumerang" sind bereits in Dienst gestellt (2022), oder werden der Truppe in den nächsten drei bis fünf Jahren zugehen, wobei sich die Anzahl einiger Muster wie „Armata" aufgrund hoher Fertigungskosten in Grenzen halten wird.

Die Produktion von Geschützen und Raketenwerfen wird weiter ausgebaut. Die Auslieferung der „Iskander"-Kurzstreckenraketen verlief planmäßig, bis 2019 war sie – so weit bekannt – abgeschlossen. Seit 2017 verfügt das russische Heer über die neuen Mehrfachraketenwerfer „Uragan" und „Tornado-S". Voraussichtlich wird ihre Zahl im Rahmen von GPW-2027 weiter steigen. 2016 begann die Auslieferung des selbstfahrenden Artilleriesystems „Koalizija", das sämtliche selbstfahrenden Geschütze „Msta" aus der Sowjetzeit ersetzte bzw. ersetzen wird. Außerdem werden neue Kurzstrecken-Flugabwehrraketensysteme angeschafft.

Die Ausstattung der Bodentruppen mit Aufklärungs-, Leit- und Kommunikationsanlagen (KRUS) und elektronischem Gerät, die sich in Syrien und in der Ukraine bewährt haben, wird fortgesetzt.

Das neue staatliche Rüstungsprogramm Russlands zielte nach den Worten des stellvertretenden Ministerpräsidenten Juri Borissow bei einem Treffen mit

Schwimmwagen PTS-M. Foto: R. Weinreich

Präsident Wladimir Putin am 4. April 2022 darauf ab, qualitativ neue, moderne Waffentypen zu schaffen. In einer auf der Website des Kremls veröffentlichten Erklärung hieß es, dass „das neue GPW darauf abzielen wird, qualitativ neue, unkonventionelle Waffen zu schaffen, einschließlich gerichteter Energiewaffen, kinetischer Waffen sowie Steuersystemen für künstliche Intelligenz und Robotersysteme." Die Vorbereitungen für das nächste staatliche Rüstungsprogramm sind abgeschlossen, bis Mitte 2023 wird es dem Staatspräsidenten vorgelegt.

Der Einsatz der russischen Streitkräfte ist durch die Militärdoktrin Russlands bedingt, die Präsident Putin am 26. Dezember 2014 unterzeichnete. Die wichtigsten externen militärischen Gefahren für Russland stellen gemäß dieser Militärdoktrin dar:

a) Ausbau des Machtpotentials der Nordatlantikpakt-Organisation (NATO) über teilweise völkerrechtswidrig umgesetzte globale Erweiterungen, Annäherung der NATO-Mitgliedstaaten an die Grenzen der Russischen Föderation sowie die laufende „Osterweiterung" der NATO;
b) Destabilisierung der Lage in einzelnen Staaten und Regionen und Untergrabung der globalen und regionalen Stabilität durch westliche Nachrichtendienste und Organisationen;
c) Aufstellung (Aufbau) militärischer Kontingente ausländischer Staaten (Staatengruppen) auf den Territorien der an die Russische Föderation und ihre Verbündeten angrenzenden Staaten und Seegebiete, auch um politischen und militärischen Druck auf die Russische Föderation auszuüben;
d) Schaffung und Stationierung strategischer Raketenabwehrsysteme, die die globale Stabilität untergraben und das bestehende Kräftegleichgewicht im Nuklear- und Raketenbereich stören, die Umsetzung des „Global Strike"-Konzepts, die Absicht, Waffen im Weltraum zu platzieren, sowie die Stationierung strategischer nichtnuklearer Systeme hochpräziser Waffen;
e) Gebietsansprüche an die Russische Föderation und ihre Verbündeten, Einmischung in ihre inneren Angelegenheiten;
f) Verbreitung von Massenvernichtungswaffen, Raketen und Raketentechnologien;
g Verletzung völkerrechtlicher Vereinbarungen durch einzelne Staaten sowie Nichteinhaltung zuvor geschlossener völkerrechtlicher Verträge auf dem Gebiet der Rüstungsbeschränkung und in Bezug auf bestimmte Waffen;
h) Anwendung militärischer Gewalt auf dem Territorium von Nachbarstaaten der Russischen Föderation und ihrer Verbündeten unter Verletzung der Charta der Vereinten Nationen (UN) und anderer Normen des Völkerrechts;
i) Vorhandensein (Entstehen) von Brutstätten und die Eskalation bewaffneter Konflikte in den Territorien der Nachbarstaaten der Russischen Föderation und ihrer Verbündeten;
j) eine wachsende Bedrohung durch globalen Extremismus (Terrorismus) und seine neuen Erscheinungsformen im Zusammenhang mit einer unzureichenden internationalen Anti-Terror-Kooperation, die reale Bedrohung durch Terroranschläge mit radioaktiven und giftigen Chemikalien, die Ausweitung der grenzüberschreitenden organisierten Kriminalität, vor allem mit illegalen Waffen und dem Rauschgifthandel;
k) die Entstehung von Brutstätten interethnischer und interreligiöser Spannungen, die Aktivitäten internationaler bewaffneter radikaler Gruppen sowie ausländischer privater Militärunternehmen in Grenzgebieten der Russischen Föderation und ihrer Verbündeter; die Zunahme von Separatismus und Extremismus in bestimmten Regionen der Welt;
l) die Nutzung von militärischen Informations- und Kommunikationstechnologien zur Durchführung völkerrechtswidriger Handlungen, die sich gegen die Souveränität, politische Unabhängigkeit und territoriale Integrität von Staaten richten und eine Bedrohung der internationalen Sicherheit darstellen (globale und regionale Stabilität);
m) die Errichtung von Regimen in Nachbarstaaten der Russischen Föderation, einschließlich des Sturzes legitimer staatlicher Behörden, deren Politik die Interessen der Russischen Föderation bedroht;
n) subversive Aktivitäten von Nachrichtendiensten und Organisationen ausländischer Staaten und ihrer Koalitionen gegen die Russische Föderation.

Die Militärdoktrin besagt, dass die genannten Gefahren unter bestimmten Umständen zu einer militärischen Bedrohung führen können – in Form zwischenstaatlicher oder innerstaatlicher Beziehungen, gekennzeichnet durch die reale Möglichkeit

Mobile Raketen-Startrampe auf SIL 135 LM. Foto: R. Weinreich

eines militärischen Konflikts sowie der Bereitschaft eines Staates (einer Staatengruppe), gewaltbereite Separatisten (terroristische Organisationen) zu unterstützen.

Als wichtigste militärische Bedrohungen gelten gemäß der russischen Militärdoktrin:

a) Eine Verschärfung der militärpolitischen Lage (zwischenstaatliche Beziehungen) und die Schaffung von Bedingungen für den Einsatz militärischer Gewalt;
b) Behinderung des Betriebs der staatlichen und militärischen Führungssysteme der Russischen Föderation, Störung des Betriebs ihrer strategischen Nuklearstreitkräfte, Raketenangriffswarnsysteme, Weltraumkontrolle, Atomwaffenlager, Kernenergie, Chemie und Pharmazie und anderer potenziell sensibler industrieller Einrichtungen;
c) die Schaffung und Ausbildung illegaler Verbände, ihre Aktivitäten auf dem Territorium der Russischen Föderation oder auf dem Territorium ihrer Verbündeten;
d) Demonstration militärischer Gewalt bei Übungen auf den Territorien der Nachbarstaaten der Russischen Föderation und ihrer Verbündeten;
e) Wiederbelebung der Tätigkeit der Streitkräfte einzelner Staaten (Staatengruppen) mit teilweiser oder allgemeiner Mobilisierung, Überführung der Organe der Staats- und Militärverwaltung dieser Staaten in eine Kriegswirtschaft.

In Anbetracht des Wunsches der Russischen Föderation, mögliche militärische Gefahren und Bedrohungen durch politische, diplomatische und andere nichtmilitärische Mittel zu neutralisieren, sieht die Militärdoktrin auch den Einsatz der Streitkräfte, anderer Truppen und Körperschaften vor, um eine Aggression gegen die Russische Föderation und (oder) ihre Verbündeten abzuwehren, den Frieden gemäß der Entscheidung des UN-Sicherheitsrates und anderer kollektiver Sicherheitsstrukturen nach den allgemein anerkannten Grundsätzen und Normen des Völkerrechts und der internationalen Verträge der Russischen Föderation aufrechtzuerhalten bzw. wieder herzustellen.

Diesem übergeordneten Rahmen folgt nun das eigentliche Thema des Buches: die Vorstellung der Schützen- und Artilleriewaffen der russischen Bodenstreitkräfte. Die Angaben und Beschreibungen beruhen vielfach auf Hersteller-Informationen. Maßgebliche Unterstützung bei der Erstellung des Buches leisteten dem weißrussischen Verfasser der Pressedienst und die Informationsabteilung des Verteidigungsministeriums der Russischen Föderation.

I. SCHÜTZENWAFFEN

Unter Schützenwaffen verstehen wir hier zum einen Handwaffen, zum anderen aber auch Unterstützungswaffen, wie z. B. tragbare und auf Trägerfahrzeugen aufgebaute Panzerabwehr-Lenkraketen, die im Rahmen von Schützenverbänden eingesetzt werden. Der Schwerpunkt liegt aber auf den Handwaffen, die überall auf der Welt zur persönlichen Bewaffnung des Soldaten gehören. Auch die Soldaten und Soldatinnen der verschiedenen Waffen- und Truppengattungen der russischen Streitkräfte führen sie natürlich. Derzeit besteht das Arsenal zu einem großen Teil aus Mustern, die noch vor dem Zusammenbruch der UdSSR entwickelt wurden. Sie haben Vorteile wie hohe Zuverlässigkeit, einfache Konstruktion und Benutzerfreundlichkeit. Gleichzeitig erfüllen viele Sowjetwaffen nicht mehr die modernen Anforderungen an Präzision im Einzel- und Dauerfeuer, an Abmessungen und Gewicht, an die Magazinkapazität (für Pistolen) und die Wirksamkeit der verwendeten Munition.

Das Verteidigungsministerium der Russischen Föderation ließ einige Maßnahmen zur Modernisierung des Kleinwaffenarsenals durchführen. So gab es einen „Gratsch"-Wettbewerb für eine neue Armeepistole (*Gratsch* = Saatkrähe). Die für die Entwicklung von Handwaffen maßgebende Hauptverwaltung für Raketen und Artillerie (GRAU) stellte folgende Anforderungen:

- Hohe Bediensicherheit;
- schnelle Feuerbereitschaft;
- ausreichend hohe Durchschlags- und Stoppwirkung;
- zwei- bis dreifach geringerer Fertigungsaufwand als bei früheren Mustern durch Verwendung neuester Technologien und Materialien;
- Magazinkapazität 12–18 Patronen;
- automatische Sicherung, da der Schütze in einer Stresssituation vergessen kann, sie zu betätigen;
- doppelt wirkender Abzugsmechanismus.

Aus dem Wettbewerb gingen die Modelle PJa, GSch-18, SPS und „Udaw" als Sieger hervor.

Der Wettbewerb um die Auswahl eines neuen Sturmgewehrs für die „Ratnik"-Kampfausrüstung (*Ratnik* = Krieger, Streiter) war noch wichtiger – im Gegensatz zur Pistole als Zweitwaffe stellt das Sturmgewehr die persönliche „Erstwaffe" der meisten Soldaten dar. Das vom Kalaschnikow-Konzern vorgestellte Sturmgewehr AK-12 erfüllte die Anforderungen am besten. Das Verteidigungsministerium wird plangemäß zunächst 70.000 „Ratnik"-Kampfausrüstungen und die gleiche Anzahl AK-12-Sturmgewehre beschaffen und später die gesamten Streitkräfte mit dem neuen Sturmgewehr ausstatten.

Hervorzuheben ist die Arbeit russischer Waffenentwickler und -bauer bezüglich moderner Maschinenpistolen zur Bewaffnung von Kampffahrzeug-Besatzungen, Geschützbedienungen und Soldaten, die nicht direkt an Kampfhandlungen beteiligt sind.

Maschinenpistolen verwenden Pistolenpatronen, was sowohl die Vor- als auch die Nachteile dieses Waffentyps bestimmt. Eine Pistolenpatrone mit relativ geringer Leistung ermöglicht den Bau einer kompakten und leichten Waffe mit einem einfachen, aber zuverlässigen Funktionsmechanismus. Die effektive Reichweite einer Pistolenpatrone überschreitet jedoch in der Regel 200 m nicht, und die Stoppwirkung des Geschosses ist – je nach Kaliber und Art des Projektils – begrenzt. Gegen moderne Schutzwesten und individuelle Schutzausrüstungen haben Maschinenpistolen für die Makarow-Patrone 9 x 18 mm nur beschränkte Wirkung; sie sind nurmehr für polizeiliche Verwendungen geeignet. Einige der neuesten russischen Maschinenpistolen wurden jedoch für die wesentlich wirksameren neuen Pistolenpatronen 9 x 19 mm 7H21 und 7H31 oder 9 x 21 mm SP.10 eingerichtet.

In den letzten Jahren hat die Bedeutung von Scharfschützenwaffen zugenommen, die für eine ganze Reihe spezifischer Aufgaben taugen. So führten die russischen Streitrkäfte schwere 12,7-mm- und schallgedämpfte 9-mm-Scharfschützengewehre ein, die sich in ihren taktischen und technischen Eigenschaften natürlich stark unterscheiden. Anforderungen an die neuen Scharfschützenwaffen sind unter anderem eine optimale Kombination aus hoher Präzision und Kompaktheit. Die Schussgenauigkeit steht freilich im Vordergrund. Ein Bezugspunkt für die Entwickler russischer Scharfschützengewehre ist der NATO-Standard für Scharfschützengewehre. Dieser fordert beispielweise auf 100 Yards (etwa 91 m) 5 Schüsse (von 5) in einem 1-Zoll-Kreis (24,5 mm); die Streuung sollte nicht mehr als eine Bogenminute betragen.

Pistole Makarow PM

Das Faustfeuerwaffen-Hauptmodell der russischen Streitkräfte stellt noch immer die kompakte PM-Pistole dar (PM = *Pistolet Makarowa*, Makarow-Pistole). Sie wurde kurz nach Kriegsende aus der deutschen Walther-Pistole PP entwickelt, als es um den Ersatz der Tokarew-Pistole TT-33 durch eine handlichere Pistole ging. Gemäß den von der Hauptverwaltung Artillerie (GAU) vorgegebenen „taktischen und technischen Anforderungen" musste die neue Pistole kleinere Abmessungen und ein geringeres Gewicht als die TT, einen Spannabzug, eine zuverlässige Zündung und Munition mit höherer Stoppwirkung aufweisen. Das Militär empfahl den Entwicklern die deutsche Polizeipistole Walter PP und die deutsche 9-mm-Ultra-Patrone als Muster.

In dem vom Volkskommissariat für Waffen ausgeschriebenen Wettbewerb trat neben bekannten Waffenentwicklern der für die Waffenfabrik Tula arbeitende junge N. F. Makarow in Erscheinung. Nach zwei harten Testläufen ging Makarows Pistole als Siegerin hervor. In der Akte der Prüfkommission hieß es, sie sei „... das einfachste Modell in Bezug auf Entwurf und Technik sowie unter Berücksichtigung einer militärischen Verwendung". 1951 führte die Sowjetarmee das Muster unter der Bezeichnung 9-mm-Makarow-Pistole (PM) ein (GRAU-Nr. 56-A-125).

Die PM ist ein Rückstoßlader mit Masseverschluss und verfügt über einen Spannabzug, der ein Schießen ohne Vorspannung des Hahns erlaubt. Befindet sich eine Patrone im Patronenlager, muss also nur

Pistole Makarow PM.

Russische Soldaten beim Übungsschießen mit der Makarow PM.

Pistole Makarow PM.

der Abzug durchgezogen und der Hahn nicht mehr vorgespannt werden. Das vorschnellende Schlagstück trifft auf den Schlagbolzen und dieser löst über das Zündhütchen der Patrone den Schuss aus. Ein Teil der Pulvergase wirkt auf den Hülsenboden und wirft dadurch den Verschluss zurück, der gleichzeitig die Verschlussfeder für den nächsten Ladevorgang sowie das Schlagstück spannt. Die Hülse wird beim Rücklauf durch den Auszieher am Verschluss ausgezogen und beim Auftreffen auf den Ausstoßer am Griffstück durch das Verschlussfenster herausgeschleudert. Die gespannte Verschlussfeder wirft den Verschluss wieder nach vorn, der aus dem Magazin die nächste Patrone zuführt – die Waffe ist wieder schussbereit. Durch Betätigen des Abzugs kann so lange geschossen werden, bis das Magazin leer ist. Nach dem letzten Schuss wird der Verschluss in hinterster Stellung gefangen. Dies ist das Funktionsprinzip des unverriegelten Masseverschlusses, mit dem viele Pistolen und Maschinenpistolen arbeiten.

Beim Schießen mit vorgespanntem Schlagstück beträgt der Abzugswiderstand der PM nur 0,2 bis 2,1 kg; beim Schießen mit Selbstspannung bis zu heftigen 4,3 kg. Mit 93 mm hat die Pistole einen relativ kurzen Lauf, der vier Züge aufweist. Das Griffstück ist mit Kunststoffgriffschalen ausgestattet. Unten am Magazinschacht befinden sich der Magazinhalter und seitlich eine Öse zum Anbringen eines Fangriemens. Die Magazinkapazität des einreihigen Magazins beträgt 8 Schuss. Es besitzt seitliche Durchbrüche, die nicht nur seine Masse reduzieren, sondern auch die enthaltene Patronenzahl erkennen lassen.

Vor versehentlicher Schussabgabe schützt eine nicht automatische Sicherung mit Sicherungsflügel links oben hinten am Verschluss. Die Sicherung blockiert Abzug sowie Schlagbolzen und entspannt auch das Schlagstück.

Das Festvisier besteht aus einer einfachen Balkenkimme und Balkenkorn. Obwohl die Länge der Visierlinie relativ kurz ist, können geübte Schützen gute Ergebnisse erzielen. Beispielsweise betrug bei Versuchen der Trefferradius auf 30, 40 und 50 m nur 9, 12 und 16 cm. Dazu bedarf es aber schon sehr geübte Schützen, einen überarbeiteten Abzug und ein Vorspannen des Schlagstücks vor dem ersten Schuss, denn der Spannabzug der Makarow ist grauslig.

Für die Pistole produzierten die Waffenwerke Tula und Jurjuzan Patronen 9 x 18 mm P (mit üblichem Vollmantelgeschoss 57-N-181) und 9 x 18 mm Pst (mit Stahlkerngeschoss 57-N-181S). Für diese Patronen wird allgemein die Bezeichnung 9 x 18 mm PM verwendet.

Technische Angaben	
Kaliber	9 mm
Patrone	9x18 mm PM
Länge, mm	161
Lauflänge, mm	93
Gewicht mit Magazin ohne Patronen, kg	0,73
Magazinkapazität, Patronen	8
Visierschussweite, m	25

Pistole und Munition verfügen über ein hohes Ausbau- und Verbesserungspotenzial. Derzeit gibt es 23(!) In- und Auslandsversionen dieser Pistole; freilich kommt sie in Produktions- und Verkaufszahlen nicht an das Kalaschnikow-Sturmgewehr heran.

Unter russischen Fachleuten ist die Makarow die vielleicht am meisten kritisierte Pistole. Sie gilt aufgrund ihrer schwachen Patrone, der geringen Magazinkapazität, dem groben Spannabzug, der kurzen Lauflänge und einiger weiterer Merkmale als hoffnungslos veraltet. Auf dem zivilen Markt für Kurzwaffen in Russland wäre sie nur dann gefragt, wenn es einen solchen gäbe. Diese Schlussfolgerungen wurden jedoch unerwartet von einer Expertengruppe der *American Rifle Association* (ARA) zumindest teilweise widerlegt, die Anfang der 2020er-Jahre im Auftrag des Pentagon eine Studie über russische Faustfeuerwaffen durchführte. Zweck dieser Studie war laut US-Medien, die Waffen eines potentiellen Feindes im Hinblick auf eine mögliche Neuausrüstung des US-Militärs zu bewerten. Die ARA-Studie lobte die Makarow, die sich gegen eine moderne Glock 17 (9 x 19 mm Para) beweisen musste, wegen ihrer hohen Zuverlässigkeit. Und dies ist trotz aller Nachteile nach wie vor ein sehr wichtiger Punkt für eine Militärpistole. Am unerwartetsten kam jedoch die Schlussfolgerung über den Vorteil der Makarow-Patrone 9 x 18 mm PM gegenüber der stärkeren 9 x 19 mm Para der Glock. Versuche erwiesen, dass die Vollmantelgeschosse der 9 x 18 mm in den meisten Fällen im Körper eines Getroffenenen (in diesem Falle eines „verbrecherischen“ Gelatineblocks) verblieben und ihre gesamte Energie abgaben (hohe Stoppwirkung), während die Kugeln der Patrone 9 x 19-Patrone meist durchschlugen, wobei ein erheblicher Teil der Energie und damit Mannstopp-Wirkung verloren ging. Um den gleichen Effekt zu erzielen, mussten mit der (bei US-Polizeien besonders beliebten) Glock 17 zusätzliche zwei bis drei Schüsse abgegeben werden. Die ARA-Spezialisten hielten es für durchaus sinnvoll, die PM als Polizei- und Armeepistole zu verwenden, die per Definition eher eine Hilfs- oder Zweitwaffe darstellt. In dieser Hinsicht bleiben ihre Kompaktheit, ihr geringes Gewicht und ihre Zuverlässigkeit unübertroffen.

Pistole PMM

Neben der Makarow PM stellt die Pistole PMM bei den russischen Streitkräften eine weitere Seitenwaffe für Offiziere und Soldaten mit bestimmtem Aufgabenbereich dar. Die Pistole PPM wurde 1994 in Dienst gestellt und wird von der Maschinenfabrik Ischewsk hergestellt (PMM = *Pistolet Makarowa Modernisirowannij*; modernisierte Makarow-Pistole).

Sie entspricht prinzipiell der PM und verfügt als Rückstoßlader (allerdings mit Rückstoßverzögerung) prinzipiell über denelben Funktionsmechanismus sowie über einen Spannabzug. Die Feder für das Schlagstück befindet sich im Unterschied zur PM im Griffstück hinter dem Magazin. Die Pistole wurde für die leistungsstärkere Patrone 9 x 18 mm PMM

Schießen mit der PMM. topwar.ru

Pistole PMM, eine modernisierte Ausführung der PM.

entwickelt. Zur Verzögerung des Rücklaufs wurden im Patronenlager deshalb so genannte Revelli-Rillen angebracht. Da die Patrone 9 x 18 mm PMM jedoch nicht bei den russischen Streitkräften angenommen wurde, weisen die in Serie gefertigten PMM-Pistolen keine solchen Rillen auf; sie verschießen die übliche Patrone 9 x 18 mm PM aus einem zweireihigen Magazin für 12 Schuss. Gewissse Hoffnungen setzen die Konstrukteure auf die neu entwickelte Patrone 9 x 18 mm PBM, deren Geschoss in 10 m Entfernung von der Mündung immerhin mit 470–480 m/s fliegt, also wesentlich rasanter als das PM-Geschoss ist. Gleichzeitig ist der Rückstoßimpuls aufgrund des leichteren Geschosses nur unwesentlich stärker als bei der Standard-PM-Patrone. Das Geschoss der 9 x 18-mm-PBM-Patrone besitzt einen Stahlkern und einen Aluminiummantel. Es durchdringt eine Schutzweste 6B5-12 auf 30 m Entfernung mit einer Wahrscheinlichkeit von 100 % und ein 5-mm-Stahlblech auf 15 m mit einer Wahrscheinlichkeit von 80 %. Soweit bekannt, hat keine der neu entwickelten Patronen für die PM-Pistole eine vergleichbare Durchschlagskraft. Die Zufuhr erfolgt aus einem zweireihigen Kastenmagazin für 12 Patronen. Die PMM verfügt über ein offenes Visier mit Kimme und Korn.

Berichten zufolge steht die PMM-Pistole bei den russischen Streitkräften, dem Föderalen Sicherheitsdienst und bei Einheiten des Innenministeriums der Russischen Föderation in Verwendung.

Technische Angaben	
Kaliber	9 mm
Patrone	9 x 18 mm PM, 9 x 18 mm PBM
Länge, mm	169
Lauflänge, mm	93
Gewicht mit Magazin ohne Patronen, kg	0,76
Magazinkapazität, Patronen	12
Visierschussweite, m	25

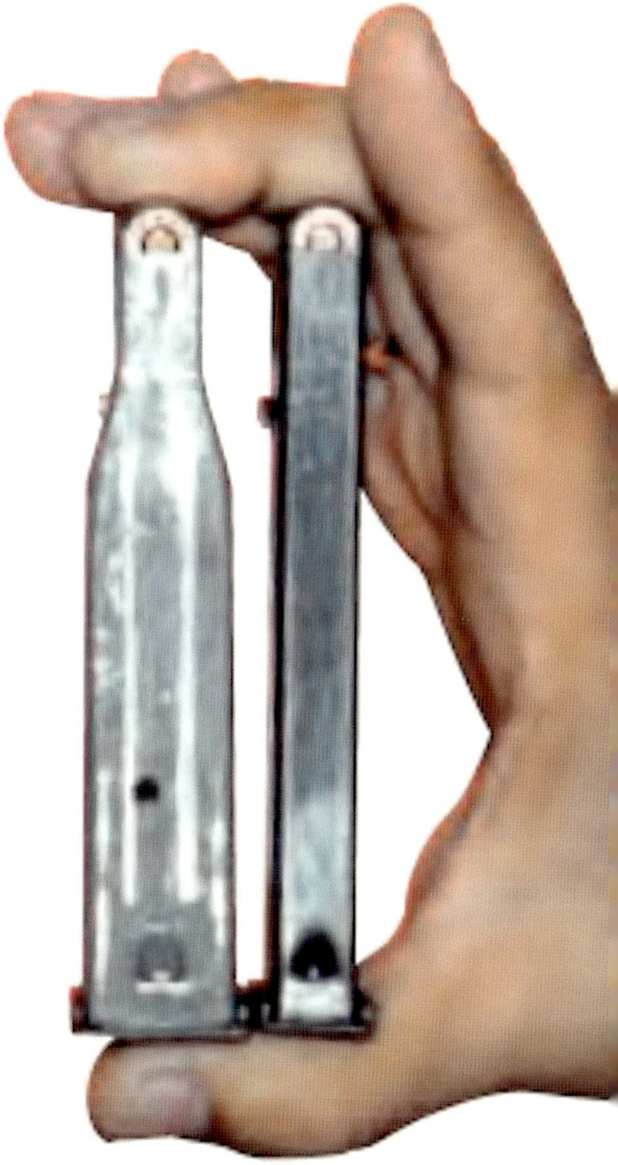

Im Unterschied zum einreihigen 8-Schuss-Magazin der Makarow PM fasst das zweireihige der modernisierten PPM (links) 12 Patronen. content.foto.my.mail.ru

Pistole GSch-18

Die Pistole wurde von den Konstrukteuren Wassili Petrowitsch Grjasew und Arkadi Georgjewitsch Schipunow („GSch") beim *Konstruktorskoe Buro Priborostroenija* (Konstruktionsbüro für Gerätebau, KBP) in Tula im Rahmen des Wettbewerbs „Gratsch" (Saatkrähe) für eine neue Armeepistole entwickelt. Die russischen Streitkräfte nahmen sie gemäß dem Dekret der Regierung der Russischen Föderation Nr. 166 vom 21. März 2003 unter der Bezeichnung GSch-18 an. Der Rückstoßlader mit kurzem Rohrrücklauf verriegelt durch Drehung des Laufs um 18°, verfügt über einen Spannnabzug mit integrierter Abzugssicherung. Der Zündstift steht im gespannten Zustand nach hinten etwas aus dem Verschluss heraus, was es ermöglicht, die Schussbereitschaft der Pistole visuell oder durch Fühlen festzustellen. Der Abzugsweg beträgt ca. 5 mm, der Abzugswiderstand überschreitet 2 kg nicht. Der Lauf ist kalt geschmiedet und einige Teile werden im Feingussverfahren hergestellt, das eine hochpräzise Fertigung gewährleistet. Der Verschluss besteht aus zwei Teilen – dem Gehäuse und dem Verschluss selbst. Das Gehäuse entsteht aus einem gewalzten, 3 mm starken Stahlblech, das an den Stoßstellen verschweißt und durch Fräsen fertiggestellt wird. Der Rahmen besteht aus hochfestem Polymer „Armamid PASW30-30MTU", das Elastizität und Steifigkeit optimal vereint. Dadurch ließ sich das Gewicht der Pistole (mit leerem Magazin) auf 0,58 kg reduzieren, wobei der Fertigungsaufwand der GSch-18 dreimal geringer ist als bei der US-amerikanischen Standardpistole Beretta M9. Für die GSch-18 wurde die Patrone 9 x 19 mm PBP entwickelt (Index 7N31). Das panzerbrechende Geschoss wiegt 4,1 g und verfügt über einen

Die Pistole GSch-18 ist einfach zu bedienen und verschießt stärkere Munition als die PM. guns.ru

Technische Angaben	
Kaliber	9 mm
Patrone	9 x 19 Parabellum, 7N21, 7N31
Länge, mm	183
Lauflänge, mm	103
Gewicht mit Magazin ohne Patronen, kg	0,58
Magazinkapazität, Patronen	18
Visierschussweite, m	50

Die Pistole GSch-18 steht bei Spezialverbänden des Verteidigungsministeriums sowie des Innenministeriums der Russischen Föderation in Dienst und auch bei Justizbehörden.

hitzeverfestigten Stahlkern in einem Bleimantel und einer Bimetallhülle. Seine Anfangsgeschwindigkeit erreicht 600 m/s. Die Kugel durchschlägt Körperschutz dritter Klasse oder 8-mm-Stahlbleche auf 15 m Entferung. Aus ihr lassen sich auch übliche 9 x 19-mm-Patronen (Index 7N21) verschießen, u. a. die im Westen weit verbreitete Parabellum-Patrone 9 x 19 mm. Die Zufuhr erfolgt aus einem zweireihigen Kastenmagazin für 18 Patronen. Wie bei vielen anderen modernen Pistolen befindet sich der Magazinauslöser auf der linken Griffseite. Nach Verschuss der letzten Patrone wird der Verschluss in hinterster Stellung gefangen. Die GSch-18 verfügt wahlweise über ein Festvisier und ein Visier mit austauschbarer Kimme. Die Wechselkimme lässt sich mit leuchtenden Tritiumeinlagen austatten, die das Zielen bei schlechter Sicht erleichtern. Auch die Montage eines Laserzielgeräts ist möglich. Die GSch-18 befindet sich in Serienproduktion und steht bei den Spezialeinheiten des Verteidigungsministeriums sowie des Innenministeriums der Russischen Föderation in Dienst und seit 2000 auch bei der Justiz.

Pistole PJa

Die PJa-Pistole wurde unter Leitung von Konstrukteur Wladimir Alexandrowitsch Jarygin („Ja") bei der Ischewsker Maschinenfabrik „Ischmechsawod" im Rahmen des „Gratsch"-Wettbewerbs für eine neue Armeepistole entwickelt und von den russischen Streitkräften gemäß Regierungsdekret Nr. 166 vom 21. März 2003 übernommen. Neben den Streitkräften steht die PJa bei fast allen russischen Ministerien in Dienst, die über bewaffnete Einheiten verfügen.

Die Pistole arbeitet als Rückstoßlader mit kurzem Rohrrücklauf, verriegelt durch Drehung des Laufs im Auswurffenster und verfügt über einen Spannabzug. Dank des außenliegenden Hahns lässt sie sich vorspannen. Beidseitige Verschlussvorsprünge sollen verhindern, dass sich die Waffe beim Ziehen in der Kleidung oder sonstwo verfängt. Der Lauf besteht aus rostträgem Edelstahl; Verschluss und Rahmen aus Kohlenstoffstahl, der zum Schutz vor Korrosion eine chemische Beschichtung erhielt. Die Waffe verfügt über ein ergonomisch gestaltetetes Griffstück. Ein Vorsprung am Abzugsbügel erleichtert das beidhändige Schießen. Die Pistole wurde für die von ZNIITotschMasch (ЦНИИТОЧМАШ; *Zentralni Institut Totschnowo Maschinostroenija* = Zentrales Forschungsinstitut für Maschinenbau, angesiedelt in Klimowsk bei Moskau) entwickelte Patrone 9 x 19 mm 7N21 geschaffen. Das panzerbrechende Geschoss mit gehärtetem Stahlkern wiegt 5,4 g

Technische Angaben	
Kaliber	9 mm
Patrone	9 x 19 mm 7N21
Länge, mm	198
Lauflänge, mm	112,5
Gewicht mit Magazin ohne Patronen, kg	0,95
Magazinkapazität, Patronen	17
Visierschussweite, m	50

Pistole PJa, rechte Seitenansicht.

Auch bei der PJa verbessert ein beidhändiger Anschlag die Treffgenauigkeit. Oroshiya.com

und erreicht eine Mündungsgeschwindigkeit von bis zu 450 m/s (Mündungsenergie etwa 550 J). Die 7N21-Patrone übertrifft in Bezug auf den entwickelten Maximaldruck die handelsübliche 9 x 19 mm Parabellum-Munition deutlich und darf daher nur aus dafür eingerichteten Waffen verschossen werden. Umgekehrt können für die 7N21-Patrone ausgelegte Waffen, einschließlich PJa, problemlos die handelsüblichen 9 x 19-mm-Patronen einschließlich NATO-Munition verschießen. Die Zufuhr erfolgt aus einem zweireihigen Stahlblech-Stangenmagazin für 17 Schuss. Der Magazinhalter befindet sich links am Rahmen, kann aber vom Schützen auf die rechte Seite verlegt werden. Der zweiseitige Sicherungshebel blockiert Hahn, Fangstück und Verschluss und legt den Abzug sowohl im gespannten als auch im ungespannten Zustand fest. Befindet sich eine Patrone im Patronenlager, ist dies am Auswerfer zu erkennen. Die beidseitig zu bedienende Sicherung und der verlegbare Maganzinhalter ermöglichen eine einfache Bedienung mit der rechten wie auch der linken Schusshand. Gezielt wird über ein offenes Festvisier (Korn und Kimme sind Teil des Verschlussgehäuses).

PJa, linke Seitenansicht.

Pistole SPS

Die SPS-Pistole wurde von den russischen Streitkräften gemäß Regierungdekret Nr. 166 vom 21. März 2003 eingeführt und steht auch bei den Spezialeinheiten des Ministeriums für Innere Angelegenheiten (MWD), des Föderalen Sicherheitsdienstes (FSB) und des Föderalen Schutzdienstes (FSO) in Verwendung. Auch die zum FSO gehörenden Personenschützer des russischen Präsidenten verwenden sie. Die Pistole wurde von den Konstrukteuren Pjotr I. Serdjukow und Igor W. Beljaew am Klimowitschi-Institut für Feinmechanik bei ZNIITotschMasch im Rahmen des Wettbewerbs für eine neue Armeepistole entwickelt (SPS = *Samosarjadnij Pistolet Serdjukowa,* Selbstladepistole Serdjukow). Es handelt sich um einen Rückstoßlader mit kurzem Rohrrücklauf und Spannabzug, der sich über den Hahn auch vorspannen lässt. Der Abzugswiderstand beim Schießen mit Spannabzug beträgt stattliche 6,5 kg, nach Vorspannen nur 1,5 kg. Die Waffe besteht aus einem Stahloberteil (Verschluss) und einem Kunststoff-Griffstück einschließlich Abzugsbügel. Diese konstruktive Lösung ermöglichte es nicht nur, das Gewicht der Waffe zu vermindern, sondern auch die Herstellung zu vereinfachen. Zur Vereinfachung der Fertigung wurde der Verschluss zudem aus zwei Stanzteilen zusammengeschweißt. Die Pistole SPS wurde für folgende Patronen geschaffen:

- 9 x 21 mm 7N28 (SP.11) mit Bleikerngeschoss mit Bimetallmantel;
- 9 x 21 mm 7N29 (SP.12) mit Stahlkern;
- 9 x 21 mm 7BST (SP.13) mit panzerbrechendem Leuchtspurgeschoss.

In den 1990er-Jahren wurde auch eine Version für die Patrone 9 x 19 mm 7N21 entworfen, die in den Abmessungen der 9 x 19 mm Parabellum entspricht.

Die Zufuhr erfolgt aus einem zweireihigen Kastenmagazin für 18 Patronen. Die beidseitige Magazinhalterung befindet sich hinter dem Abzug. Das Herausnehmen des Magazins wird durch eine Feder erleichtert, die es aus dem Griff drückt.

Vor unbeabsichtigter Schussabgabe schützt eine doppelte automatische Sicherung (Griff und Abzug). Gezielt wird über ein austauschbares Kimme-Korn-Visier mit weißen Markierungen zur Vereinfachung der Zielauffassung bei eingeschränkter Sicht. Ein Riffelmuster auf der Verschlussoberseite soll störende Lichtreflexe verhindern.

Technische Angaben	
Kaliber	9 mm
Patrone	9 x 21 mm 7N29
Länge, mm	196,0
Lauflänge, mm	112,5
Gewicht mit Magazin ohne Patronen, kg	0,90
Magazinkapazität, Patronen	18
Visierschussweite, m	50

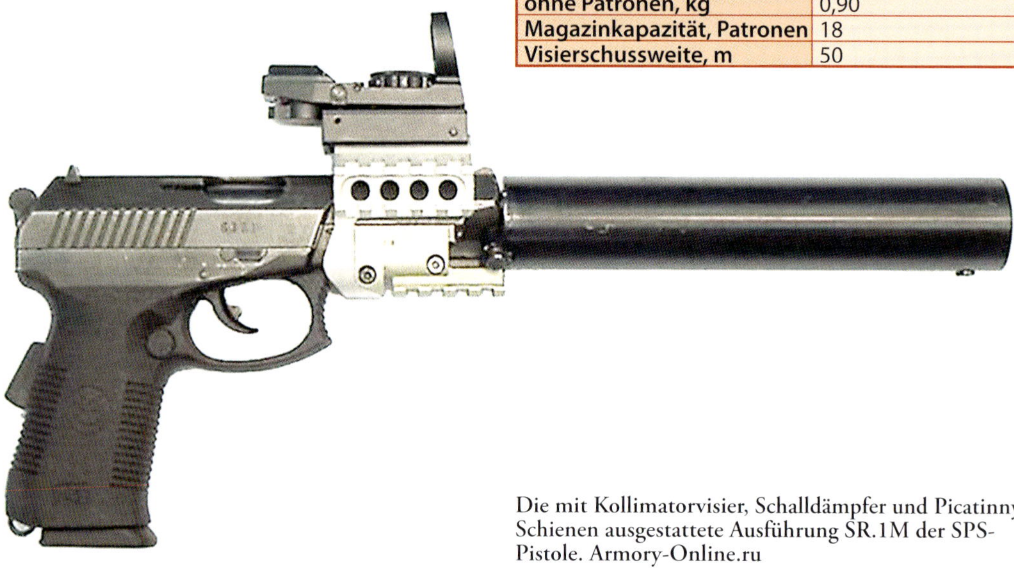

Die mit Kollimatorvisier, Schalldämpfer und Picatinny-Schienen ausgestattete Ausführung SR.1M der SPS-Pistole. Armory-Online.ru

Die Pistole SPS (hier die Ausführung SR.1) verschießt die Patrone 9 x 21 mm. Man beachte die Sicherung am Abzugszüngel

Schallgedämpfte Pistole PSS „Wul"

Mit dieser sehr kompakten Pistole verfügen russische Spezialeinheiten über eine schallgedämpfte Faustfeuerwaffe – ideal für verdeckte Einsätze. Entwickelt wurde die PPS „Wul" (Wolle) Anfang der 1980er-Jahre von J. M. Krylow und W. N. Lewtschenko bei ZNIITotschMasch. (PSS = *Pistolet Spezialni Samosarjadni*, Sonder- oder Spezial-Selbstladepistole). Genau gesagt, handelt es sich bei „Wul" um einen Komplex, zu dem neben der 7,62-mm-Selbstladepistole PSS (GRAU-Index 6P24) eine spezielle Pistolenmunition SP.4 und eine Pistolentasche gehören. Das interessanteste Element stellt zweifellos die Patrone SP.4 mit flaschenförmiger Hülse dar, die das Geschoss vollständig aufnimmt. Die SP.4 nutzt als Gassiegelpatrone ein sehr effektives Schalldämpfungsverfahren über „Einfangen" der Pulvergase in der Patronenhülse, das einen herkömmlichen Schalldämpfer an der Mündung erübrigt und deshalb die Waffe kaum länger als eine Taschenpistole macht. Im Unterschied zur SP.3-Patrone für die MPS-Pistole arbeitet die SP.4 mit einer nicht-teleskopischen, einteiligen Kolbendichtung, die das Geschoss ausstößt. Die Dichtung versiegelt dann die Hülse in Form einer Kappe, so dass keine knallerzeugenden Mündungsgase austreten können und auch kein Mündungsfeuer entsteht. Das 9,3-g-Geschoss aus gehärtetem Stahl verfügt über erhöhte Stoppwirkung. Auf 25 m Entfernung durchschlägt es ein 2 mm dickes Stahlblech, auch der Stahlhelm SSH-68 hat schlechte Karten. Obwohl die PSS nicht zu 100 % geräuschlos ist, entspricht der Schallpegel des Schusses nur etwa einem mittleren Klatschen mit den Händen oder dem Schussgeräusch eines 4,5-mm-Luftgewehrs zu 7,5 J.

Das Magazin für 6 Patronen 7,62 x 42 mm SP.4 findet wie üblich im Pistolengriff Platz. topwar.ru

Der Rückstoßlader PSS unterscheidet sich äußerlich nicht wesentlich von herkömmlichen Selbstladepistolen. Er verfügt über einen Spannabzug, der sich über den Hahn vorspannen lässt, und verschießt nur Einzelfeuer. Die Patronenversorgung erfolgt aus einem sechsschüssigen Kastenmagazin im Pistolengriff.

Korn und Kimme sind mit Leuchtpunkten ausgestattet, die das Zielen bei schlechter Sicht erleichtern. Darüber hinaus lässt sich ein Kollimator-Leuchtpunktvisier installieren. Die Streuung auf 25 m Entfernung soll (bei eingespannter Waffe) nur ca. 35 mm betragen.

Technische Angaben	
Kaliber	7,62 mm
Patrone	7,62 x 42 mm SP.4
Länge, mm	170
Länge des gezogenen Laufteils, mm	35
Gewicht mit Magazin ohne Patronen, kg	0,7
Magazinkapazität, Patronen	6
Visierschussweite,	50

Die PSS „Wul" nutzt ein sehr effektives Schalldämpfungsverfahren über „Einfangen" der Pulvergase in der Patronenhülse, das einen herkömmlichen Schalldämpfer an der Mündung erübrigt und deshalb die Waffe kaum länger als eine Taschenpistole macht.

Unterwasser-Pistole SPP-1M

Die Kampfschwimmer der russischen Marine sind mit der modernisierten Unterwasserpistole SPP-1M bewaffnet (die Erstausführung SPP-1 wurde bereits 1970 eingeführt; SPP steht für *Spezialni Podwodni Pistolet,* Unterwasser-Spezialpistole). Es handelt sich um eine 4,5-mm-Unterwasserpistole für Spezialpatronen 4,5 x 39 R SPS (mit nadelförmigen Stahlgeschossen). Zum System gehören außerdem zehn Vierer-Geschossbündel, ein Kunstlederholster, eine Vorrichtung zum Laden der Geschossträger, ein Hüftgurt zum Tragen und drei Metallkoffer für die Munition. Gefertigt wurden bzw. werden Waffe und Zubehör von den Waffenwerken Tula.

Der Clou des Ganzen sind die langen pfeilartigen Geschosse mit Kaverne an der Spitze, die aus einer Hülse mit spezieller Treibladung verschossen werden. Die Wirkung der Geschosse basiert auf der Nutzung des physikalischen Kavitation-Effektes (vom lateinischen *cavitas* – Hohlraum, Leere), wobei sich – grob erklärt – vor sich sehr schnell bewegenden Objekten das Wasser verdichtet und einen kleinen Hohlraum (Blase) bildet. Bewegt sich das Geschoss

Schießen mit der SPP-1M-Pistole unter Wasser. army-news.ru

Unterwasserpistole SPP-1M.

Die Unterwasserpistole SPP-1M verschießt Spezialpatronen 4,5 x 39 R SPS mit pfeilartigen Geschossen. warfare.be

im Hohlraum, erfährt es den geringsten Wasserwiderstand. Darüber hinaus stabilisiert der Hohlraum die Bewegung des Pfeilgeschosses (hydrodynamische Stabilisation). Die Unterwasserpistole verfügt über vier glatte, zu einem Block gebündelte Läufe. Zum Nachladen der Geschossbündel lässt sich der Block nach vorn abkippen. Die Pistole verfügt über einen Spannabzug, mit dem die vier Geschosse nacheinander abgeschossen werden.

Die effektivste Einsatzschussweite unter Wasser liegt bei 6–7 m, geübte Schützen treffen ihr Ziel noch auf bis zu 15 m (und wir sprechen hier nicht von Walen). An Land ist ein effektives Schießen auf Entfernungen bis zu 10 m möglich. Vor versehentlicher Schussabgabe bewahrt ein Sicherungschalter auf der linken Seite des Griffstücks mit den drei Raststellungen „Laden" (oben), „Gesichert" (Mitte) und „Feuer" (unten). Bei „Laden" entriegelt das Laufbündel zum Nachladen. Gezielt wird über ein grobes Festvisier.

1979 erschien die modernisierte Ausführung SPP-1M, die über eine zusätzliche Feder zur Erleichterung des Abzugsbetätigung und einen vergrößerten Abzugsbügel für das Schießen mit Handschuhen verfügt.

Technische Angaben	
Kaliber	4,5 mm
Patrone	4,5 x 39 R SPS
Länge, mm	244
Lauflänge, mm	203
Gewicht ohne Patronen, kg	0,95
Magazinkapazität	4er-Geschossbündel für vier Glattläufe
Magazinkapazität, Patronen	6

Pistole „Udaw"

Die Pistole „Udaw" (Boa) für die Patrone 9 x 21 mm zählt sicherlich zu den neuesten und durchschlagskräftigsen Faustfeuerwaffen der russischen Streitkräfte. Konstrukteure von ZNIITotschMasch begannen 2014 mit der Entwicklung dieser Pistole, die erstmals im Oktober 2015 auf der Ausstellung „Innovationstage des Verteidigungsministeriums der Russischen Föderation" der Öffentlichkeit vorgestellt wurde. Die Pistole „Udaw" ist nach dem klassischen Schema einer 9-mm-Selbstladepistole mit verzögertem Rücklauf und Spannabzug aufgebaut. Vielfach kamen hochfeste Polymermaterialien zur Verwendung, wodurch das Gewicht der Waffe auf lediglich 780 g beschränkt werden konnte.

Es gibt drei Ausführungen:

- eine Sportausführung für den zivilen Markt;
- eine Ausführung als kombinierte Waffe und
- eine Ausführung für Spezialeinheiten.

Die zivile Variante ist für Patronen 9 x 19 mm und die Militärversion für Patronen 9 x 21 mm ausgelegt, wofür es übliche Vollmantelgeschosse, panzerbrechende Geschosse und Leuchtspurgeschosse gibt. Darüber hinaus wurden zwei neue Patronen speziell für die „Udaw"-Pistole entwickelt – Unterschall und mit erhöhter Durchschlagskraft.

Berichten zufolge durchschlagen Letztere auf über 30 m eine kugelsichere Weste der Schutzklasse 2 und selbst noch auf 50 m eine 4 mm dicke Stahlplatte. Nicht ohne Grund beträgt die Einsatzschussweite bis zu 100 m, was freilich entsprechene Übung erfordert. Die Zufuhr erfolgt aus einem Kastenmagazin für 18 Patronen. Der Magazinauslöseknopf befindet sich hinter dem Abzugsbügel. Zur Installation eines Laserbezeichners dient eine universelle Zahnschiene („Picatinny"-Schiene).

Die Ausführung für Spezialeinheiten umfasst einen Schalldämpfer (PBS) mit Kohlenstoffgehäuse, der sich auf den Lauf schrauben lässt. Außerdem wurden für diese Version der Pistole zwei kombinierte Laserzielgeräte entwickelt, von denen eines im Infrarotbereich arbeitet.

Zum Zubehör der Pistole „Udaw" für Sonderverbände gehören ein Schalldämpfer, eine Weißlichtlampe und ein Laserzielgerät.

Technische Angaben	
Kaliber	9 mm
Patrone	9 x 21 mm SP.10, SP.11, SP.12
Länge, mm	206
Lauflänge, mm	120
Gewicht ohne Patronen, kg	0,78
Magazinkapazität, Patronen	18
Visierschussweite, m	100

Pistole „Udaw".

Maschinenpistole AEK-919K „Kaschtan“

Für verschiedene Polizeibehörden und Besatzungen von Kampfhubschraubern und Panzern entwickelte das Maschinenwerk Kowrow „W. A. Degtjarjow“ (Degtjarjowwerk, SID) in den 1990er-Jahren die kompakte Maschinenpistole AEK 919K „Kaschtan“ (Kastanie; AEK steht für *Awtomat Eksperimentalni Kokscharowa*, vollautomatische Versuchswaffe von Kokscharow; Stanislaw Iwanowitsch Kokscharow war der Konstrukteur). Nach Vorbild der österreichischen Einhand-Maschinenpistole Steyr MP 69 befindet sich das Magazin im Griff. Die zuschießende Waffe mit unverriegeltem Masseverschluss mit Teleskopdämpfer und Federauszieher verfügt über einen relativ langen Lauf (167 mm); die Länge ohne Schulterstütze beträgt nur 325 mm. Dast Polygonprofil erhöht die Lebensdauer des Laufs beträchtlich. An der Mündung befindet sich eine Aufsteckvorrichtung für einen Schalldämpfer.

Die Waffe ist für Einzel- wie Dauerfeuer eingerichtet; die theoretische Feuergeschwindigkeit liegt bei hohen 900 S/min und im Einzelfeuer bei 90 S/min. Die praktische Feuergeschwindigkeit mit Magazinwechsel beträgt im Dauerfeuer rund 100 S/min. Der Sicherungshebel, zugleich Feuerwahlschalter, befindet sich auf der rechten Seite des Verschlusses über dem Abzug; der Spanngriff auf der linken.

Die AEK-919K „Kaschtan“ entsteht unter Verwendung moderner Technologien für die Serienfertigung. Beispielsweise wird das Verschlussstück mit seiner einfachen rechteckigen Form aus Stahlblech kaltgeformt. Griffstück, Abzugsbügel und Verschlussgehäuse werden aus hochfestem Kunststoff in einem Stück gefertigt. Feine Aufrauungen erleichtern die Handhabung. Die ausziehbare Metallschulterstütze ermöglicht den Anschlag der Waffe und damit ein treffgenaueres Schießen. Sie besteht aus zwei Schienen und einer beweglichen Stütze. Die vertikale Position der Stütze (oben oder unten) wird zum Schießen von der Schulter verwendet, die horizontale Position zum Schießen aus der Ellenbogenbeuge mit Aufsetzen auf den Unterarm.

Bereits in den frühen 1990er-Jahren nahmen die Russen ihre Makarow-Patrone 9 x 18 mm PM auch als Munition für eine Maschinenpistole her. Diese Patrone bot zwar einige Vorteile, erfüllte die modernen Anforderungen an eine Gefechtswaffe jedoch nicht vollständig. Daher richtete das Maschinenwerk Kowrow die Waffe auch für die Patrone 7N21 ein, das

Technische Angaben	
Kaliber	9 mm
Patrone	9 x 18 mm PM
Länge, mm	206
mit ausgezogener Schulterstütze	485
mit einschobener Schulterstütze	325
Lauflänge, mm	167
Kadenz, S/min	900
Magazinkapazität, Patronen	20 oder 30
Visierschussweite, m	100

Die kompakte Maschinenpistole AEK-919K „Kaschtan“ wurde in den 1990er-Jahren federführend von Stanislaw Iwanowitsche Kokscharwow im Maschinenwerk Kowrow („Degtjarjowwerk“) entwickelt.

Nach Vorbild anderer kompakter Maschinenpistolen befindet sich das Magazin der AEK-919K im Griff.

russische Gegenstück zur leistungsstarken Patrone 9 x 19 mm Parabellum, die einst für die legendäre deutsche Pistole 08 entwickelt worden war. Die Zufuhr erfolgt aus geraden doppelreihigen Stangenmagazinen für 20 oder 30 Schuss. Die Sicherheit im Umgang mit der Waffe gewährleistet die mehrfache Sicherung über Abzug und Spanngriff, der sich in drei Positionen verriegeln lässt. Schnellt der Verschluss etwa beim Spannen versehentlich vor, bevor er in die hinterste Position gebracht wurde, wird er von einem Haken gefangen.

Das offene Visier ist für Entfernungen von 50 bis 100 m ausgelegt. Korn und Kimme sind rechteckig. Für die „Kaschtan" gibt es auch abnehmbare Kollimatorvisiere.

Beim Schießen von Dauerfeuer mit Schalldämpfer im Stehendanschlag sollen auf 25 m Entfernung alle Geschosse die Standard-Brustscheibe Nr. 4 nicht verfehlen. Wie überall kommt es auch hier natürlich auf den Schützen an.

Die Maschinenpistole AEK-919K verschießt die Makarow-Patrone 9 x 18 mm PM oder die Patrone 9 x 19 mm 7N21 mit einer theoretischen Feuergeschwindigkeit von 900 S/min.

Maschinenpistole OZ-02 „Kiparis“

Die Maschinenpistole OZ-02 „Kiparis“ (Zypresse) wurde gemäß den Anforderungen des Innenministeriums der Russischen Föderation als persönliche Angriffs- und Verteidigungswaffe auf Grundlage der tschechischen Klein-Maschinenpistole „Skorpion“ entwickelt und ging 1992 in Serie („OZ“ ist der Handwaffen-Kürzel des Tulaer Unternehmens ZKIB SOO, das die Waffe konstruierte). Die kompakte OZ-02 „Kiparis“ arbeitet als zuschießender Rückstoßlader, bei dem der unverriegelte Masseverschluss den Lauf umfasst. Der Abzugsmechanismus besteht aus einem separaten Block und wird bei der Demontage vollständig entfernt. Im hinteren Teil des Mechanismus ist ein mechanischer Schussbegrenzer installiert. Dieser verkomplizierte zwar Technik und Herstellung etwas, sorgt aber für eine geringere Kadenz und damit für eine bessere Beherrschbarkeit im Dauerfeuer. Die theoretische Feuergeschwindigkeit liegt bei 750–900 S/min, im Einzelfeuer bei rund 40 S/min; die praktische Feuergeschwindigkeit bei bis zu 100 S/min. Der Feuerwahlhebel befindet sich links über dem Pistolengriff und dient auch als Sicherung; der Spanngriff auf der rechten Seite des Gehäuses.

Der Lauf mit vier Zügen ist mit 156 mm verhältnismäßig kurz. Am vorderen Schaftende befindet sich der Visierträger. Zur Demontage werden Lauf und Verschlussdeckel nach vorn geklappt und abgenommen, danach lassen sich die beweglichen Teile entnehmen.

Die Maschinenpistole ist mit einer nach oben klappbaren Metallschulterstütze ausgestattet.

Die „Kiparis“ ist für die Serienproduktion angepasst. Viele Teile werden durch Stanzen aus Stahlblech und Schweißen hergestellt. Griff und Vorderschaft bestehen aus schlagfestem Kunststoff. Wahlweise lässt sich ein Schalldämpfer aufsetzen, der an der Laufmündung verriegelt wird.

Die Maschinenpistole ist für die russische Makarow-Patrone 9 x 18 mm PM eingerichtet. Die Mündungsgeschwindigkeit beträgt 320 m/s. Die Zufuhr erfolgt aus geraden Kastenmagazinen für 20 oder 30 Patronen. Zum verdeckten Tragen soll es auch 10-Schuss-Magazine geben.

Die offene Visierung umfasst ein Ringkorn und eine Klappkimme mit zwei Positionen zum Schießen auf 25 und 75 m. In Bezug auf die Treffgenauigkeit ist die OZ-02 „Kiparis“ anderen russischen Maschinenpistolen etwas überlegen. Bei der Abgabe von Einzelschüssen liegen die Treffer auf 25 m in einem Kreis von 130 mm; im Dauerfeuer lässt sich ein Kreis von 280 mm halten.

Die Zielgenauigkeit bei schlechten Lichtverhältnissen lässt sich durch Anbau eines Laserzielgerätes verbessern.

Technische Angaben	
Kaliber	9 mm
Patrone	9 x 18 mm PM
Länge, mm mit abgeklappter Schulterstütze	595
mit angeklappter Schulterstütze	317
Lauflänge, mm	156
Kadenz, S/min	750–900
Gewicht mit Magazin ohne Patronen, kg	1,6
Magazinkapazität, Patronen	20 oder 30
Visierschussweite, m	75

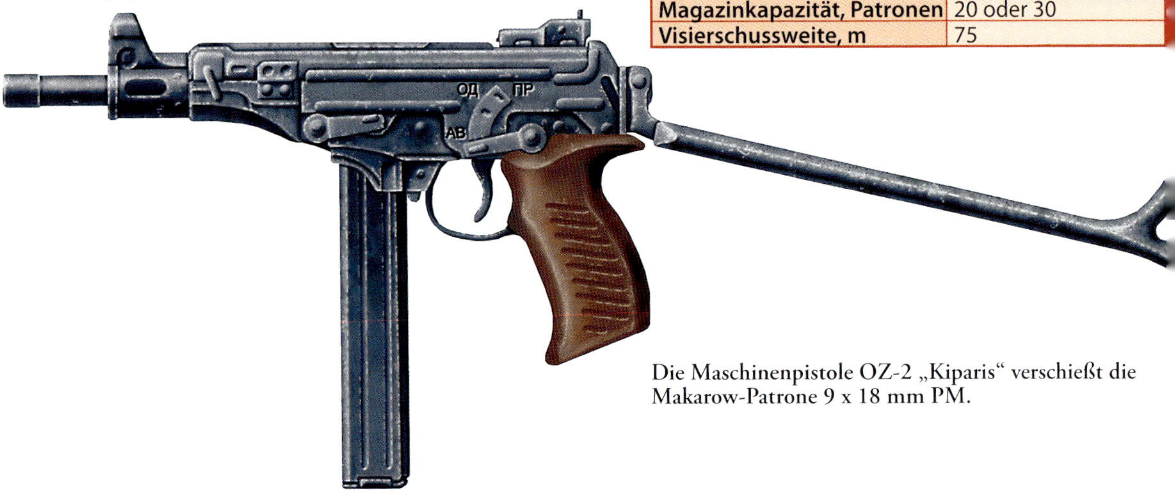

Die Maschinenpistole OZ-2 „Kiparis“ verschießt die Makarow-Patrone 9 x 18 mm PM.

Maschinenpistole PP-19 „Bison-2“

Die Maschinenpistole PP-19 „Bison-2“ (PP = *Pistolet Pulemjot*, Maschinenpistole) wurde für Begleit- und Sicherheitsdienste des Innenministeriums der Russischen Föderation sowie für Spezialeinheiten zur Terrorismusbekämpfung entwickelt, dient beim Militär aber auch als persönliche Waffe etwa für Geschützbedienungen. Fertigungstechnisch beruht die PP-19 „Bison-2“ zu großen Teilen auf dem Kalaschnikow-Sturmgewehr AK-74: Bis zu 60 % der Teile und Baugruppen wurden vom AK-74 übernommen, darunter die klappbare Schulterstütze, die Griff-/Abzugsbaugruppe, der Verschlussdeckel usw. Hingegen verzichtete man auf das – bei einer 9-mm-Maschinenpistole – überflüssige Gasdruckladesystem, da ja ein einfacher Masseverschluss für den Rückstoßlader völlig ausreichte. Der aufschießende Verschluss wirkt sich – im Unterschied zum bei den meisten Maschinenpistolen zuschießenden Verschluss – zudem positiv auf die Treffgenauigkeit aus.

Die „Bison-2“ ist für Einzel- wie Dauerfeuer ausgelegt. Die relativ niedrige Kadenz (700 S/min) erleichtert das Beherrschen der Waffe im Dauerfeuer. Der Feuerwahlschalter befindet sich auf der rechten Verschlusseite und dient auch als Sicherung (in oberster Position blockiert er den Verschluss). Die Lauflänge beträgt 230 mm; ein Kompensator verbessert die Schussgenauigkeit. Auch ein Schalldämpfer lässt sich aufsetzen. Viele Teile der Maschinenpistole werden durch Stanzen und Schweißen hergestellt und zum Schutz gegen Rost brüniert. Die seitlich nach links klappbare Skelett-Schulterstütze aus Metall lässt sich wahlweise duch eine aus Kunststoff ersetzen.

Der eigentliche Clou der „Bison-2“ ist ihr waagrecht unter dem Lauf angeordnetes röhrenartiges Schneckenmagazin, das die Waffe, nebenbei bemerkt, vorderlastig macht, so ihre Beherrschbar-

Technische Angaben	
Kaliber	9 mm
Patrone	9 x 18 mm PM oder PMM
Länge, mm	
mit abgeklappter Schulterstütze	690
mit angeklappter Schulterstütze	230
Lauflänge, mm	230
Kadenz, S/min	680–700
Gewicht mit Magazin ohne Patronen, kg	2,8
Magazinkapazität, Patronen	64
Visierschussweite, m	100*

* Beim Schießen mit 9 x 18 mm PMM und 9 x 18 mm PBM-Patronen beträgt die effektive Reichweite 150 m.

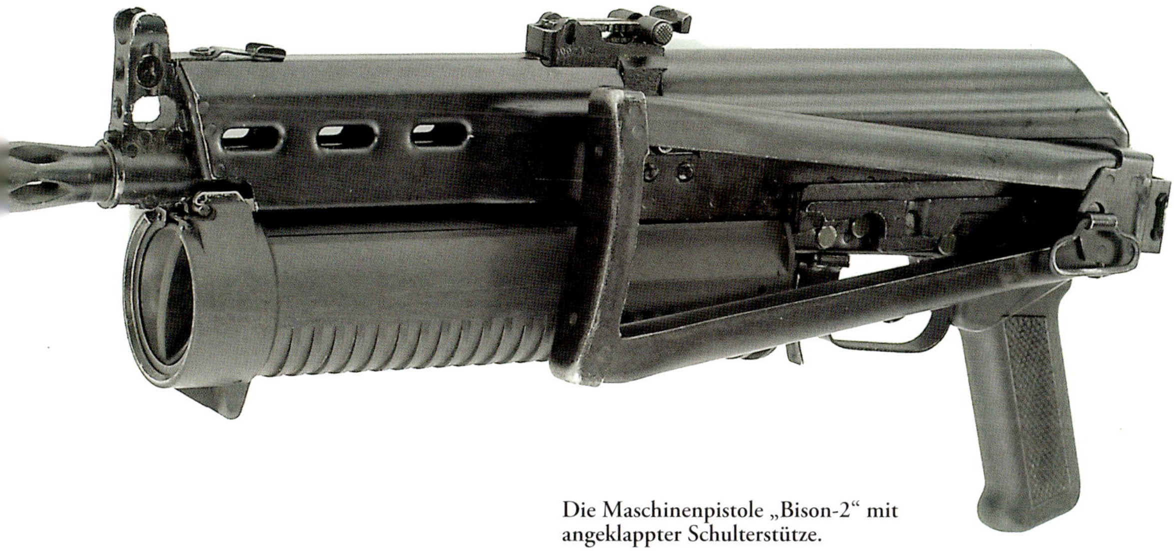

Die Maschinenpistole „Bison-2“ mit angeklappter Schulterstütze.

Maschinenpistole PP-19 „Bison-2", Ausführung von 1995.

keit im Dauerfeuer sowie die Präzision erhöht, und auch als Vorderschaft dient. Diesem Schneckenmagazin für bis zu 64 Patronen liegt eindeutig das Helixmagazin der US-Firma Calico zu Grunde. Die Patronen liegen mit der Spitze nach vorn achsparallel in der „Röhre" und werden über eine spezielle Feder zugeführt, die der Schütze vorher spannt. Bei Nichtgebrauch wird die Feder entspannt und damit geschont. Die Magazinröhre besteht aus einer leichten Aluminiumlegierung (ein Polyamidmagazin ist in Entwicklung) mit vier Löchern auf der rechten Seite, die mit 4, 24, 44 und 64 gekennzeichnet sind. Daran kann der Schütze den Füllstand des Magazins erkennen. Für die PP-19 „Bison-2" steht außer dem einfachen Schneckenmagazin ein Wechsel-Doppelmagazin für insgesamt 128 Schuss zur Verfügung. Da Schneckenmagazine in der Fertigung teuer und aufwändig sind, sollen sich auch preisgünstigere, herkömmliche Kastenmagazine in der Entwicklung befinden.

Die Standardausführung der „Bison-2" ist für die Makarow-Patrone 9 x 18 mm PM ausgelegt. Darüber hinaus gibt es Ausführungen u. a. für die leistungsstärkeren Pistolenpatronen 9 x 18 mm PMM, 9 x 18 mm PBM sowie 9 x 19 mm Parabellum.

Die offene mechanische Visierung besteht aus einem Schiebevisier und einem geschützten Korn. Das Schiebevisier für die Patrone 9 x 18 mm PM lässt sich bis auf 100 m, für die Patronen 9 x 18 mm PMM sowie 9 x 18 mm PBM bis auf 150 m einstellen. Auf der linken Gehäuseseite befindet sich eine Montage zur Aufnahme optischer Visiere.

Die Schussgenauigkeit ist erstaunlich hoch. Bei einer Vorführung brachte es ein Schütze fertig, auf 50 m Entfernung im Dauerfeuer ein gesamtes Magazin, d. h. 64 Schuss, in einem Kreis von 460 mm zu platzieren.

Neben dem Grundmodell PP-19 „Bison-2" wurden folgende Modifikationen entwickelt:

- „Bison-2-01", „Bison-2-05" für die Patrone 9 x 19 mm Parabellum;
- „Bison-2-02", „Bison-2-06" für die Patrone 9 x 17 mm K;
- „Bison-2-03", „Bison-2-04" für die Patrone 9 x 18 mm;
- „Bison-2-07" für die Patrone 7,62 x 25 mm TT;
- „Bison-2B" mit integriertem Schalldämpfer für die Patrone 9 x 18 PM.

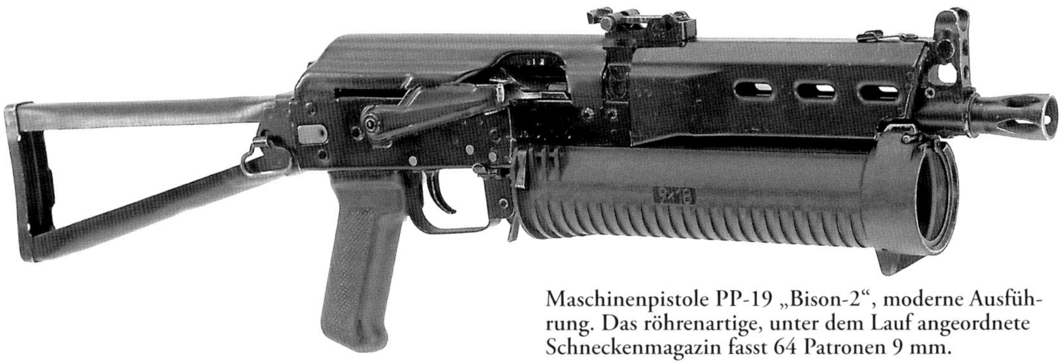

Maschinenpistole PP-19 „Bison-2", moderne Ausführung. Das röhrenartige, unter dem Lauf angeordnete Schneckenmagazin fasst 64 Patronen 9 mm.

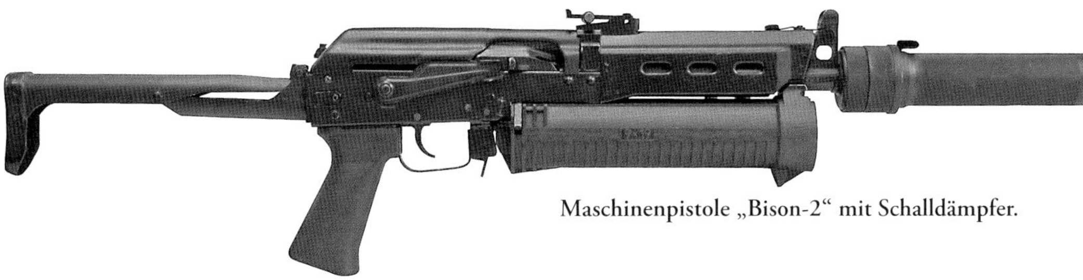

Maschinenpistole „Bison-2" mit Schalldämpfer.

Maschinenpistole PP-19-01 „Witjas"/„Witjas-SN"

Die Maschinenpistole PP-19-01 „Witjas" (Recke, Degen) schuf die Ischewsker Maschinenfabrik für die Spezialeinheiten der Polizei und des Innenministeriums der Russischen Föderation. In vielen Details ist die Maschinenpistole mit Kalaschnikow-Sturmgewehren vereinheitlicht, aber sie arbeitet als Rückstoßlader mit Feder-Masse-Verschluss und der Kalaschnikow-Gaskolben fungiert lediglich zur Führung der Verschlussbewegung. Die Waffe wurde für die Patrone 9 x 19 mm PRS (PRS - verringerte Abprallneigung) eingerichtet. Das Mantelgeschoss mit Bleikern erreicht eine Mündungsgeschwindigkeit von 360 m/s. Außerdem kann die Waffe die Patronen 9 x 19 mm 7N21 (Hartkerngeschoss) und 9 x 19 mm 7N31 (panzerbrechendes Geschoss) sowie 9 x 19 mm Parabellum verschießen. Die Zufuhr erfolgt aus einem 30-schüssigen Kurvenmagazin. Mittels Adapter lassen sich zwei Magazine verbinden – eine aus Einsatzerfahrungen mit Kalaschnikow-Sturmgewehren (Magazine wurden mit Klebeband paarweise fixiert) gewonnene Erkenntnis. „Witjas"-Schützen können darauf verzichten; der Adapter ordnet die beiden Magazine so an, dass das rechte relativ zum linken nach unten verschoben ist und beide Maganinöffnungen nach oben zeigen („Klebeverbindung": eines nach oben, das ander nach unten). Das Laden des zweiten Magazins erfolgt so schneller und bei Bodenberührung gehen auch keine Patronen mehr verloren bzw. kann sich Schmutz im Magazin ansammeln. Zum Lieferumfang jeder „Witjas"-MP gehören ein Adapter und vier Ladestreifen für je 15 Patronen, mit denen sich die Magazine wesentlich schneller befüllen lassen.

Eine nach links klappbare Metallschulterstütze und der kannelierte Vorderschaft erleichtern den Anschlag. Das offene Kurvenvisier übernahm die „Witjas" vom verkürzten Sturmgewehr AKS-74U mit Einstellungen für 100 und 200 m. An einer linksseitigen Montagevorrichtung lässt sich ein Kollimatorvisier befestigen.

Die Ausführung „Witjas-SN (SN = *Spezialnoje Nasnatschenje*, Spezielle Verwendung) verfügt über Zahnschienen, an denen sich unterschiedliche „taktische Ausrüstung" fixieren lässt. Je nach Art und Anordnung dieser Schienen lassen sich die „Witjas-SN"-Ausführungen Sb-20 (oben auf dem Gehäuse) und Sb-20-01 (linke Gehäuseseite) unterscheiden. Auch am Vorderschaft lassen sich seitlich und unten Zahnschienen anbringen und daran Lampen, Laserzielgeräte oder ein Vordergriff befestigen. An der Mündung lässt sich ein Schalldämpfer anbringen.

Technische Angaben		
	„Witjas"	**„Witjas-SN"**
Kaliber	9 mm	9 mm
Patrone	9 x 19 mm PRS	9 x 19 mm PRS
Länge, mm mit abgeklappter Schulterstütze	687	698
mit angeklappter Schulterstütze	450	475
Lauflänge, mm	237,5	237,5
Kadenz, S/min	750–800	750–800
Gewicht mit Magazin ohne Patronen, kg	2,75	2,85
Magazinkapazität, Patronen	30	30
Visierschussweite, m	200	200

Maschinenpistole PP-19-01 „Witjas".

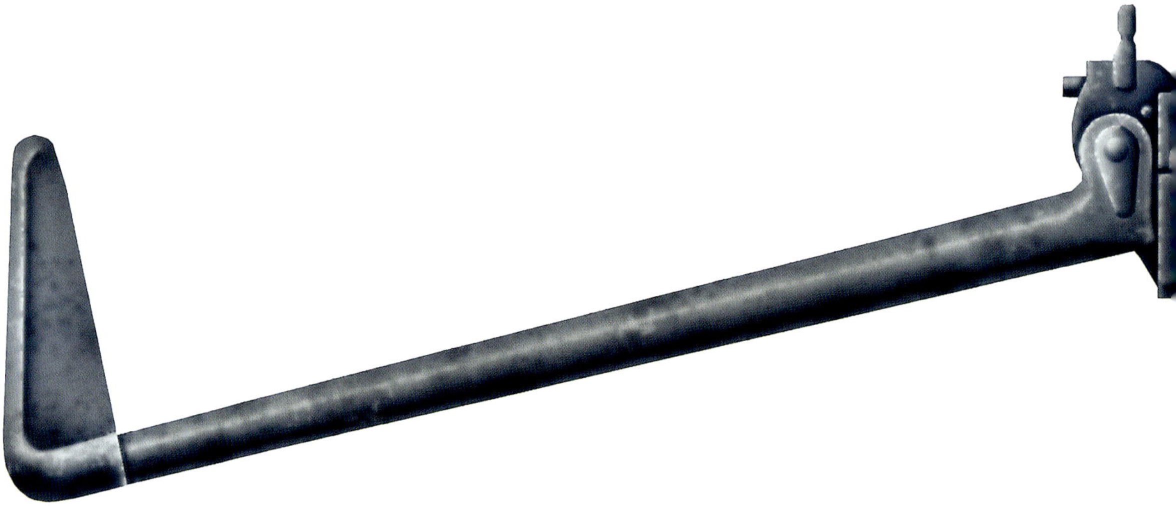

Maschinenpistole PP-91 „Kedr"

Die Maschinenpistole PP-91 „Kedr" (Zeder) steht bei Spezialeinheiten der Polizei, den Truppen des Innenministeriums, beim Justizvollzugsdienst, bei Dienststellen zur Bekämpfung des Rauschgifthandels, bei Personenschützern und Kradmeldern in Verwendung.

Die ersten 40 Vorserienmuster der PP-91 „Kedr" stellte die Maschinenfabrik Ischewsk 1992 her; die Serienfertigung übernahm die Maschinenfabrik Slatoust. Das einfache Design der PP-91 „Kedr" stellt eine Weiterentwicklung der Maschinenpistole PP-71 dar, die E. F. Dragunow Ende der 1960er-Jahre im Auftrag der Hauptverwaltung für Raketen und Artillerie GRAU *(Glawnoje Raketno-Artilleriiskoje Uprawlenie)* des Verteidigungsministeriums der UdSSR im Rahmen des Entwicklungsprogramms „Buket" (Blumenstrauß) konstruiert hatte. Für die Arbeiten an der PP-91 zeichnete ebenfalls wieder E. F. Dragunow verantwortlich, der die Waffe „Kedr" taufte.

Der aufschießende Rückstoßlader mit Masseverschluss zeigt das klassische Bild einer Maschinenpistole mit Pistolengriff und davor angeordnetem Magazin. Die meisten Baugruppen bestehen aus gestanzten Stahlblechteilen. Die Waffe kann Einzel- wie Dauerfeuer abgeben. Die Kadenz liegt mit 800–850 S/min recht hoch; im Einzelfeuer bei 40 S/min und in der Praxis im Dauerfeuer bei bei 100 S/min. Der Feuerwahlschalter, zugleich Sicherung, befindet sich rechts am Verschluss; der Spanngriff links. Der Lauf misst 120 mm und kann einen Schalldämpfer aufnehmen. Darüber hinaus gibt es eine „Kedr-B" mit integriertem Schalldämpfer, der einen Teil der Pulvergase über Laufbohrungen in die Expansionskammer entlässt. Der zylinderförmige Schalldämpfer an sich besteht aus einer Reihe von Scheiben und einem rostfreien Metallgitter, das den Lauf in Form einer Rolle umgibt. Beim Abfeuern verlieren die durch die Löcher im Lauf in die Expansionskammer austretenden Pulvergase an Geschwindigkeit, was einen Teil des Schalldämpfungseffekts ausmacht. Derart wird der Schallpegel eines Schusses um 20 dB vermindert, was dem Mündungsknall einer kleinkalibrigen Sportwaffe entspricht. Auch das Mündungsfeuer wird fast vollständig unterdrückt.

Das Gehäuse hat eine einfache Form mit rechteckigem Querschnitt und ist mit einem abnehmbaren Deckel ausgestattet.Viele Teile der Maschinenpistole, einschließlich des Gehäuses, werden im Kaltstanzen aus Stahlblech und per Schweißen hergestellt. Zum Rostschutz sind sie brüniert. Pistolengriff und Handschutz bestehen aus schlagfestem schwarzem Kunststoff. Für einen sichereren Halt ist der Griff mit Fingermulden ausgestattet. Als Anschlagshilfe dient eine nach oben über die Waffe klappbare Metallschulterstütze.

Auch die PP-91 „Kedr" verschießt die klassische russische Pistolenpatrone 9 x 18 mm PM. Die Zufuhr erfolgt aus Stangenmagazinen für 20 oder

Maschinenpistole PP-91 „Kedr“, eingerichtet für die Patrone 9 x 18 mm PM.

30 Schuss. Der Magazinhalter arbeitet mit einer Druckknopfverriegelung. Nach dem letzten Schuss wird der Verschluss in hinterster Stellung gefangen. Die Sicherung, zugleich Feuerwahlhebel, blockiert Abzug und Verschluss.

Die offene Visierung besteht aus einer klappbaren Lochkimme und einem höhenverstellbaren Korn. Beim Anklappen der Schulterstütze dreht sich die Lochkimme unter der Wirkung der Feder um 90°, und gibt einen Schlitz zum Zielen frei. Wird die Schulterstütze abgeklappt, erscheint wieder die Lochkimme.

Technische Angaben	
Kaliber	9 mm
Patrone	9 x 18 mm PM
Länge Waffe, mm	305
Bei abgeklappter Schulterstütze, mm	539
Lauflänge, mm	120
Kadenz, S/min	800–850
Gewicht mit Magazin ohne Patronen, kg	1,54
Magazinkapazität, Patronen	20 oder 30
Visierschussweite, m	50

Maschinenpistole PP-9 „Klin“

Die Maschinenpistole PP-91 „Kedr“, die Anfang der 1990er-Jahre von Einheiten des Innenministeriums und anderen bewaffneten Formationen übernommen worden war, hatte einen gravierenden Nachteil – ihre Munition 9 x 18 mm PM reichte bald nicht mehr aus, um moderne Schutzausrüstung zu durchdringen. Die effektive Schussweite dieser Maschinenpistole beträgt nicht mehr als 50 m. Aus diesem Grund wurde Anfang der 1990er-Jahre eine Version für die leistungsstärkere Patrone 9 x 18 mm PMM eingerichtet. Diese entspricht in den Abmessungen der Patrone 9 x 18 mm PM, verfügt jedoch über eine stärkere Treibladung und ein leichteres Geschoss mit Spitze. Es erreicht eine Anfangsgeschwindigkeit von 425 m/s und durchschlägt auf 20 m Entfernung ein 3 mm dickes Stahlblech oder eine Autokarosserie, und auf 10 m Entfernung eine russische Armee-Schutzweste. Selbst bei Auftreffwinkeln von 15–20° prallt das Geschoss von harten Oberflächen nicht ab, seine Flugbahn erlaubt im Übrigen die Bekämpfung von Zielen auf bis zu 150 m Entfernung bei konstanter Visiereinstellung.

Der Haken an dieser starken Patrone war jedoch ihr für die Maschinenpistole PP-91 „Kedr“ zu hoher Gasdruck (1500 kg/cm^2 im Vergleich zu 1200 kg/cm^2 bei der 9 x 18 mm PM), der auch die Verschlussgeschwindigkeit und damit die Kadenz deutlich steigerte und die Konstruktion stark belastete. Nicht, dass die „Kedr“ dem Schützen um die Ohren flog, aber Waffenstörungen und Schäden an der Waffe waren auf Dauer unvermeidlich.

Bei der 1994 vom russischen Innenministerium angenommenen, verbesserten Nachfolgerin PP-9 „Klin“ (Keil) mit verstärkten Gehäuseteilen und modifiziertem Patronenlager mit drei Entlastungsrillen war dies nicht mehr zu befürchten. Äußerlich ähnelt die „Klin“ der „Kedr“ zum Verwechseln, sie verdaut eben nur die stärkere Patrone ohne Mucken. Beim Schuss drücken die Pulvergase die Patronenhülse an die Wände des Patronenlagers, wobei die Rillen das Ausziehen der Hülse aus dem Patronenlager so lang verzögern, bis das Geschoss die Mündung verlassen hat und der Gasdruck auf „ein erträgliches Maß“ gesunken ist. Deshalb konnte man auch auf eine deutliche Erhöhung der Verschlussmasse verzichten (die Alternativlösung, die dann einen ganzen Rattenschwanz an Konstruktionsänderungen nach sich gezogen hätte), wobei die Kadenz immer noch rasante 1030–1200 S/min betrug (was dem deutschen MG 42 bzw. MG 3 der Bundeswehr entspricht; im 2. Weltkrieg bei seinen Gegnern als „Knochensäge“ gefürchtet).

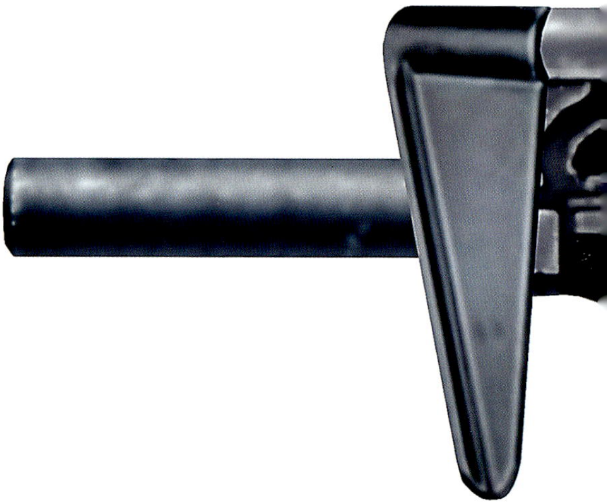

Freilich lässt sich aus der PP-9 „Klin“ auch die „zahme“ PM-Patrone verschießen. Nachdem die graumelierten Herren der GRAU die PMM-Patrone anfänglich abgelehnt hatten, hatte sich diese nun zur Hauptmunition für diese Waffe gemausert.

Technische Angaben	
Kaliber	9 mm
Patrone	9 x 18 mm PMM, PM
Länge Waffe, mm	305
Bei abgeklappter Schulterstütze, mm	539
Lauflänge, mm	120
Kadenz, S/min	1030–1200
Gewicht mit Magazin ohne Patronen, kg	1,54
Magazinkapazität, Patronen	20 oder 30
Visierschussweite, m	150

Die Maschinenpistole PP-9 „Klin“, hier mit angeklappter Schulterstütze, verschießt im Unterschied zur PP-91 „Kedr“ die leistungsstärkere Patrone 9 x 19 mm PMM.

Maschinenpistole PP-2000

Für die Entwicklung der Maschinenpistole PP-2000 zeichneten die Konstrukteure W. P. Grjasew und A. G. Schipunow vom KBP verantwortlich. Die PP-2000 wurde erstmals im Sommer 2004 auf einer Messe in Paris und im Herbst des Jahres auf der Austellung Interpolitech-2004 in Moskau vorgestellt. Seit 2006 befindet sie sich in Serienproduktion und wird an Flugzeug- und Hubschrauberbesatzungen, an die Polizei und die Einheiten der Inneren Truppen der Russischen Föderation ausgegeben.

Die PP-2000 zeichnet sich durch ihre futuristische Form und die Verwendung hochfester, im Spritzgussverfahren hergestellter Kunststoffteile und -baugruppen aus, was die Herstellungskosten senkte. Das Magazin ist im Griff der kompakten Waffe untergebracht, dessen großer Abzugsbügel sich als Vordergriff nutzen lässt. Ansonsten sind Ähnlichkeiten mit westlichen so genannten PDW (*Personal Defence Weapons* = Waffen zur persönlichen Verteidigung), wie etwa der belgischen FN 90 oder der deutschen H&K MP 7, sicherlich nicht zufällig. Der aufschießende Rückstoßlader arbeitet mit einem unverriegelten Masseverschluss und ist für Einzel- wie Dauerfeuer eingerichtet. Der Feuerwahlhebel, zugleich Sicherung, befindet sich auf der linken Seite über dem Griff. Aufgrund der relativ niedrigen Kadenz (600-750 S/min) lässt sich die Waffe mit Feuerstößen von 2–3 Schuss auch von ungeübten Schützen gut im Ziel halten. Der Spannhebel befindet sich am zylindrischen Vorderteil des Verschlusses. In eingeklappter Stellung ragt er nicht über das Gehäuse hinaus. Bei heißem Lauf kann sich der Schütze allerdings leicht die Finger verbrennen.

Die guten Kampfeigenschaften der PP-2000 beruhen größtenteils auf der Patrone 9 x 19 mm 7N31, die in ihrer Durchschlagskraft alle anderen vergleichbaren 9-mm-Patronen übertrifft und auch verstärkte Schutzwesten mit Einlagen durchschlägt. Noch auf 80 m durchdringen die Geschosse der PP-2000 3 mm

Technische Angaben	
Kaliber	9 mm
Patrone	9 x 19 mm 7N31
Länge Waffe, mm	340
Bei abgeklappter Schulterstütze, mm	555
Kadenz, S/min	600–750
Gewicht ohne Magazin und Schulterstütze, kg	1,34
Magazinkapazität, Patronen	20 oder 44
Visierschussweite, m	200

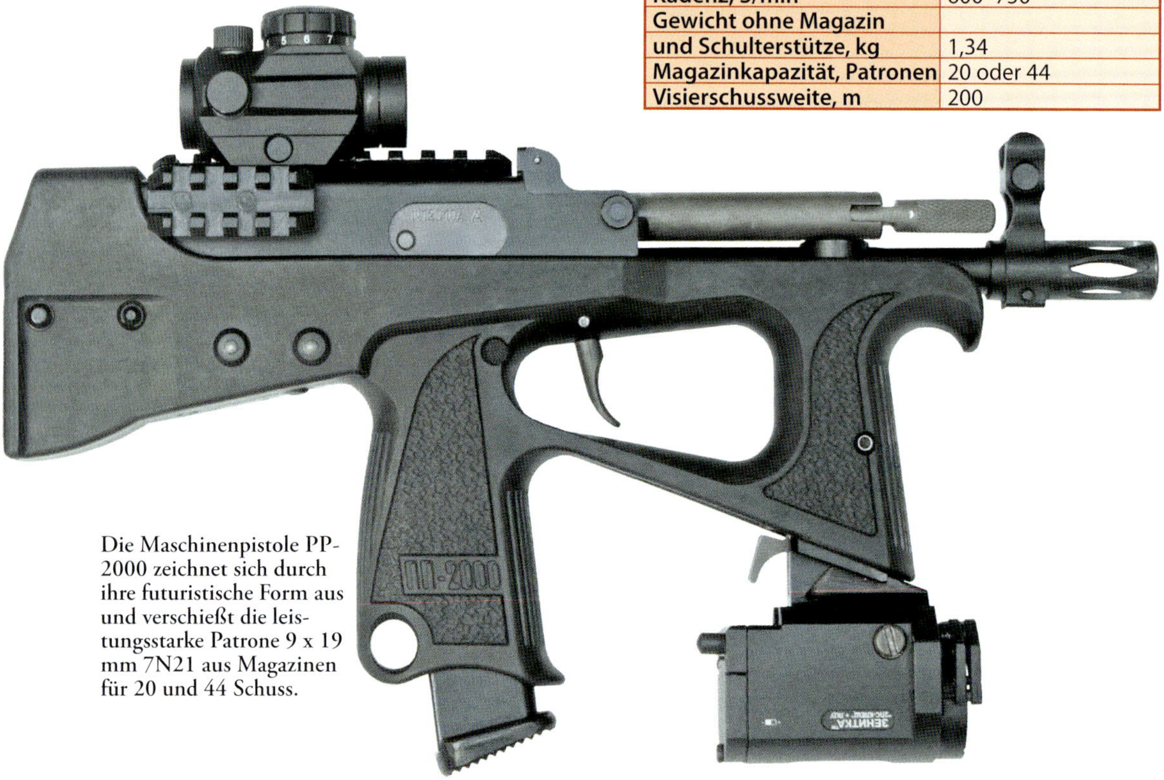

Die Maschinenpistole PP-2000 zeichnet sich durch ihre futuristische Form aus und verschießt die leistungsstarke Patrone 9 x 19 mm 7N21 aus Magazinen für 20 und 44 Schuss.

dicke Stahlbleche und auf bis zu 15 m Stahlbleche von 8 mm Stärke. Außer der 7N31 verschießt die Waffe Patronen 9 x 19 mm 7N21 und 9 x 19 mm Parabellum. Die Zufuhr erfolgt aus Kastenmagazinen für 20 und 44 Schuss. Das 44-Schuss-Magazin ist Standard und gewährleistet eine hohe Feuerdichte. Dieses Magazin war ursprünglich in Gestalt eines Ersatzmagazins als Schulterstütze vorgesehen, was sich jedoch wegen der geringen Auflagefläche an der Schulter (Magazinboden) als wenig günstige Lösung erwies; es rutschte gern ab. Daher versah man die Maschinenpistole mit einer leicht abnehmbaren, klappbaren Schulterstütze. Das 20-Schuss-Magazin wird hauptsächlich bei Einsätzen verwendet, bei denen es auf ein verdecktes Führen der Waffe ankommt. Die offene Visierung besteht aus einem geschützten Korn und einer auf Schussweiten bis zu 200 m ausgelegten Kimme. Auf die Zahnschiene oben auf dem Gehäuse lassen sich Optiken und Nacht-Visiere montieren; unten am Vordergriff (verlängerter Abzugsbügel) sitzt eine Halterung für Taschenlampen oder Laser-Zielpunktgeräte.

Die Maschinenpistole PP-2000 wurde an verschiedene Sondereinsatzkräfte des Innenministeriums ausgegeben. vk.me

Maschinenpistole PP-2000.

Maschinenpistole SR.2 „Weresk“

Die bei ZNIITotschMasch für die Patrone 9 x 21 mm SP.10 entwickelte Maschinenpistole SR.2 „Weresk“ (Heidekraut, Erika; SR steht für *Spezialnaja Rasrabotka,* Sonderentwicklung) gehört zur Ausstattung der Spezialeinheiten des Föderalen Sicherheitsdienstes. Aufgrund ihrer kompakten Form zählt die SR.2 „Weresk“ als persönliche Angriffs- und Verteidigungswaffe (PDW) zur Klasse der leichten Maschinenpistolen. Nichtsdestoweniger ist sie auf die Bekämpfung von Zielen auf bis zu 200 m Entfernung ausgelegt, was etwas übertrieben sein dürfte. Aufgrund ihrer minimalen Abmessungen und ihrem geringen Gewicht eignet sie sich sehr gut zum verdeckten Tragen und lässt sich sehr schnell in Schussposition bringen. Es gibt eine Tragevorrichtung für Gürtel oder Koppel sowie einen Riemen zum Tragen über der Schulter oder vor der Brust.

Ihre Kompaktheit verdankt die Waffe zu einem nicht unerheblichen Teil der Unterbringung des Magazins im Pistolengriff. Im Unterschied zu den meisten anderen Maschinenpistolen arbeitet die SR.2 „Weresk“ allerdings nicht als Rückstoßlader mit Masse-, sondern als Gasdrucklader mit Drehverschluss. Dieses System wurde aufgrund der starken Patrone 9 x 21 mm SP.10 gewählt; wie bei den russischen Sturmgewehren arbeitete es zuverlässig unter schwierigen Bedingungen (Staub, Schmutz, Sand usw.) und Temperaturen von −50° C bis +50° C. Der Abzugsmechanismus arbeitet mit innenliegendem Schlagbolzen und kann Einzel- wie Dauerfeuer bzw. Feuerstöße abgeben. Der Feuerwahlhebel befindet sich auf der linken Seite des Gehäuses. Die Kadenz liegt bei 900 S/min und die Mündungsgeschwindigkeit bei 440 m/s.

Der Kompensator an der Mündung des 174 mm langen Laufs hält das „Klettern“ der Waffe im Dauerfeuer in Grenzen. Belüftungslöcher im Vorderschaft dienen der Kühlung. Das Gehäuse nebst klappbarer Schulterstütze besteht aus Stahl, Pistolengriff und Vorderschaft aus schlagfestem Kunststoff.

Die kompakte Maschinenpistole SR.2 „Weresk“ mit angeklappter Schulterstütze.

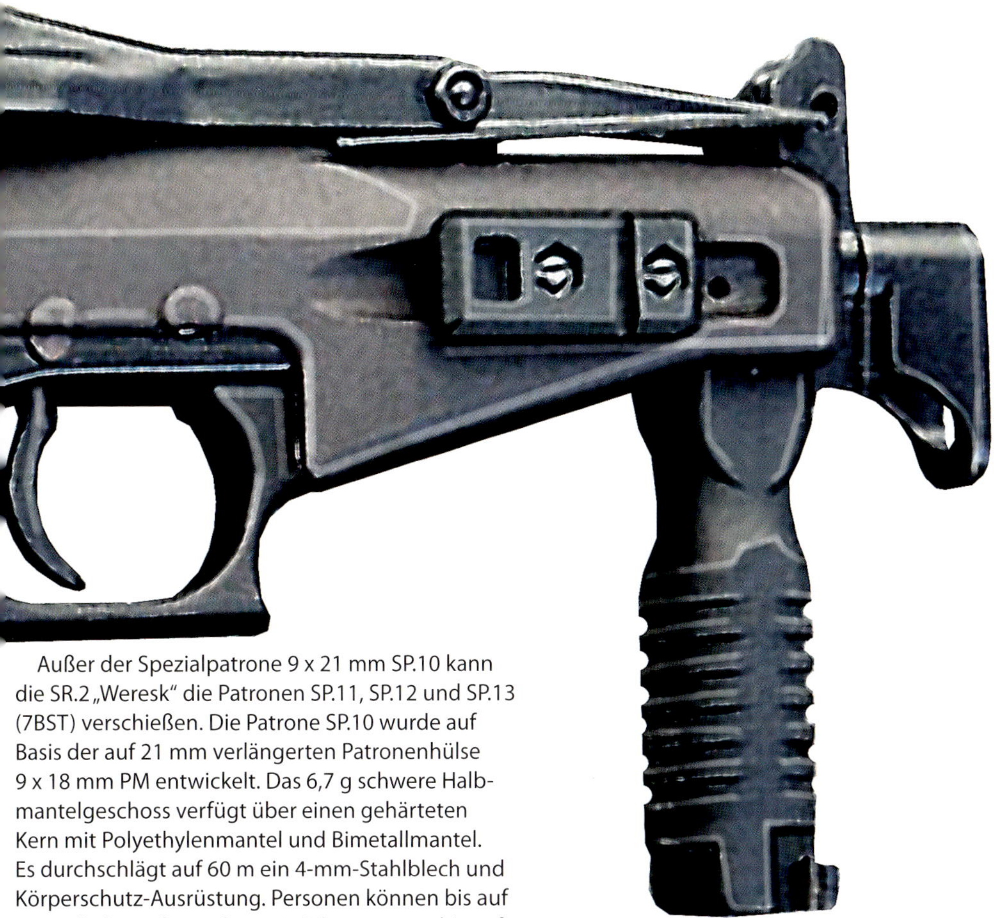

Außer der Spezialpatrone 9 x 21 mm SP.10 kann die SR.2 „Weresk“ die Patronen SP.11, SP.12 und SP.13 (7BST) verschießen. Die Patrone SP.10 wurde auf Basis der auf 21 mm verlängerten Patronenhülse 9 x 18 mm PM entwickelt. Das 6,7 g schwere Halbmantelgeschoss verfügt über einen gehärteten Kern mit Polyethylenmantel und Bimetallmantel. Es durchschlägt auf 60 m ein 4-mm-Stahlblech und Körperschutz-Ausrüstung. Personen können bis auf 200 m bekämpft werden, mit Schutzwesten bis auf 100 m. Die Patrone SP.11 verfügt über ein Bleikerngeschoss mit niedrigem Querschläger-Potenzial; die Patrone SP.12 über ein expansives Geschoss. Diese Patronen wurden zur Bekämpfung ungeschützter Gegner auf engstem Raum entwickelt. Die Patrone SP.13 (7BST) mit Leuchtspur ermöglicht ein visuelles Verfolgen der Geschossflugbahn, was beim Schießen auf mittlere und größere Entfernungen insbesondere bei eingeschränkten Sichtverhältnissen Vorteile bringt. Das 7,1 g schwere Halbmantelgeschoss besteht aus einem Stahlkern, einem Bleimantel/Bimetallmantel sowie einem Leuchtspursatz. Wie bei der Patrone SP.10 ragt die Geschoss-Spitze heraus. Die Durchschlagskraft des SP.13-Geschosses entspricht ungefähr dem SP.10-Projektil. Die Zufuhr erfolgt aus Stahlblech-Stangenmagazinen zu 20 oder 30 Schuss.

Schutz vor versehentlicher Schussabgabe bietet der auf der rechten Gehäuseseite angebrachte Sicherhungshebel (Feuerwahlhebel links), der bei gesicherter Waffe den Ausschnitt für den Spannhebel blockiert.

In der ursprünglichen Version verfügte die SR.2 „Weresk“ nur über eine offene Visierung – verstellbares Korn und klappbare Lochkimme für 100 und 200 m. Serien-Maschinenpistolen erhielten ein zusätzliches Kollimator- oder Reflexvisier.

Die ZNIITotschMasch-Konstrukteure schufen zur Standardausführung weitere Varianten, die sich in der Form von Gechäuse und Schulterstütze, dem Visierzubehör sowie verschiedenen Details unterscheiden. Dazu gehört etwa das Modell SR-2 mit einschiebbarer Metallschulterstütze und Vordergriff. Die Ausführung SR-2M ist mit einem klappbaren Vordergriff sowie einem Mündungsschutz ausgestattet, der verhindert, dass beim Schießen die Hand am Vordergriff vor die Mündung gerät oder durch austretende Pulvergase bzw. Mündungsfeuer in Mitleidenschaft gezogen wird.

Technische Angaben	
Kaliber	9 mm
Patrone	9 x 21 mm SP.10
Länge Waffe, mm	350
Bei abgeklappter Schulterstütze, mm	603
Lauflänge, mm	174
Gewicht ohne Patronen, kg	1,65
Magazinkapazität, Patronen	20 oder 30
Visierschussweite, m	200

STURMGEWEHRE

In Russland und den Ländern der ehemaligen UdSSR werden Sturmgewehre üblicherweise als „Automaten" bezeichnet. Ihre charakteristischen Merkmale sind: Verwendung einer Mittelpatrone (derzeit sind Zwischenpatronen mit Kaliber unter 6 mm üblich) oder einer Gewehrpatrone; das Vorhandensein eines austauschbaren Magazin großer Kapazität; relative Kompaktheit und geringes Gewicht (Lauflänge nicht über 600 mm, Gewicht ca. 3-4 kg ohne Patronen); die Einrichtung für Einzel- wie Dauerfeuer bzw. Feuerstöße, die in der Regel als Hauptfeuerart im Gefecht gelten.

Sturmgewehr AEK-971

Technische Angaben	
Kaliber	5,45 mm
Patrone	5,45 x 39 mm
Länge Waffe, mm	720
Bei abgeklappter Schulterstütze, mm	960
Lauflänge, mm	420
Kadenz, S/min	800–900
Gewicht ohne Magazin, kg	3,3
Magazinkapazität, Patronen	30
Visierschussweite, m	1000

Die Arbeit an diesem Sturmgewehr begann 1967, als sich das SKB Kowrow am Sturmgewehr-Wettbewerb der Hauptverwaltung für Raketen und Artillerie (GRAU) für die neue Patrone 5,45 x 39 mm beteiligte. Das Sturmgewehr wurde zwar als das beste unter den eingereichten Mustern angesehen, aber aus einer Reihe von Gründen übernahmen die sowjetischen Streitkräfte doch das Kalaschnikow-Modell AK-74.

In den frühen 1980er-Jahren nahm das modernisierte Kowrow-Sturmgewehr unter der Bezeichnung AEK-971 (AEK steht für *Awtomat Eksperimentalni Kowrowa,* Versuchssturmgewehr Kowrow) am Wettbewerb „Abakan" (Stadt in Südsibirien) teil und erwies sich erneut als Zweiter – das Rennen machte G. N. Nikonow mit dem AN-94. Das AEK-971 geriet jedoch nicht in Vergessenheit. Er bestand erfolgreich

Das für die Patrone 5,45 x 39 mm eingerichtete Sturmgewehr AEK-971 erlebte seine Einsatzerprobung bei der Marineinfanterie und Truppen des Innenministeriums im Tschetschenienkrieg. Foto: Degtjarjowwerk

Sturmgewehr AEK-971 mit abgeklappter Schulterstütze. Foto: Degtjarjowwerk

Einsatzerprobungen bei der Marineinfanterie und den Truppen des Innenministeriums der Russischen Föderation während der Kämpfe in Tschetschenien. Eine bestimmte Anzahl AEK-971 wurde daraufhin bei den Spezialeinheiten des Justizministeriums in Dienst gestellt. Beim dritten Wettbewerb, an dem das AEK-971 teilnahm, ging es um die Kampfausrüstung „Ratnik". Zwei Versionen der Waffe durchliefen die Erprobungen: A545 (6P67) für die Patrone 5,45 x 39 mm und A762 (6P68) für die Patrone 7,62 x 39 mm.

Die Besonderheit des Gasdruckladers ist seine ausbalancierte Funktionsweise. Der Verschluss wird mittels zweier Zahnstangen und eines Zahnrades mit einer Gegenmasse verbunden, die sich gegenläufig zum Verschluss bewegt. Dies sorgt für ein ruhiges Schießen mit geringem Rückstoß.

Bei den Erprobungen lagen die ersten drei Geschosse der vom AEK-971 abgefeuerten Salven in der Regel immer im Ziel.

Das AEK-971 ist für die Abgabe von Einzel- und Dauerfeuer sowie Feuerstößen von drei Schuss eingerichtet. Der Feuerwahlschalter erfüllt auch die Funktion der Sicherung. Die Zufuhr erfolgt aus Kunststoff-Kurvenmagazinen für 30 Patronen, die sich gegen AK-74-Magazine austauschen lassen. Die Magazinverriegelung entspricht dem AK-74. Die nach rechts klappbare, einteilige Metallschulterstütze ist kunststoffbeschichtet sind. Es gibt auch eine Skelett-Schulterstütze ganz aus Kunststoff, woraus auch Handgriff und Handschutz (Vorderschaft) bestehen.

Das AEK-791 verfügt über eine dem AK-74 ähnliche offene Visierung. Bei Verwendung einer Universalhalterung lassen sich alle gängigen Optiken und Nachtsichtgeräte an die Waffe montieren. Eine Zahnschiene zur Montage zusätzlicher Gerätschaften einschließlich Wärmebild-Optiken ist vorgesehen.

Beim „Ratnik"-Wettbewerb erzielte das AEK-971 sehr gute Ergebnisse, die Entscheidung über das zukünftige Schicksal des Sturmgewehrs dürfte wohl in erster Linie vom Umstand beeinflusst werden, dass seine Technik und Herstellung etwas komplizierter und daher teurer sind als beim Konkurrenten AK-12. Außerdem müsste das Maschinenwerk Kowrow für eine Großfertigung noch erhebliche Investitionen tätigen. Nach vorliegenden Informationen wird das Sturmgewehr AEK 971 in Serie hergestellt und bei Sonderverbänden eingesetzt.

Das Sturmgewehr AEK-971 wurde vom Sonderkonstruktionsbüro des Kowrow-Werkes (SKB) entwickelt. Foto: Degtjarjowwerk

Das Sturmgewehr AEK-971 zählt zum Waffenarsenal russischer Sondereinsatzkräfte, auch von Polizei/Justiz. topwar.ru

Sturmgewehr AK-12

Natürlich nahm auch der Kalaschnikow-Konzern an der „Ratnik“-Ausschreibung des russischen Verteidigungsministeriums teil und präsentierte sein neu entwickeltes Sturmgewehr AK-12 (AK = *Awtomat Kalaschnikowa;* Sturmgewehr Kalaschnikow). Es wurde erstmals im Januar 2012 vorgeführt. Laut Pressemeldungen handelt es sich beim AK-12 um ein modifiziertes Sturmgewehr der Kalaschnikow-Reihe mit besserer Ergonomie und erhöhter Präzision in allen Feuerarten unter Beibehaltung bzw. Steigerung der für Kalaschnikow-Waffen charakteristischen Zuverlässigkeit.

Das AK-12 verwendet natürlich auch das bewährte Gasdruckladesystem und verfügt, dank der neu entwickelten Abzugsbaugruppe, im Unterschied zu seinen Vorgängern über die Möglichkeit, neben Einzel- und Dauerfeuer auch Dreischuss-Feuerstöße abzugeben..

Durch die Neukonstruktion des Spanngriffs konnte der für Waffen der Kalaschnikow-Familie typische Spalt zwischen Gehäuse und Gehäusedeckel eliminiert werden, was wiederum das Eindringen von Staub und Schmutz in das Gehäuse verringerte und damit die Zuverlässigkeit des Systems erhöhte.

Bei der Entwicklung des AK-12 wurde großer Wert auf die Erhöhung der Schussgenauigkeit, die Verringerung des Rückstoßes und das Beherrschen der Waffe im Schuss gelegt (Klettern bei Feuerstößen). Letzteres ließ sich durch Verringerung des Abstandes zwischen Lauf und Griff („Tieferlegen“) zumindest teilweise erreichen.

Zahnschienen ermöglichten des Weiteren die Montage verschiedener Visiereinrichtungen aus in- und ausländischer Produktion, einer Lampe, eines Vordergriffs, eines Granatwerfers usw. Für eine Zahnschiene auf dem Gehäusedeckel musste dieser neu gestaltet werden. Er ist steifer und wird mit einem Scharnier und einer Verriegelungsklinke am Gehäuse fixiert.

Die Bedienfreundlichkeit verbesserte ein beidseitiger Feuerwahl- und Sicherunghebel, der sich betätigen lässt, ohne die Hand vom Pistolengriff zu

Das AK-12 ist ein modifiziertes Kalaschnikow-Sturmgewehr AK-74 und wurde erstmals im Januar 2012 vorgestellt. 2018 begann die Umrüstung der russischen Streitkräfte auf dieses Muster. vpk.name

Technische Angaben	
Kaliber	5,45 mm
Patrone	5,45 x 39 mm
Länge Waffe, mm	725
Bei abgeklappter Schulterstütze, mm	945
Lauflänge, mm	415
Kadenz, S/min	600
Gewicht ohne Magazin, kg	3,3
Magazinkapazität, Patronen	30
Visierschussweite, m	1000

Sturmgewehr AK-12 mit Kollimatorvisier und zusätzlichem Vordergriff sowie Lampe.. topwar.ru

nehmen und auch Linksschützen nicht mehr benachteiligt. Die neue Schulterstütze lässt sich nicht nur auf die rechte Seite klappen und dort verriegeln, sondern bietet auch eine Längenverstellung und ein Gummipolster. Dank des zusätzlichen Vordergriffs (auf der unteren Zahnschiene montiert) erhöht sich die Stabilität der Waffe beim Schießen.

Das Sturmgewehr AK-12 ist für die Patrone 5,45 x 39 mm ausgelegt und übernahm die üblichen AK-74- oder RPK-74-Kurvenmagazine. Es sollen sich 4-reihige Magazine für 60 und Trommelmagazine für 95 Patronen in Entwicklung befinden. Das Sturmgewehr AK-12 ist Teil der Kampfausrüstung „Ratnik". 2018 begann die komplette Umrüstung der russischen Streitkräfte auf dieses Muster.

Sturmgewehr AK-12, eingerichtet für die Patrone 5,45 x 39 mm. Hier die Grundausführung ohne Schnickschnack. rosec.ru

Sturmgewehr AK-12 mit Vordergriff, Zieloptik und Schalldämpfer.

Sturmgewehr AK-74M

Das Kalaschnikow-Modell AK-74M bildet(e) bis zur vollständigen Ablösung durch das AK-12 das Standard-Sturmgewehr aller Dienstzweige und Truppengattungen der russischen Streitkräfte. Es handelt sich um eine modernisierte Ausführung des Sturmgewehrs AK-74 und entspricht in Form und Technik grundsätzlich der Kalaschnikow-Reihe. Sein automatischer Nachlademechanismus nutzt die Energie von Pulvergasen, die vom Lauf abgezapft werden (Gasdrucklader). Der Verschluss verriegelt über zwei Warzen. Der Auslösemechanismus ermöglicht die Abgabe von Einzelschüssen und Feuerstößen bei einer Kadenz von 600 S/min. Der Feuerwahlhebel, der auch die Funktion einer Sicherung erfüllt, befindet sich auf der rechten Seite des Gehäuses, dem man einen neuen verstärkten Deckel ohne Rippen spendierte. Seine Halterung ist so ausgelegt, dass er beim Schießen mit dem unter dem Lauf angebrachten Granatwerfer dem starken Rückstoß widersteht und nicht mehr öffnet oder abreisst. Das AK-74M erhielt zudem an der linken Gehäuseseite eine Schwalbenschwanz-Schiene zur Montage verschiedener optischer, Nacht- oder Reflexvisiere (einschließlich des universellen 1P29).

Die neue Zweikammer-Mündungsbremse mit zwei gleich großen Kammern und großen Seitenfenstern erleichtert die Reinigung und braucht dazu nicht mehr von der Mündung abgenommen zu werden.

Das AK-74M war bis zur Ablösung durch das AK-12 das Standard-Sturmgewehr der russischen Streitkräfte.

Das Sturmgewehr AK-74M stellt eine modernisierte Ausführung des Vorgängermodells AK-74 dar.

Sturmgewehr AK-74M mit Granatwerfer unter dem Lauf.

Sturmgewehr AK-74M mit Nachtsicht-Zielfernrohr.

Aufgrund der Annahme, dass moderne Infanterie hauptsächlich mit Fahrzeugen (z. B. Schützenpanzern) bewegt wird, aus denen sie kämpft bzw. von denen sie absitzt, erachtete man es als zweckmäßig, Sturmgewehre mit einer klappbaren Schulterstütze zu versehen. Im Fahrzeug sind die Waffem so weniger sperrig. Andererseits erwiesen sich klappbare Metallschulterstützen im Gefecht – vor allem im Nahkampf oder Orts- und Häuserkampf, wo noch immer gern mit Kolben gearbeitet wird – wegen ihrer mangelnden Steifigkeit als anfällig und unpraktisch. Die hohen und sehr niedrigen Temperaturen im Kontinentalklima des Ostens trugen dazu ein Übriges bei. Deshalb stattete man das AK-74M mit einer massiven klappbaren Kunststoff-Schulterstütze ohne Durchbrüche aus, die sich auf den ersten Blick nicht von den traditionellen Holzkolben der Kalaschnikow-Sturmgewehre unterscheidet. Diese klassische-Schulterstütze ist nicht nur viel robuster als Skelett-, Schienen- oder Röhren-Schulterstützen, sondern der Schütze kann sie besser halten und anschla-

Technische Angaben	
Kaliber	5,45 mm
Patrone	5,45 x 39 mm 7N6
Länge Waffe, mm	704
Bei abgeklappter Schulterstütze, mm	942
Lauflänge, mm	415
Kadenz S/min	600
Gewicht ohne Bajonett, leeres Magazin, kg	3,4
Magazinkapazität, Patronen	30
Visierschussweite, m	1000

gen. Bei Nichtgebrauch lässt sie sich auf die linke Gehäuseseite klappen. Die Gesamtlänge des AK-74M entspricht ansonsten den Abmessungen des AKS-74. Schlagfester Kunststoff wird auch bei der Herstellung von Pistolengriff, Handschutz und Vorderschaft verwendet. Längsnuten am Vorderschaft verbessern Halt und Handlage beim Schießen.

Bei Kampfeinsätzen des AK-74 traten die Mängel der kleinkalibrigen Patrone 5,45 x 39 mm 7N6 klar zutage. Sie scheiterte nicht nur an kugelsicheren Westen hoher Schutzklassen aus nächster Nähe, sondern wies – außer der gestreckteren Flugbahn – gegenüber der bewährten Patrone 7,62 x 39 mm auch sonst mehr Nach- als Vorteile auf. (Ähnliches beobachtete man im Westen bei der NATO-Patrone 5,56 x 45 mm gegenüber 7,62 x 51 mm). Die umfassende Einführung von kugelsicheren Westen und neuen Kevlar-Schutzhelmen tat ein Übriges. Zur Linderung dieser unbefriedigenden Situation führten die russischen Streitkräfte 1992 die 5,45-mm-Patrone mit 7N10-Geschoss erhöhter Durchschlagskraft ein. Es verfügt über einen gestanzten spitzen Kern und wiegt 5 % mehr als das alte. Die neue Kugel durchschlägt Titanlegierungsplatten auf 100 m Entfernung zu 100 % und 14-mm-Stahlplatten zu mindestens 80 %. Damit nicht genug. 1994 wurde eine Patrone gesteigerter Leistung mit verbessertem 7N10-Geschoss entwickelt und in Produktion genommen. Hauptunterschied: der Hohlraum in der Spitze erhielt eine Bleifüllung. Da sah es mit dem Durchschlag von Schutzwesten mit Stahl- und Titaneinlagen auf 200 m gleich ganz anders aus; auch 16 mm dicke Stahlblech erhielten auf 100 m saubere Löcher. Als Reaktion auf die Entwicklung von Körperpanzerung aus hochfesten Stahlplatten führten die Russen 1998 eine 5,45 x 39-mm-Patrone mit panzerbrechendem Spitzgeschoss 7N22 ein, dessen Kern aus U12A-Stahl mit hohem Kohlenstoffgehalt besteht und 6-mm-Stahleinlagen von Schutzwesten noch auf 250 m durchstanzt. Die Reserven des Kalibers 5,45 mm sind aber noch lang nicht erschöpft und die Arbeiten in dieser Richtung gehen weiter.

Das AK-74M führt seine Patronen aus abnehmbaren Kurvenmagazinen für 30 Schuss zu. Darüber hinaus lassen sich auch die 45-Schuss-Magazine des leichten Maschinengewehrs RPK-74 verwenden. Die offene Visierung besteht aus einem geschützten Korn und einem Schiebevisier mit einer hoffnungsfrohen Stufeneinteilung bis 1000 m.

Mot-Schütze beim Feuern mit Sturmgewehr AK-74M. topwar.ru

Sturmgewehr AKS-74U

Sturmgewehr AKS-74U mit Schalldämpfer.

Das verkürzte Sturmgewehr AKS-74U (oder AKSU-74; *Awtomat Kalaschnikowa Skladnoi Ukorotschenni;* kurzes Kalaschnikow-Sturmgewehr mit Klappschaft) wurde als Waffe für Besatzungen gepanzerter Fahrzeuge, für Bedienungen schwerer Waffen und für Soldaten konzipiert, die nicht direkt an Kampfhandlungen teilnehmen. Des Weiteren wurden viele Einheiten der Polizei und der inneren Truppen mit diesem Kompakt-Sturmgewehr bewaffnet, das in Funktion und Technik grundsätzlich dem Standard-Sturmgewehr AK-74 entspricht. Die Hauptunterschiede:

- Der Lauf der Waffe wurde auf 206,5 mm gekürzt, der Gaskolben nach hinten verschoben und die Gaskolbenstange gekürzt.
- Es wurde eine spezielle Mündung entwickelt, die als Expansionskammer für die zuverlässige Funktion der automatischen Gasabnahme dient. Sie erfüllt zugleich die Funktion eines Feuerdämpfers.
- Der Gehäusedeckel wurde neu entworfen und ist klappbar vorn am Gehäuse angeschlagen;
- vereinfachte Visiereinrichtung mit geschütztem Korn und Lochkimme mit den Einstellungen „500" und „П" (= P, permanent).

Das AKS-74U verwendet die gleiche Munition wie das AK-74M. Die Patronenversorgung erfolgt aus 30-Schuss-Kunststoffmagazinen des AK-74M oder aus 45-Schuss-Magazinen des leichten MG RPK-74. Verkürzte 20-Schuss-Magazine erleichtern die Handhabe unter beengten Verhältnissen (Innenräume von Kampffahrzeugen). Das AKS-74U verfügt über

„Iwan der Schreckliche" mit Sturmgewehr AKS-74U.

Das Sturmgewehr AKS-74U verwendet die 30- oder 45-Schuss-Magazine des AK-74M bzw. des leichten Maschinengewehrs RPK-74. dic.academic.ru

eine nach links klappbare Metallschulterstütze. Bei Verwendung der neuen 5,45-mm-Patronen 7N16, 7N22 und 7N24 kann das AKS-74U als leistungsfähiges Sturmgewehr angesehen werden.

Für die Bewaffnung der Sondereinsatzkräfte des Heeres und der Polizei wurden folgende Modifikationen entwickelt und produziert:

- AKS-74UB. Schalldämpfer-Ausführung für verdeckte Einsätze, bei der statt des Mündungsfeuerdämpfers ein Schalldämpfer PBS-1 installiert ist. Dessen zylindrischer Körper wird durch Scheiben in mehrere Kammern unterteilt. In der Mitte der Scheiben befindet sich die Durchgangsöffnung für die Geschosse. Pulvergase verlieren beim Passieren der Kammern an Geschwindigkeit und Energie und strömen langsamer aus dem Loch an der Vorderseite des Schalldämpfers. Verwendet werden Spezialptronen mit schwerem Geschoss und reduzierter Pulverladung.
- AKS-74UN. Auf der linken Gehäuseseite befindet sich eine Montageplatte, an der ein Nachtsichtgerät befestigt werden kann. Die Maschinenfabrik Ischewsk produzierte eine Anzahl AKS-74UN mit NSPU-Visier. Außerdem lassen sich die Visiere NSPUM und KANADIT-O installieren. Bekannt ist auch eine Modifikation, bei der Handschutz und Griff aus glasfaserverstärktem Polyamid bestehen (Gewicht mit leerem Magazin nur 2,68 kg).

Technische Angaben	
Kaliber	5,45 mm
Patrone	5,45 x 39 mm 7N6
Länge Waffe, mm	490
Bei abgeklappter Schulterstütze, mm	730
Lauflänge, mm	206,5
Kadenz, S/min	700
Gewicht mit Magazin ohne Patronen, kg	2,71
Magazinkapazität, Patronen	30
Visierschussweite, m	500

Verkürztes Sturmgewehr AKS-74U; auch als AKSU-74 bekannt, mit angeklappter Schulterstütze.

Für die Verwendung beim Personenschutz oder anderen Sonderdiensten erhielt das AKS-74U eine Sonderausstattung zum verdeckten Führen. Nach Vorbild der deutschen H&K MP 5K baute man es in einen speziellen Aktenkoffer ein, an dessen Griff die Waffe befestigt ist. Wird ein Knopf gedrückt, öffnet sich der Koffer und fällt ab, während die Waffe feuerbereit in Händen ihres Benutzers verbleibt; Aha-Effekt beim Gegenüber garantiert…

Die Tage der AKS-74U bei der russischen Polizei dürften allerdings bald gezählt sein; zumindest bei Verwendung in bebautem Umfeld. Die rasanten kleinkalibrigen Geschosse neigen zum Abprallen und damit zur Gefährdung Unbeteiligter, d. h. sie sind – überspitzt formuliert – für zufällig vorbeikommende Passanten oder aus Fenstern lugende Mütterchen fast ebenso gefährlich wie für den oder die Kriminellen, auf die sie abgefeuert wurden.

Unterwasser-Sturmgewehr APS

Kampfschwimmer der russischen Marine können, je nach Auftrag und Lage, außer zur Unterwasser-Pistole SPP-1M (siehe 1-6) auch zum Unterwasser-Sturmgewehr APS greifen (APS = *Awtomat Podwodni Spezialni*; Unterwasser-Sondersturmgewehr).

Diese einzigartige Waffe verwendet Spezialpatronen 5,66 x 39 mm MPS und MPST („Spezial-Marinepatrone" und „Spezial-Marinepatrone mit Leuchtspurgeschoss"). Sie ähneln prinzipiell der Patrone 4,5 x 39 R für die Unterwasserpistole SPP-1, basieren jedoch auf einer Patronenhülse 5,45 x 39 mm sowie einem 120 mm langen und 15 g schweren Pfeilgeschoss. Die Geschoss-Spitze weist eine kegelförmige Vertiefung auf (Kavitationshohlraum, Kaverne). Die Mündungsgeschwindigkeit beträgt 365 m/s. Bei der Bewegung im Wasser erfolgt die Stabilisierung nicht durch Drehung (Drall) wie bei herkömmlichen Geschossen, sondern durch so genannte Pfeilstabilisierung und aufgrund des durch die Formgebung der Spitze hervorgerufenen Kavitationseffektes (siehe 1-6 bei SPP-1M). Deshalb ist der Lauf glatt.

Aufbau und Funktionsweise der Waffe als Gasdrucklader unterscheiden sich ansonsten kaum von Kalaschnikow-Sturmgewehren. Die als separate Baugruppe ausgeführte Abzugseinheit ermöglicht die Abgabe von Einzel- wie Dauerfeuer; der Feuerwahlhebel – zugleich Sicherung – sitzt links am Gehäuse, der Spannhebel rechts. Über den Gasregler lässt sich die Waffe für den Einsatz unter Wasser oder an Land einstellen. Die Kadenz erreicht 600 S/min. Eine rudimentäre einschiebbare Schulterstütze dient als Anschlagshilfe. Außerdem lässt sich die Waffe an Unterwasserfahrzeugen (z. B. Tauchscooter/Unterwasserschlitten) anbringen.

Die Patronenzufuhr erfolgt aus Wechselmagazinen zu 26 Schuss. Das Magazin ist zweireihig mit einer Trennplatte in der Mitte. Im Gehäuse verhindert ein Patronenscheider die doppelte Zufuhr von Patronen bzw. Zufürstörungen.

Kampfschwimmer der russischen Marine mit APS-Sturmgewehren.

Unterwasser-Sturmgewehr APS der russischen Kampfschwimmer.

Die effektive Reichweite des Sturmgewehrs APS hängt von der Tiefe ab. In 5 m Tiefe sind es 30 m und in 40 m Tiefe noch 11 m. Das Geschoss durchbohrt auf diese Entfernungen 5 mm dickes Plexiglas; von Taucheranzügen aller Art ganz zu schweigen. An Land liegt die effektive Reichweite unter 100 m, zumal Luft die Geschosse weit weniger gut stabilisiert als Wasser. Deshalb ist die Wirksamkeit des APS nach Anlandungen sehr begrenzt.

Daher entwickelte eine Gruppe von Ingenieuren des Instituts für Konstruktion und Technologie der Maschinenfabrik Tula (TPKTIMasch) unter J. Danilow Ende der 1980er Jahre auf Grundlage des APS das „amphibische" Sturmgewehr ASM-DT „Morskoi Lew" (Seelöwe). Es verwendet Spezialmunition ähnlich den MPS- und MPST-Patronen des APS, aber mit unterschiedlichem Geschossdurchmesser. An Land wird das Magazin mit Unterwasserpatronen gegen ein AK-74-Standardmagazin mit Patronen 5,45 x 39 mm (7N6, 7N10, 7N22 usw.) getauscht, was die Landkampffähigkeit der Waffe entscheidend verbessert. Die Präzision soll in etwa dem kompakten AKS-74U entsprechen; schlägt die Treffgenauigkeit des APS jedenfalls um Längen.

Technische Angaben	
Kaliber	5,66 mm
Patrone	5,66 x 39 mm MPS, MPST
Länge Waffe, mm	614
Bei ausgezogener Schulterstütze, mm	823
Gewicht mit vollem Magazin, kg	3,4
Magazinkapazität, Patronen	26

Unterwasser-Schießen mit dem APS. Weapon.at.ua

Schallgedämpftes Sturmgewehr AS „Wal“

Das schallgedämpfte Sturmgewehr AS „Wal“ (Welle) wurde Ende der 1980er-Jahre von einer Gruppe von ZNIITotschMasch-Konstrukteuren unter P. I. Serdjukow entwickelt (AS = *Awtomat Serdjukowa,* Serdjukow-Sturmgewehr). Einschließlich der Patrone SP.6 und Zubehör gehört es zu einer Familie schallgedämpfter Selbstladewaffen und beruht auf dem WSS-Gewehr „Wintorez“ (siehe 1-28), von dem über 70 % der Teile und Baugruppen stammen. Der Gasdrucklader verriegelt über einen Drehverschluss mit sechs Warzen und schießt Einzel- wie Dauerfeuer. Der zweistufige Feuerwahlhebel befindet sich im Abzugsbügel direkt hinter dem Abzug. Die Kadenz beträgt 800–900 S/min, die praktische Feuergeschwindigkeit 40–60 S/min. Charakteristisches Merkmal ist der 200 mm lange Lauf mit integriertem Schalldämpfer, der im vorderen Laufabschnitt (nach dem Gasauslass) eine Reihe von Lochgruppen aufweist. Diese leiten einen Teil der Pulvergase aus dem Lauf in die hintere Expansionskammer des integrierten Schalldämpfers. Der Schalldämpfer besteht aus zwei Kammern, in der vorderen Kammer befinden sich Stahlscheiben, die den Pulvergasstrom, der aus dem Lauf austritt, zerteilen und verlangsamen. Der Schalldämpfer lässt sich leicht von der Waffe trennen und zum Reinigen zerlegen, das Schießen aus einer Waffe mit entferntem Schalldämpfer ist jedoch nicht zulässig.

Dank des Schalldämpfers übersteigt der Schallpegel nicht den eines Schusses aus einem Kleinkalibergewehr. Das geräuscharme Schießen macht die Waffe nicht nur für entsprechende Einsätze tauglich, sondern reduziert auch die akustische Belastung des Schützen, der so Anweisungen und Befehle beim Schießen besser versteht bzw. erteilen kann. Der geringe Rückstoß erlaubt ein halbwegs treffgenaues Schießen auch mit angeklappter Schulterstütze, etwa unter beengten Verhältnissen in Gebäuden und Gräben oder bei Luftlandungen am Fallschirm.

Das aus dem Vollen gefräste Stahlgehäuse bietet

Technische Angaben	
Kaliber	9 mm
Patrone	9 x 39 mm SP.5 oder SP.6
Länge Waffe, mm	615
Lange bei abgeklappter Schulterstütze, mm	875
Lauflänge, mm	200
Gewicht mit Magazin ohne Patronen, kg	2,5
Magazinkapazität, Patronen	10 oder 20
Visierschussweite, m	420

Das schallgedämpfte Sturmgewehr AS „Wal“ zählt zur Bewaffnung russischer Elitetruppen und Sondereinsatzkräfte.

Angehöriger einer Sondereinheit mit schallgedämpftem Sturmgewehr AS „Wal“. kanobu.ru

im Vergleich zu gestanzten Stahlblechgehäusen eine größere Festigkeit, erhöht jedoch auch das Waffengewicht und die Herstellungskosten.

Die skelettartige Metallschulterstütze lässt sich nach links an die Waffe klappen. Mit angeklappter Stütze beträgt die Länge der Waffe nur 615 mm, was den Komfort beim Tragen erhöht.

Für das AS „Wal“ wurde die Sonderpatrone 9 x 39 mm SP.6 aus der Mittelpatrone 7,62 x 39 mm entwickelt, deren Hülsenmund auf 9 mm aufgeweitet wurde. Das 16 g schwere SP.6-Geschoss verfügt über einen panzerbrechenden Stahlkern und durchschlägt noch auf 400 m kugelsichere Westen der Schutzklasse 2–3. Beim Schießen auf engstem Raum neigt dieses Geschoss viel weniger zu Abprallern als Geschosse von 5,45- und 7,62-mm-Patronen.

Das AS „Wal“ verschießt auch Patronen 9 x 39 mm SP.5, wie sie das Scharfschützengewehr WSS „Wintorez“ verwendet, treffgenau bei gleicher Visiereinstellung. In den 1990er-Jahren wurde zusätzlich eine Patrone 9 x 39 mm PAB-9 entwickelt, die billiger ist als die SP.6, aber nicht eingeführt wurde. Die Zufuhr erfolgt aus 10- oder 20-Schuss-Kunststoffmagazinen, die sich gegen „Wintorez“-Magazine austauschen lassen.Eine nicht automatische Sicherung auf der rechten Gehäuseseite verhindert versehentliche Schussabgaben.

Die offene Visierung mit Schiebevisier 25 bis 420 m und Korn befindet sich am Schalldämpfergehäuse. Eine Schiene dient zum Anbringen eines optischen Visiers oder eines Nachtzielgeräts.

Das schallgedämpfte Sturmgewehr AS „Wal“ ist für die Sonderpatronen 9 x 39 mm SP.5 und SP.6 eingerichtet.

Sturmgewehr OZ-11 „Tis“

Das Sturmgewehr OZ-11 „Tis“ (Eibe) wurde Anfang der 1990er-Jahre vom Unternehmen ZKIB SOO in Tula zur Bewaffnung von Spezialeinheiten der Polizei und des Innenministeriums der Russischen Föderation entwickelt und das erste Los 1993 fertiggestellt („OZ“ ist der Handwaffen-Index des Unternehmens).

Zur Vereinfachung der Fertigung nahm man das Standard-Sturmgewehr AKS-74U als Grundlage und richtete es für die 9-mm-Munition SP.5 und SP.6 ein. Insofern arbeitet das OZ-11 „Tis“ ganz wie der Gasdrucklader AKS-74U mit einem Drehverschluss mit zwei Verriegelungswarzen und kann Einzelschüsse, Feuerstöße und Dauerfeuer mit einer Kadenz von 800 S/min abgeben. Die Mündungsgeschwindigkeit liegt bei 270 m/s. Der Feuerwahl- und Sicherunghebel befindet sich auf der rechten Gehäuseseite. Die Sicherung blockiert Abzug und Spannhebel, der wiederum den Verschluss festlegt.

Das gestanzte Stahlblechgehäuse entspricht dem des AKS 74U, von dem auch die klappbare Schulterstütze und der Pistolengriff samt Abzugsgruppe übernommen wurden. Die Hauptunterschiede zwischen dem OZ-11 „Tis“ und dem AKS-74U liegen – wie bereits angeführt – in der Verwendung der neuen Patronen 9 x 39 mm SP.5 und SP.6. Der 200-mm-Lauf, die Mündungbremse/Feuerdämpfer sowie das abnehmbare Kastenmagazin wurden neu gestaltet, die Abmessungen und Masse des Verschlusses geändert.

Die 9-mm-Geschosse SP.5 und SP.6 neigen weniger zu Querschlägern und haben eine höhere Stoppwirkung als die 5,45-mm-Projektile des AKS-74U. Die Patrone SP.5 ist eine Scharfschützenpatrone mit hoher Schussgenauigkeit. Die niedrige Mündungsgeschwindigkeit und das hohe Geschossgewicht begrenzen die effektive Reichweite auf 200 m, was jedoch völlig zur Lösung polizeilicher Lagen ausreicht. In diesem Zusammenhang kommt auch dem Umstand Bedeutung zu, dass das SP.5-Geschoss kugelsichere Westen der Schutzklasse 2 bis auf 400 m durchdringen kann, das Projektil der panzer-

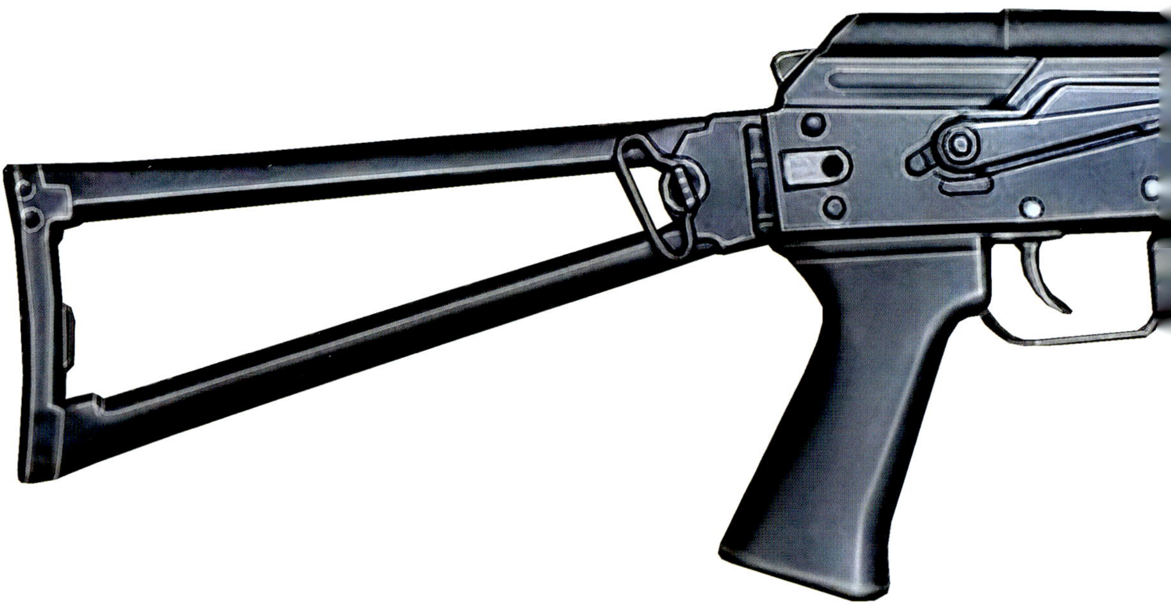

Technische Angaben	
Kaliber	9 mm
Patrone	9 x 39 mm SP.5 oder SP.6
Länge Waffe, mm	490
Lange bei abgeklappter Schulterstütze, mm	730
Lauflänge, mm	200
Gewicht mit Magazin ohne Patronen, kg	2,5
Magazinkapazität, Patronen	20
Visierschussweite, m	400

brechenden Patrone SP.6 besitzt eine noch höhere Durchschlagskraft.

Die Patronenzufuhr erfolgt aus abnehmbaren Stangenmagazinen. Aus Gründen der Kompaktheit der Waffe wurde die Magazinkapazität gegenüber dem AKS-74U auf 20 Schuss begrenzt.

Die offene Kimme-Korn-Visierung wurde neu gestaltet. Die effektive Reichweite beträgt 400 m. Die Schussgenauigkeit wurde im Vergleich zum AKS-74U gesteigert.

OZ-11 „Tis“ mit Zielfernrohr und Schalldämpfer. opgun.ru

Das für die Patrone 9 x 39 mm SP.5/SP.6 eingerichtete Sturmgewehr OZ-11 „Tis“ wurde für Sondereinsatzkräfte der Polizei und des Innenministeriums entwickelt.

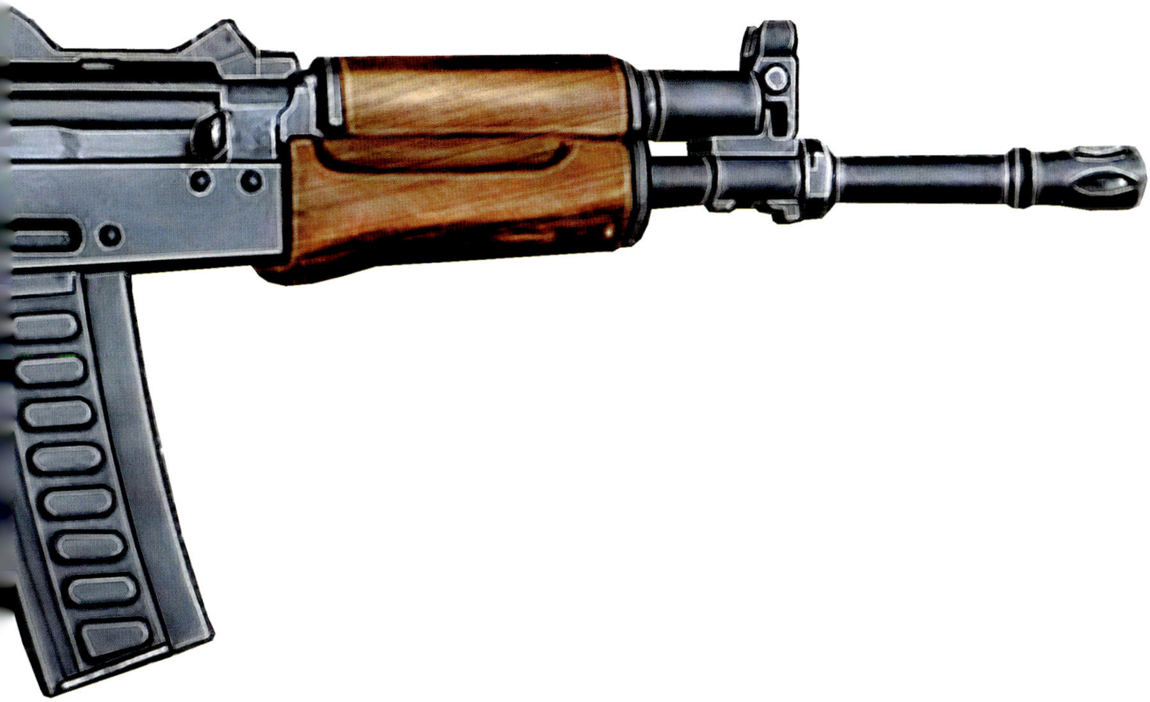

Sturmgewehr mit Granatwerfer OZ-14 „Grosa"

Für Antiterror-Einsätze in dicht besiedelten Gebieten wurde das 9-mm-Sturmgewehr OZ-14 „Grosa" (Gewitter) geschaffen. Dank des angebauten Granatwerfers GP-25 kann es Deckungen zerschlagen und sogar leicht gepanzerte Fahrzeuge ausschalten; die 9-mm-Patrone gewährleistet gleichzeitig eine minimale Abprall-Neigung der Geschosse.

Viele Teile und Baugruppen übernahm das „Grosa" vom 5,45-mm-Kalaschnikow-Sturmgewehr AKS-74U (siehe 1-19). Ein Prototyp wurde 1994 samt Spezialpatronen SP.5 und SP.6 und der 40-mm-Granatwerfermunition WOG-25 und WOG-25P vorgestellt.

Der OZ-14 „Grosa" wurde für Einsätze von Sondereinheiten in dicht besiedelten Gebieten geschaffen. wariar.at.ua

Die Waffe ist nach dem „Bullpup"-Prinzip mit Magazin hinter dem Griff aufgebaut, was nicht nur die Gesamtlänge deutlich verringerte, sondern auch dem „Klettern" bei Feuerstößen entgegenwirkt, wozu auch die durch den Anbau-Granatwerfer bewirkte Vorderlastigkeit beiträgt. Der Schwerpunkt der Waffe liegt – trotz des weiter hinter befindlichen Magazins und Verschlusses im Kolben – im Bereich des Pistolengriffs.

Trotz seiner verkürzten Bauart ist das „Grosa" funktionstechnisch dem AKS-74U sehr ähnlich und verwendet viele Komponenten dieser Waffe. Der Gasdrucklader arbeitet mit einem Drehverschluss und kann Einzel- wie Dauerfeuer abgeben. Der Feuerwahlschalter auf der linken Gehäuseseite über dem Griff dient gleichzeitig als Sicherung. Über den „Normalabzug" wird auch der Granatwerfer betätigt. Der Abzug ist über eine Stange mit dem Abzugsmechanismus des Granatwerfers verbunden. Das Umschalten von Gewehr auf Granatwerfer und umgekehrt bewirkt ein Schieber oberhalb des Griffstücks.

Das Sturmgewehr ist für die Unterschall-Spezialpatronen 9 x 39 mm SP.5 (7N8) oder SP.6 (7N9) eingerichtet, die prinzipiell auch die effektive Verwendung eines Schalldämpfers gewährleisten. Sie haben eine hohe Stoppwirkung und die Geschosse beim Schießen unter beengten Verhältnissen praktisch keine Querschläger-Neigung. Die Munitionzufuhr erfolgt aus einem 20-Schuss-Stangenmagazin.

Der Granatwerfer verschießt 40-mm-Sprenggranaten des Typs WOG-25- und WOG-25P und wird quasi

Technische Angaben	
Kaliber:	
Gewehr	9 mm
Granatwerfer	40 mm
Patrone	9 x 39 mm SP.5 oder SP.6
Gewicht ohne Magazin, kg	4,1
Länge, mm	625
Magazinkapazität, Patronen	20
Visierschussweite, m:	
Gewehr	200
Granatwerfer	400

Das Sturmgewehr mit Granatwerfer OZ-14 „Grosa" verschießt Patronen 9 x 39 SP.5/SP.6 und 40-mm-Sprenggranaten.

über die Mündung geladen. Entladen wird über manuelle Betätigung des Ausziehers.

Die Lauflänge des Sturmgewehrs beträgt 240 mm (in der Version für PAB-9: 230 mm). An der Mündung befinden sich Rillen und ein Bajonettverschluss zur Montage eines Schalldämpfers.

Die offene Visierung am Tragegriff besteht aus einem Korn und dem Trommelvisier mit Einstellungen für 50, 100, 150 und 200 m. Bei Drehung um 180° erscheint statt der Kimmenschlitze eine Lochkimme. Zum Schießen mit dem Granatwerfer dient das hinter der Mündung angebrachte Leitervisier mit Einstellungen bis 400 m.

Das modular aufgebaute Sturmgewehr OZ-14 „Grosa" lässt sich in folgende Ausführungen verwandeln:

- OZ-14-4A – Sturmgewehr 9 mm mit Granatwerfer 40 mm
- OZ-14-4A-01 – Sturmgewehr mit zusätzlichem Vordergriff. Dazu werden Granatwerfer und Mündungsfeuerdämpfer entfernt und die Abzugsgruppe durch eine andere (Abzugszüngel) ersetzt. Am Lauf wird eine andere Mündungsbremse angebracht.
- OZ-14-4A-02 – Kompaktausführung ohne Granatwerfer.
- OZ-14-4A-03 – Schalldämpfer-Ausführung ohne Granatwerfer. Der Schalldämpfer reduziert das Schussgeräusch auf 118 dB.
- OZ-14 „Grosa-1" (TKB-0239) – Ausführung für militärische Sonderverbände, eingerichtet für die Patrone 7,62 x 39 mm, in verschiedenen Unter versionen: mit Granatwerfer, mit Schalldämpfer oder mit Visieroptik bzw. Nachtsichtgerät. Als Sturmgewehr mit Granatwerfer wiegt die Waffe 1 kg weniger und ist um 220 mm kürzer als das Kalaschnikow-Sturmgewehr mit Granatwerfer GP-25 bei gleicher Lauflänge von 415 mm.

Im Anschlag mit dem OZ-14 „Grosa".
xamowar.blogpost.com

Sturmgewehr SR.3 „Wichr"

Für die Konstruktion des nur in kleinen Chargen für militärische Sonderverbände gefertigen 9-mm-Sturmgewehrs SR.3 „Wichr" (Wirbelwind; SR steht für *Spezialnaja Rasrabotka*, Sonderentwicklung) zeichneten A. D. Borisow und W. N. Lewtschenko bei ZNIITotschMasch verantwortlich. Geringe Größe und Gewicht machen das SR.3 zu einer der kompaktesten und ergonomischsten Handwaffen für Spezialeinsätze; Einsatzreichweite bis zu 200 m. Das SR.3 wurde auf Basis des schallgedämpften Sturmgewehrs AS „Wal" – wiederum eine Ableitung des Scharfschützengewehrs WSS „Wintorez" – geschaffen. Der Hauptunterschied zum AS „Wal" liegt im Verzicht auf den Schalldämpfer, wodurch die Waffe so kompakt konstruiert werden konnte, dass sie sich zum verdeckten Tragen eignet. Der Gasdrucklader mit Drehverschluss verriegelt mit sechs Warzen und schießt Einzel- wie Dauerfeuer. Der Feuerwahlhebel befindet sich hinter dem Abzug. Der Verschluss verfügt statt eines Spanngriffs über beidseitige Vorsprünge, die der Schütze zum Laden zurückzieht. Vorteil: beim verdeckten Tragen kann sich nichts in der Kleidung verhaken und auch die Breite der Waffe fällt geringer aus.

Gegenüber dem „Wal" wurde die Lauflänge (156 mm) um 44 mm reduziert. Dies sowie der Verzicht auf den Schalldämpfer verringerte die Gesamtlänge auf 640 mm bei abgeklappter und 395 mm bei (nach oben über das Gehäuse) angeklappter Metallschulterstütze. Mit Ausnahme des Griffs und des Handschutzes bestehen alle Teile aus korrosionsbeschichtetem Stahl.

Mit Sturmgewehren SR.3 „Wichr" bewaffnete Sondereinsatzkräfte. Strikeball-for-all.ru

Die Waffe verschießt die Patronen 9 x 39 mm SP.5 oder SP.6 mit einer Kadenz von 900 S/min. Die praktische Feuergeschwindigkeit beträgt bei der Abgabe von Einzelschüssen 40 S/min, im Dauerfeuer 60 S/min. Die Geschosse erreichen eine Anfangsgeschwindigkeit von 290 m/s. Sie besitzen starke Stoppwirkung, geben wenig Querschläger ab und durchschlagen nichtsdestoweniger Schutzausrüstung: auf 200 m durchdringt das SP.6-Geschoss kugelsichere Westen mit zwei 1,4 mm dicken Titanplatten oder 30 Lagen Kevlar zu 100 %. Trotz fehlendem Schalldämpfer bleibt der Schallpegel beim Abfeuern der Spezialpatronen mit Unterschallgeschwindigkeit selbst in geschlossenen Räumen für den Schützen erträglich, wie es heißt. Die Zufuhr erfolgt aus Kunststoffmagazinen für 10 und 20 Patronen, die gegen „Wal"-Magazine austauschbar sind.

Schutz vor versehentlicher Schussabgabe bietet eine beidseitige Flügelsicherung – naürlich nur, wenn eingeschaltet. Gezielt wird über eine einfache offene Visierung mit Zweistufen-Kimme. Die Einsatzreichweite liegt bei 200 m.

Technische Angaben	
Kaliber	9 mm
Patrone	9 x 39 mm SP.5 oder SP.6
Länge Waffe, mm	395
Lange bei abgeklappter Schulterstütze, mm	640
Lauflänge, mm	156
Gewicht mit Magazin ohne Patronen, kg	2,0
Magazinkapazität, Patronen	10 oder 20
Visierschussweite, m	200

Das kompakte Sturmgewehr SR.3 „Wichr“ entstand auf Grundlage des schallgedämpften AS „Wal“ (siehe 1-21) und verschießt die Sondermunition 9 x 39 mm SP.5/SP.6.

Sturmgewehr SR.3 „Wichr“ mit zusätzlichem Vordergriff.

Schallgedämpfte Sturmgewehre mit Granatwerfer „Tischina" und „Kanareyka"

Zum reichen Waffenarsenal russischer Spezialverbände gehören auch die schallgedämpften und mit Granatwerfern versehenen Sturmgewehre „Tischina" (Stille) und „Kanareyka" (Kanarienvogel).

Das Modell „Tischina" stellt eine Modifikation des 7,62-mm-Kalaschnikow-Sturmgewehrs AKMS mit klappbarer Schulterstütze, Schalldämpfer PBS-1, 30-mm-Granatwerfer BS-1 dar, eingerichtet für die Sondermunition 7,62 x 39 mm US (verringerte Geschwindigkeit). Letztere verfügt im Vergleich zur alten Standardpatrone 7,62 x 39 mm über ein schwereres Unterschall-Geschoss. Dieses eignet sich vorzüglich zum Verschuss mit aufgeschraubtem Schalldämpfer PBS-1, dessen zylindrische Kammer Stahlscheiben unterteilen.

Die Munition des Granatwerfer BS-1 verfügt über keinen eigenen Treibsatz, sondern wird durch vom Lauf abgezapte Pulvergase einer speziellen Treib-

Schallgedämpftes Sturmgewehr „Tischina", Kaliber 7,62 mm/Granatwerfer 30 mm, beim Feuern. warfiles.ru

Technische Angaben „Kanareyka"	
Kaliber:	
Sturmgewehr	5,45 mm
Granatwerfer	30 mm
Patrone	5,45 x 39 mm
Gewicht ohne Patronen und Granaten, kg	5,43
Länge mit abgeklappter Schulterstütze, mm	ca. 900
Magazinkapazität Gewehr, Patronen	20 oder 30
Magazinkapazität Granatwerfer	10
Visierschussweite, m:	
Sturmgewehr	400
Granatwerfer	400

Schallgedämpftes Sturmgewehr „Kanareyka“, Kaliber 5,45 mm/Granatwerfer 30 mm.

patrone ausgestoßen. Die Anfangsgeschwindigkeit der Hohlladungsgranate beträgt 100–175 m/s. Die effektive Reichweite liegt bei 100–150 m, die maximale Reichweite bei 300 m. Dank Hohlladungseffekt durchschlägt die Granate Entfernungs-unabhängig bis zu 10 mm dicke Stahlplatten.

Mit dem Übergang der Sowjetarmee von der alten Patrone 7,62 x 39 mm auf die 5,45 x 39 mm wurde auf Grundlage eines verkürzten Sturmgewehrs 5,45 mm AKS-74U ein schallgedämpftes Sturmgewehr mit Granatwerfer (GRAU-Index 6S1) geschaffen, das man – aus welchem Grund auch immer – „Kanareyka“ (Kanarienvogel) taufte. Seit Anfang der 1980er-Jahre ging es sowjetischen Spezialverbänden zu. Der gesamte „Kanarienvogel“ umfasst das Sturmgewehr AKS-74UB, den Schalldämpfer PBS-4 und den schallgedämpften Granatwerfer BS-1M.

Das Konzept blieb bis auf geringfügige Änderungen am Granatwerfer unverändert. Entscheidend war der Übergang auf Granatmunition, die sich mit Treibpatronen 5,45 mm abschießen ließ. Äußerlich lässt sich der Granatwerfer praktisch nicht vom Vorgängermodell unterscheiden. Eine verkürzte Ausführung des Sturmgewehrs AKS-74U, AKS-74UB, erhielt Montagepunkte für eben den Granatwerfer. Unter Beibehaltung des Gesamtdesigns des Granatwerfers und der Granatmunition gelang es den Konstrukteuren, sowohl die Wirksamkeit des Gefechtskopfs als auch die Schussweite erhöhen, die beim BS-1M 400 m beträgt. Die panzerbrechende Brandgranate (WOG-T) durchbohrt bis zu 15 mm dicke Panzerplatten. Eine Übungsgranate mit inertem Sprengkopf dient zu Ausbildungszwecken.

Beim Schießen mit dem Gewehr wird die übliche offene Visierung verwendet. Den feinen Unterschied zwischen „Kanareyka“- und „Tischina“-Granatwerfer macht das Rahmenvisier bei „Tischina“ und das Kombinationsvisier bei „Kanareyka“ aus.

SCHARFSCHÜTZENGEWEHRE

Scharfschützengewehr SWD-S

Das Haupt-Scharfschützengewehr der russischen Streitkräfte stellt das 1995 in Dienst gestellte Modell SWD-S dar (GRAU-Index 6W3). Das SWD-S stellt eine weiter entwickelte Ausführung des Standard-Scharfschützengewehrs SWD dar (SWD = *Snaiperskaja Wintowka Dragunowa;* Scharfschützengewehr Dragunow). Wie das Grundmodell ist das verbesserte SWD-S-Gewehr eine selbstladende Waffe; ein Gasdrucklader, der im Unterschied zum SWD auf einen Gasregler verzichtete. Der Drehverschluss verriegelt über drei symmetrisch angeordnete Warzen, die für eine zuverlässige und gleichmäßige Verriegelung sorgen. Wie schon das SWD ist auch das SWD-S zur Abgabe von Einzelschüssen eingerichtet. Zur Erleichterung des Transports verringerte man die Länge des SWD-S-Laufs auf 565 mmt (SWD: 620 mm), erhöhte aber gleichzeitig die Stärke der Laufwandungen, was zur höheren Festigkeit und ruhigerer Gewehrlage beim Feuern beitrug. Der Lauf weist vier 4 Rechtszüge auf und an der Mündung einen gegenüber dem SWD kürzeren Feuerdämpfer. Die Lebensdauer des Laufs soll 10.000 Schuss betragen.

Zum vereinfachten Transport und zur Unterbringung im Sprunggepäck von Fallschirmjägern erhielt das SWD-S eine klappbare Metallschulterstütze mit Wangenpolster aus Kunststoff, was die Gesamtlänge von 1135 mm auf 875 mm reduziert. Das oben angebrachte Wangenpolster lässt sich in zwei Positionen drehen: in die obere zum Schießen mit Zielfernrohr und in die untere zum Schießen über die offene Visierung. Wegen der Skelett-Schulterstütze musste das Gehäuse im Vergleich zum SWD, das über einen festen Kolben verfügt, am hinteren Ende leicht abgeändert werden.

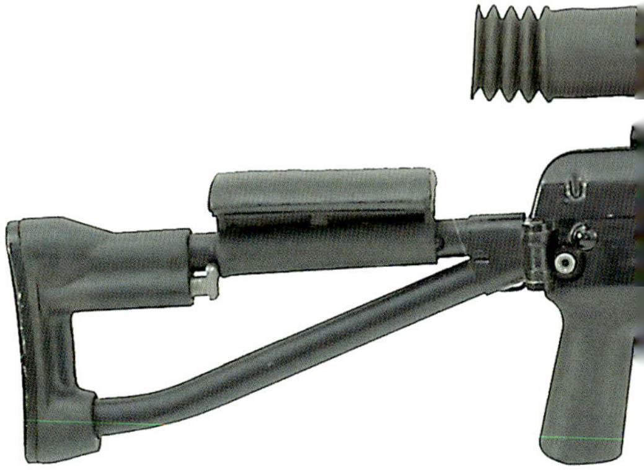

Ein Scharfschütze mit SWD-S überwacht das Vorgehen motorisierter Schützen. russian7.ru

Das SWD-S verschießt neben den üblichen Patronen 7,62 x 54 mm R auch solche mit Leuchtspur- oder panzerbrechenden Brandgeschossen. Die besten Treffergebnisse liefern natürlich die Scharfschützenpatronen 7N1 und 7N14. Die Zufuhr erfolgt aus einem abnehmbaren Stangenmagazin für 10 Patronen. Die Sicherung auf der rechten Gehäuseseite hat zwei Stufen: Sicherungsflügel nach oben = „Gesichert", nach unten = „Feuer".

Die offene Visierung umfasst ein verstellbares Ringkorn und ein bis auf 1200 m einstellbares

Technische Angaben	
Kaliber	7,62 mm
Patrone	7,62 x 54 mm R
Länge Waffe, mm	875
Lange bei abgeklappter Schulterstütze, mm	1135
Lauflänge, mm	565
Gewicht mit Zielfernrohr und leerem Magazin, kg	4,68
Magazinkapazität, Patronen	10
Schussweite, m:	
mit Zielfernrohr	1300
mit offenem Visier	1200
mit Nachtsichtgerät	300

Scharfschützengewehr SWD-S, eingerichtet für die Patrone 7,62 x 54 mm R, mit Zielfernrohr 1P59.

Schiebeisier. Diese kommt hauptsächlich zur Verwendung, wenn das Zielfernrohr PSO-1 und seine Abarten aus irgendeinem Grund nicht eingesetzt werden können. Die effektive Reichweite mit Zielfernrohr beträgt 1300 m. Am SWD-S lassen sich auch verschiedene Nachtsichtgeräte installieren.

Scharfschützengewehr SWD-S mit Zielfernrohr 1P59r.

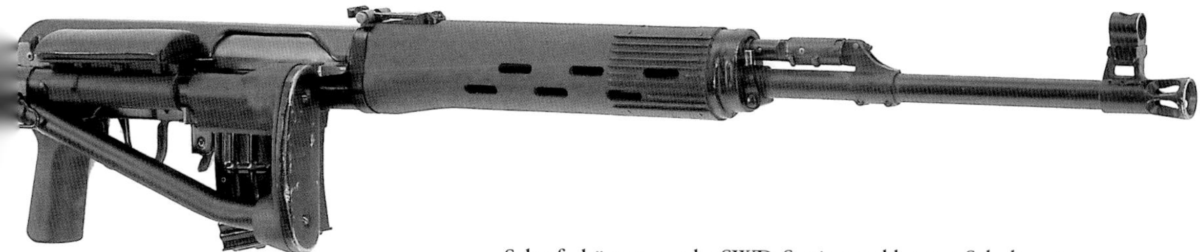

Scharfschützengewehr SWD-S mit angeklappter Schulterstütze.

Großkaliber-Scharfschützengewehr ASWK

Das ASWK-Scharfschützengewehr der russischen Streitkräfte (ASWK = *Armeiskaja Snaiperskaja Wintowka Krupnokalibernaja*, Großkaliber-Armee-Scharfschützengewehr) gehört zu einer relativ neuen Waffenart – großkalibrigen Scharfschützengewehren, deren Entwicklung in den 1980er-Jahren begann. Diese Gewehre wurden weniger zum gezielten Ausschalten von Einzelpersonen – wozu sie sich nach wie vor eignen –, als zur Bekämpfung von Zielen hinter Deckungen, feindlichen Funk- und Radarstationen, leicht gepanzerten Fahrzeugen, Raketen in Feuerstellung und anderem Gerät geschaffen, weshalb man sie auch als „Anti-Material-Gewehre"

Scharfschütze mit ASWK beim Übungsschießen.

Großkaliber-Scharfschützengewehr ASWK, eingerichtet für die Patrone 12,7 x 107 mm.

Technische Angaben	
Kaliber	12,7 mm
Patrone	12,7 x 107 mm
Länge, mm	1420
Lauflänge, mm	1000
Gewicht ohne Zielfernrohr mit leerem Magazin, kg	12,5
Magazinkapazität, Patronen	
Schussweite, m:	5
mit offenem Visier	1000
mit Zielfernrohr	1500

Großkaliber-Scharfschützengewehr ASWK.

bezeichnet. Aufgrund seiner relativ geringen Größe und Masse eignet sich das ASWK neben der üblichen Feldverwendung auch zur Verbringung durch Sabotage- und Aufklärungsgrtrups hinter die feindlichen Linien. Polizeiliche Sondereinheiten oder die Truppen des Innenministeriums bedienen sich seiner beim Ausschalten von Kriminellen und Terroristen in kugelsicheren Westen und ihrer Fahrzeuge auf große Entfernungen.

Das ASWK wurde im Werk Kowrow entwickelt und in Serie gebaut. In der Entwicklungsphase trug es die Bezeichnungen KSWK (Großkaliber-Scharfschützengewehr Kowrow), SWN-12.7 und SWN-98 (SWN = Scharfschützengewehr Negrulenko). Vom Gewehr entstanden zwei Hauptausführungen:

- 12,7-mm-Scharfschützengewehr mit optischen und Nachtsichtgeräten, Index GRAU 6S8,
- 12,7-mm-Scharfschützensystem mit Zielfernrohr, Index GRAU 6S8-1.

Im Gegensatz zu einem weiteren großkalibrigen russischen Großkalibergewehr – dem OSW-96 (siehe 1-30) – weist das ASWK eine „Bullpup"-Bauweise auf. Trotz der beträchtlichen Lauflänge (1000 mm) führte dies zu einer relativ kompakten Waffe. Die Gesamtlänge beträgt 1420 mm (OSW-96: 1700 mm). Das ASWK ist ein Repetiergewehr mit 5-Schuss-Magazin, das natürlich nur Einzelfeuer abgeben kann.

Der freitragende, kaltgehämmerte Lauf kommt nicht mit anderen Teilen des Gewehrs in Berührung und unterscheidet sich vom OSW-96-Lauf durch eine größere Wandstärke. Die Mündungsbremse verringert den Rückstoß um das 2,5-fache. Die Schaftkappe ist mit einem Stoßdämpfer aus porösem Material ausgestattet. Auf diese Weise kann der Schütze mehrere Dutzend Schüsse abgeben, ohne dass er Schulterbeschwerden bekommt. Als Schießauflage dient ein an einer Stange des Gehäuses befestigtes Zweibein, das sich nach vorn klappen lässt.

Das ASWK ist für die Patrone 12,7 x 107 mm ausgelegt, die es von den schweren Maschinengewehren DSchKM und NSW übernahm. Als Projektile stehen u. a. das panzerbrechende Geschoss B-32 und die panzerbrechenden Brandgeschosse BST-44 und BST-44M zur Auswahl. Die Energie der B-32-Kugel reicht völlig aus, um die standardmäßige „kugelsichere" Armee-Schutzweste bei maximaler Schussweite (2000 m) zu durchdringen. Auf kürzere Distanzen durchschlägt sie leicht gepanzerte Ziele aller Art.

Mit den Standard-MG-Patronen lassen sich kleine Ziele auf große Entfernungen jedoch nicht zuverlässig treffen. Der durchschnittliche Streukreis-Durchmesser auf 300 m beträgt damit 160 mm, wobei er nach NATO-Norm 87 mm nicht überschreiten sollte. Deshalb schufen die Munitionsfachleute von ZNI-ITotschMasch die Scharfschützenpatrone 12.7 x 107 mm SN (GRAU-Index 7N34) mit erhöhter Präzision und Panzerdurchdringung. Der Streukreis dieser Munition aus dem ASWK liegt auf 100 m bei 40 mm. Dieses durchaus akzeptable Ergebnis entspricht aber auch nicht den NATO-Anforderungen hinsichtlich der unteren Genauigkeitsgrenze von einer Bogenminute: Auf 100 m sollte die Streuung 29 mm nicht überschreiten. Gut, aber in gewisser Weise auch Theorie – in der Praxis entscheiden nach wie vor Ausbildung und Können des Schützen.

Die Munition wird aus einem 5-Schuss-Kastenmagazin zugeführt. Der Magazinschacht liegt zwischen Pistolengriff und Schulterstütze. Ein Kunststoffpolster am Magazinboden lässt sich als als zusätzliche Unterstützung für die Nichtschusshand nutzen.

Leere Patronenhülsen werden beim Repetieren durch ein Fenster auf der rechten Seite des Gehäuses ausgeworfen, das sich im Übrigen mit einem Staubschutzdeckel verschließen lässt.

Das ASWK verfügt über eine offene „Not"-Visierung mit Kimme und Korn. Die Kimme befindet sich auf einer Stange, die sich als Gewehrtragegriff verwenden lässt. Bei aufgesetztem Zielfernrohr ist diese „Zielstange" nach rechts geklappt. Zielfernrohr oder Nachtsichtgerät sind auf einer speziellen Schiene an der linken Seite des Gehäuses montiert

Schallgedämpftes Scharfschützengewehr WSS „Wintorez"

Das 9-mm-Gewehr WWS „Wintorez" (Schneideisen) wurde bei ZNIITotschMasch für polizeiliche und militärische Sondereinheiten als Teil einer Familie schallgedämpfter Waffen (BSK) enwickelt (WSS = *Wintowka Spezialnaja Snaiperskaja;* Sonder-Scharfschützengewehr). Das „Wintorez"-Gewehr (GRAU-Index 6P29) verschießt die 9-mm-Spezialpatrone SP.5 (GRAU-Index 7N8); zum Zubehör gehören ein Zielfernrohr und eine Nachtsichtoptik. Der Gasdrucklader arbeitet mit einem Drehverschluss, verriegelt über sechs Warzen und kann Einzel- wie Dauerfeuer abgeben. Der Feuerwahlschalter befindet sich direkt hinter dem Abzug. Wird der Schalter nach rechts bewegt, gibt die Waffe Einzelfeuer ab (auf der rechten Gehäuseseite hinter dem Abzug erscheint ein weißer Punkt); wird der Hebel nach links bewegt, schießt sie Dauerfeuer (auf der linken Seite erscheinen drei weiße Punkte). Die Kadenz beträgt 800–900 S/min; die praktische Feuergeschwindigkeit 30–60 S/min. Ein leichter Zündstift sorgt mit seiner geringen Masse dafür, dass sich während der Schussabgabe wenig mechanische Störimpulse entwickeln können, was zur guten Schussgenauigkeit beiträgt.

Der Gehäusedeckel ist ein Blechprägeteil; alle anderen Funktionsteile sind aus dem Vollen gefräst. Auf der rechten Seite vor dem Auswerffenster befindet sich der Spanngriff. Der 200 mm lange, innen harverchromte Lauf (6 Züge, Rechtsdrall) ist starr mit dem Gehäuse verbunden.

Fallschirmjäger mit WSS-Gewehren bei einer Parade .

Der aufgesetzte Schalldämpfer verringert den Mündungsknall auf etwa 130 dB, was einem Kleinkalibergewehr entspricht.

Die skelettierte hölzerne Schulterstütze lässt sich über einen Druckknopf einfach entfernen (Drücken, dann die Schulterstütze nach hinten ziehen) und findet nun Platz im 450 x 370 x 190 mm großen Transportkoffer. Zusammengebaut wird es in einem Segeltuchfutteral getragen.

Das WSS „Wintorez" verschießt die Scharfschützenpatrone SP.5 sowie die Patrone SP.6 mit erhöhter Durchschlagsleistung. Die SP.5-Patrone beruht auf der Mittelpatrone 7,62 x 39 mm, deren Hülsen-

Schallgedämpftes Scharfschützengewehr WWS „Wintorez" mit Zielfernrohr 1P43.

Technische Angaben	
Kaliber	9 mm
Patrone	9 x 39 mm SP.5 oder SP.6
Länge, mm	894
Lauflänge, mm	200
Gewicht ohne Patronen und Zielfernrohr, kg	2,45
Magazinkapazität, Patronen	10 oder 20
Visierschussweite, m	400

mund auf 9 mm Durchmesser geweitet wurde. Das Mantelgeschoss wiegt 16,8 g. Aufgrund der relativ großen, auf Unterschallgeschwindigkeit optimierten Geschossmasse beträgt die effektive Reichweite 400 m. Die Zufuhr erfolgt aus Kunststoffmagazinen für 10 oder 20 Patronen. Als Zielmittel dienen das Zielfernrohr PSO-1-1 oder eine Nachtsichtoptik. Notfalls kann der Schütze über die offene Visierung auf dem langen Schalldämpfer zielen.

Die Treffgenauigkeit des WSS als Scharfschützenwaffe mit ZF PSO-1-1 ist eher mäßig und liegt mit der SP.5-Patrone auf 100 m bei lediglich 75 mm (nach anderen Quellen sogar nur 120 mm). Legt man hier den NATO-Standard von 29 mm zugrunde, ei, ei, ei.... Die Praxis hat jedoch erwiesen, dass die Präzision des „Wintorez" bei Sondereinsätzen völlig ausreicht.

Übungsschießen mit WSS „Wintorez". Die Waffe verschießt Sonderpatronen 9 x 39 mm SP.5/SP.6 aus Magazinen für 10 oder 20 Schuss.

WSS „Wintorez" mit Zielfernrohr PSO-1.

Schallgedämpftes Scharfschützengewehr WSK-94

Das schallgedämpfte 9-mm-Scharfschützengewehr WSK-94 wurde 1995 vom KPB in Tula auf Grundlage des Sturmgewehrs 9A-91 für polizeiliche und militärische Spezialeinheiten entwickelt (WSK = *Wintowotschi Snaiperski Komplex*, Scharfschützengewehr-Modell). Der paarweise Einsatz zusammen mit einem weitreichenden Scharfschützengewehr verleiht diesem Duo besondere Vielseitigkeit. Dank der hohen Magazinkapazität von 20 Schuss lässt sich das Scharfschützengewehr notfalls effektiv als automatische Waffe einsetzen – etwa in Lagen, in denen es mehr auf Feuerkraft als auf Präzision ankommt

Der Komplex WSK-94 umfasst das Gewehr selbst, Spezialpatronen 9 x 39 mm SP.5, SP.6 oder PAB-9, je ein Zielfernrohr PSK-07 (Tag) und PKN-03M (Nacht) sowie einen Tragekoffer.

WSK-94 mit Zielfernrohr PKS-07 beim Feuern. topwar.ru

Technische Angaben	
Kaliber	9 mm
Patrone	9 x 39 mm SP.5, SP.6, PAB-9
Länge, mm	900
Lauflänge, mm	230
Gewicht ohne Magazin, mit Zielfernrohr, kg	2,7
Magazinkapazität, Patronen	20
Visierschussweite, m	400

Der Gasdrucklader kann Einzel- wie Dauerfeuer mit einer Kadenz von 700–900 S/min abgeben. Im Unterschied zum Sturmgewehr 9A-91 befindet sich der Feuerwahlschalter auf der rechten Gehäuseseite, denn auf der linken sitzt die Zielfernrohrmontage. Auch bei der Schulterstütze gibt es Unterschiede: Sie ist beim WSK-94 schnell abnehmbar, besteht aus Kunststoff und integriert den Pistolengriff der Schusshand. Eine Gummiauflage macht das Schießen angenehmer. Auf dem 230 mm langen Lauf sitzt ein spezieller Schalldämpfer, der nicht zum Zerlegen vorgesehen ist und keine Reinigung erfordert. Bei Verwendung der Patronen 9 x 39 mm SP.5, SP.6 oder PAB-9 (Unterschall) wird der Mündungsknall auf ein Minimum reduziert bzw. geräuschverzerrt und aus 45–50 m Entfernung fast nicht wahrgenommen. Die offene Visierung umfasst ein Korn und Visier mit Einstellungen für 100, 200, 300 und 400 m, was hauptsächlich beim automatischen Schießen verwendet wird. Das Präzisionsschießen erfolgt über die Tag- oder Nachtsichtoptik. Die ersten Lose erhielten noch das Zielfernrohr PSO-1, mittlerweile abgelöst vom Zielfernrohr PKS-07 (Tag) und PKN (Nacht). Das PKS-07 mit siebenfacher Vergrößerung hat geringere Abmessungen und wiegt weniger als das Vierfach-ZF PSO-1. Ein roter Leuchtpunkt verkürzt bei schlechter Sicht die Zielauffassung gegenüber einem Fadenkreuz durchschnittlich um das 1,5-fache ohne Einbußen an Genauigkeit. Beim PKS-07 wurde das Problem der Abhängigkeit des roten Leuchtpunkts von einer Stromquelle insofern gelöst, als dass bei leerer oder ausgefallener Batterie der Zielpunkt nicht verschwindet, sondern nur von rot auf schwarz wechselt – das ZF bleibt einsatzbereit. Bei Waffen mit geringer Mündungsgeschwindigkeit ist es besonders wichtig, die Zielentfernung schnell zu bestimmen – das PKS-07 verfügt über einen einfachen elliptischen Entfernungsmesser im Sichtfeld.

Bei Nacht gelangt das PKN (ebenfalls mit rotem Leuchtpunkt) mit OSM-Bildverstärkerröhre der zweiten Generation zur Verwendung. Es ermöglicht präzise Schüsse in einer mondlosen, bewölkten Nacht auf bis zu 200 m und in einer mondhellen Nacht auf bis zu 350 m. Die Funktion des Nacht-ZFs mit automatischer Helligkeitsregelung bleibt durch Blitze, Scheinwerfer und andere helle Lichtquellen unbeeinträchtigt. Ein zuschaltbarer IR-Strahlers erweitert die Einsatzmöglichkeiten auf Beobachtung und Schießen in völliger Dunkelheit (Dachböden, Keller usw.). Beim ZF PSO-1 betrug der durchschnittliche Trefferkreis auf 100 m mit SP.5-Patronen ungefähr 75 mm; beim PKS-07 dürfte er enger liegen.

Schallgedämpftes Scharfschützengewehr WSK-94.

Großkaliber-Scharfschützengewehr OSW-96

Das 12,7-mm-Scharfschützengewehr OSW-96 ist für die Lösung allgemeiner taktischer Scharfschützenaufgaben (Ausschalten von Gegnern mit Körperschutz) sowie für den Einsatz als Anti-Scharfschützenwaffe und Anti-Materialsgewehr (Zerstörung von Funk- und Radarstationen, Raketen, Fahrzeuge usw.) vorgesehen (OSW = *Osobaja Snaiperskaja Wintowka,* Sonder-Scharfschützengewehr). Die 12,7-mm-Patronen mit panzerbrechenden und panzerbrechenden Brandgeschossen eignen sich selbst zur Bekämpfung leicht gepanzerter Fahrzeuge. Während des zweiten Tschetschenienkrieges gelang es den Aufständischen etwa, mit einem erbeuteten OSW-96 einen russischen Radschützenpanzer BTR-80 auszuschalten: das panzerbrechende Brandgeschoss durchschlug die Frontpanzerung, tötete den Fahrer und setzte das Fahrzeug in Brand.

Für Entwicklung und Bau der Waffe zeichnete das Unternehmen KBP verantwortlich. Sie ging 1994 als W-94 in die Erprobung. Nach Beseitigung festgestellter Mängel wurde das Gewehr bei den Truppen des Innenministeriums und den Spezialeinheiten des FSB unter der Bezeichnung OSW-96 übernommen.

Das OSW-96 fällt durch seine bewusst schlicht gehaltene Form auf, die eher an sowjetische Panzerbüchsen des 2. Weltkriegs als an moderne Scharfschützengewehre erinnert. Im Unterschied zum kompakten ASWK (siehe 1-27) ist es klassisch aufgebaut, weshalb die Gesamtlänge bei einer Lauflänge von 1000 mm stolze 1746 mm beträgt. Da Waffen dieser Länge Probleme bei Marsch und Transport auf dem Gefechtsfeld verursachen, gestaltete man das OWW-96 zusammenklappbar. Und zwar nicht auf die simple Weise mit abklappbarem Kolben, sondern das entsprechende Scharnier befindet sich weiter vorn am Laufansatz (damit lässt sich die Waffe fast halbieren!). In Transportlage werden Lauf mit Gasabnahmerohr entriegelt und nach rechts umgeklappt und über einen Riegel am Gehäuse fixiert. Um eine Verschmutzung von Lauf und Verschluss zu verhindern, werden Gehäuse und Lauf mit speziellen Kappen abgedeckt. In Maschlage beträgt die Gesamtlänge nur noch praktische 1154 mm.

Der Gasdrucklader ist nur für Einzelfeuer eingerichtet; der Pistolengriff besteht aus schlagfestem Kunststoff und der Spanngriff sitzt auf der rechten Gehäuseseite. Eine reaktive Mündungsbremse und eine Gummischaftkappe mildern den Rückstoß. Zudem liegt der Kolben in einer Linie mit dem Lauf, so dass der Rückstoß direkt auf die Schulter des Schüt-

Großkaliber-Scharfschützengewehr OSW-96.

zen übertragen und ein Hochspringen der Mündung weitgehend vermieden wird. Ein verstellbares, teleskopisches Zweibein dient als Schießauflage. Der zuerst rudimentäre Holzkolben erhielt später eine ergonomischere Gestaltung für die Nichtschusshand und erinnert ein wenig an die Schulterstütze des deutschen MG 42.

Das OSW-96 verschießt neben den Scharfschützenpatronen 12,7 mm SN (GRAU-Index 7N34) hoher Fertigungsqualität auch die Standardpatronen 12,7 x 107 mm der schweren Maschinengewehre DSchKM- und NSW. Sie werden aus abnehmbaren 5-Schuss-Stangenmagazinen zugeführt. Die Magazinhalterung befindet sich vor dem Abzugsbügel und ist dem Kalaschnikow-Sturmgewehr nachempfunden. An der linken Gehäusewand wurde zunächst eine Standardschiene zur Montage eines 4-fach-ZFs PSO-1 angebracht. Später erhielt das Gewehr das wesentlich leistungsfähigere Zielfernrohr POS 13 x 60 mit 13-facher-Vergrößerung für Schussentfernungen bis 2000 m, das als Besonderheit die eingestellte Schussweite anzeigt und dessen Fadenkreuz bei unterschiedlichen Entfernungseinstellungen nicht „wandert", sondern dauerhaft in der Mitte des Objektivs verbleibt. Ein Augenabstand von bis zu 110 mm schützt das Schützenauge beim Schuss (Rückstoß).

Aufgrund der mit 3,5 kg hohen Masse des POS 13 x 60 wurde das leichtere 12-fache ZF POS 12 x 50 entwickelt, das allerding über keine Entfernungsanzeige mehr verfügt. Des Weiteren gibt es Nachtsicht-Optiken (PKN-03, PKN-032, PKN-4) mit automatischer Helligkeitsregelung, die sich nicht mehr von Leuchtkugeln, Explosionen, Bränden usw. negativ beeinflussen lassen.

Die Schussgenauigkeit des OSW beträgt bei 5-Schuss-Streukreisen 50 mm auf 100 m und 200 mm auf 300 m (NATO-Standard: 27 bzw. 87 mm).

Scharfschütze beim Feuern mit seinem OSW-96. google.com ab

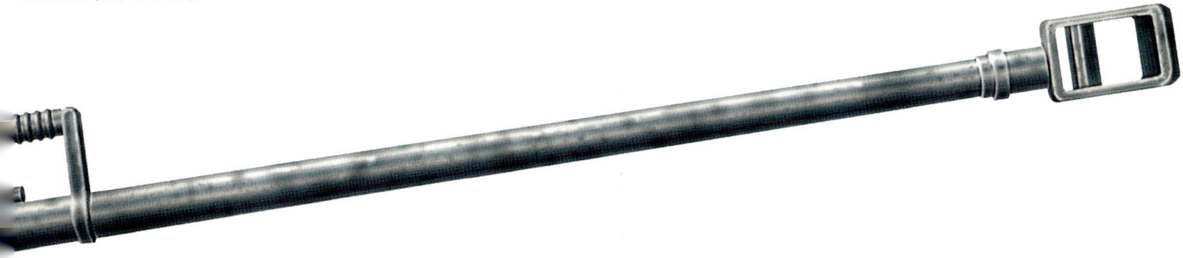

Technische Angaben	
Kaliber	12,7 mm
Patrone	12,7 x 107 mm
Länge, mm	
zusammengeklappt	1154
in Feuerstellung	1746
Lauflänge, mm	1000
Gewicht ohne Zielfernrohr mit leerem Magazin, kg	12,9
Magazinkapazität, Patronen	5
Einsatzschussweite, m	1800 m

Scharfschützengewehr SW-98

Technische Angaben	
Kaliber	7,62 mm
Patrone	7,62 x 54 mm R
Länge, mm	
mit Schalldämpfer	1375
ohne Schalldämpfer	1200
Lauflänge, mm	650
Gewicht, kg:	
mit Schalldämpfer undZielfernrohr	7,8
ohne Schalldämpfer und Zielfernrohr	5,8
Magazinkapazität, Patronen	10
Visierschussweite, m:	
mit offenem Visier	600
mit Zielfernrohr	1000

Das 7,62-mm-Scharfschützengewehr SW-98 wurde Ende der 1990er-Jahre von der Ischewsker Maschinenfabrik als Präzisionswaffe für Spezialeinheiten und die Scharfschützenzüge der motorisierten Schützenverbände entwickelt. (SW = *Snaiperskaja Wintowka*, Scharfschützengewehr). Seine Feuertaufe erhielt es bei Truppen des Innenministeriums während des letzten Tschetschenien-Feldzugs.

Im Unterschied zum Standard-Scharfschützengewehr SWD-S handelt es sich beim SW-98 um einen Repetierer, was der neuen, alten Doktrin des Einsatzes von Scharfschützengewehren entspricht: Einzelziele auf große Distanzen mit dem ersten Schuss auszuschalten, während der schnellen Nachschussfähigkeit nur untergeordnete Bedeutung zukommt. Repetierer bieten gegenüber Selbstladern den Vorteil, weniger Teile zu haben, die sich während der Schussabgabe bewegen und damit die Präzision negativ beeinflussen. Beim SW-98 lassen sich darüber hinaus Abzugsweg und –widerstand individuell einstellen; Letzterer liegt bei 1,0–1,5 kg.

Scharfschützengewehr SW-98, eingerichtet für die Patrone 7,62 x 54 mm R.

Scharfschützengewehr SW-98 mit Zielfernrohr 1P69r und Schalldämpfer.

Der Freihand-Anschlag bildet beim SW-98 – wie bei allen Scharfschützengewehren – eher die Ausnahme. vk.me

Beim Verriegeln drehen sich Verschluss und Kammergriff um 60°. Der massive 450 mm lange Lauf (Rechtsdrall, vier Züge) mit 22 mm Außendurchmesser entsteht durch Kaltumformung (Kaltschmieden, Kalthämmern). Die Außenfläche wird keiner maschinellen Bearbeitung unterzogen, was die Schussgenauigkeit beeinträchtigen könnte. Aus demselben Grund verzichtete man auf eine Hartverchromung von Innenrohr und Patronenlager. Die Rohrlebensdauer liegt bei 3000 Schuss. Der Lauf ist frei schwingend gelagert und so im Gehäuse befestigt, dass er nicht mit dem Schaft in Berührung kommt. An der Mündung befindet sich ein Gewinde zum Aufschrauben eines Schalldämpfers, die ansonsten ein kurzer Mündungsfeuerdämpfer vor Beschädigungen schützt.

Der Schaft mit durchbrochener, in Höhe (Anschlagbacke) und Länge verstellbarer Schulterstütze mit Daumenloch, Pistolengriff und Gummischaftkappe besteht aus strapazierfähigem Schichtholz. Vorn am Handschutz befindet sich eine Halterung für ein zusammenklappbares Zweibein, das sich zum Transport in eine Aussparung des Handschutzes klappen lässt.

Als Munition stehen die Scharfschützenpatronen 7,62 x 54 mm R 7N1 und 7N14 zur Verfügung; natürlich lassen sich auch die Standard-MG-Patronen 7,62 x 54 mm R 57-N-222, 57-N-223, 57-N-422 usw. verwenden, freilich mit geringerer Trefferleistung.

Des Weiteren gibt es Export-Ausführungen für die im Westen gebräuchlichsten Patronen 7,62 x 51 mm NATO (.308 Winchester) und .338 Lapua Magnum.

Die Zufuhr erfolgt aus abnehmbaren 10-Schuss-Kastenmagazinen aus glasfaserverstärktem Kunststoff mit Metalleinlage. Dank des zweireihigen Aufbaus verschwindet das angesteckte Magazin fast vollständig im Schaft.

Die Sicherung auf der rechten Schaftseite legt Schlagbolzen und Abzug fest. Das SW-98 verfügt zwar auch über eine offene Visisierung für alle Fälle, das präzise Schießen erfolgt aber über das 7-fache ZF PKS-07 am Tag und PKN-03 in der Nacht. Eigens für das SW-98 entwickelte das Werk in Krasnogorsk des Weiteren die Zielfernrohre „Hyperon" 1P69 und 1P69-1 mit variabler Vergrößerung 3 bis 10-fach. Es gibt eine Mess-Skala zur Bestimmung der Zielentfernung nebst automatischer Einstellung der Geschossflugbahn, wenn der angegebene Bereich mit dem Drehring eingestellt wird. Bei Dämmerung und Nacht wird die Zielmarke rot beleuchtet. Des Weiteren gibt es Montagen für Zielfernrohre von Leupold, Hakko oder Schmidt & Bender.

Die vom Hersteller angegebene Treffgenaugigkeit mit Scharfschützenpatronen beträgt etwa 50 mm auf 300 m. Dies entspricht 0,6 bis 0,7 Bogenminuten und erfüllt vollständig die NATO-Norm von einer Bogenminute. Die effektive Reichweite des SW-98 beträgt 800 m.

Zur Minderung von Mündungsknall, Mündungsfeuer und Rückstoß lässt sich das SW-98 mit einem taktischen Schalldämpfer ausstatten. Zum Lieferumfang gehören ein Koffer, ein Tragegriff und ein Flimmerband, das über dem Lauf befestigt wird, um die Optik bei erhitztem Lauf vor Luftschlieren („Mirage") zu bewahren.

Kleinkaliber-Scharfschützengewehr SW-99

Scharfschützengewehr SW-99 in Stellung.

Das Scharfschützengewehr SW-99 wurde für den Einsatz unter beengten räumlichen Verhältnissen und in dicht besiedelten städtischen Gebieten entwickelt. Der Zweck des Gewehrs führte zur Wahl der Munition – der 5,6-mm-Randfeuerpatrone .22 lfB (.22 l.r.). Obwohl die effektive Reichweite der Kleinkaliberpatrone 100 m nicht überschreitet und die Geschosswirkung relativ gering ist, ist sie doch sehr treffgenau und eignet sich hervorragend sowohl für hochpräzise Kurzstrecken- als auch für schallgedämpfte Waffen.

Das SW-99 statteten die Konstrukteure der Ischewsker Maschinenfabrik mit dem von G. Nikonow (Schöpfer des Sturmgewehrs AN-94) entwickelten Geradzugverschluss ihres Biathlongewehrs BI-7-2 und des Jagdkarabiners „Sobol" (Zobel) aus. Ein Geradzugverschluss ermöglicht ein schnelleres händi-

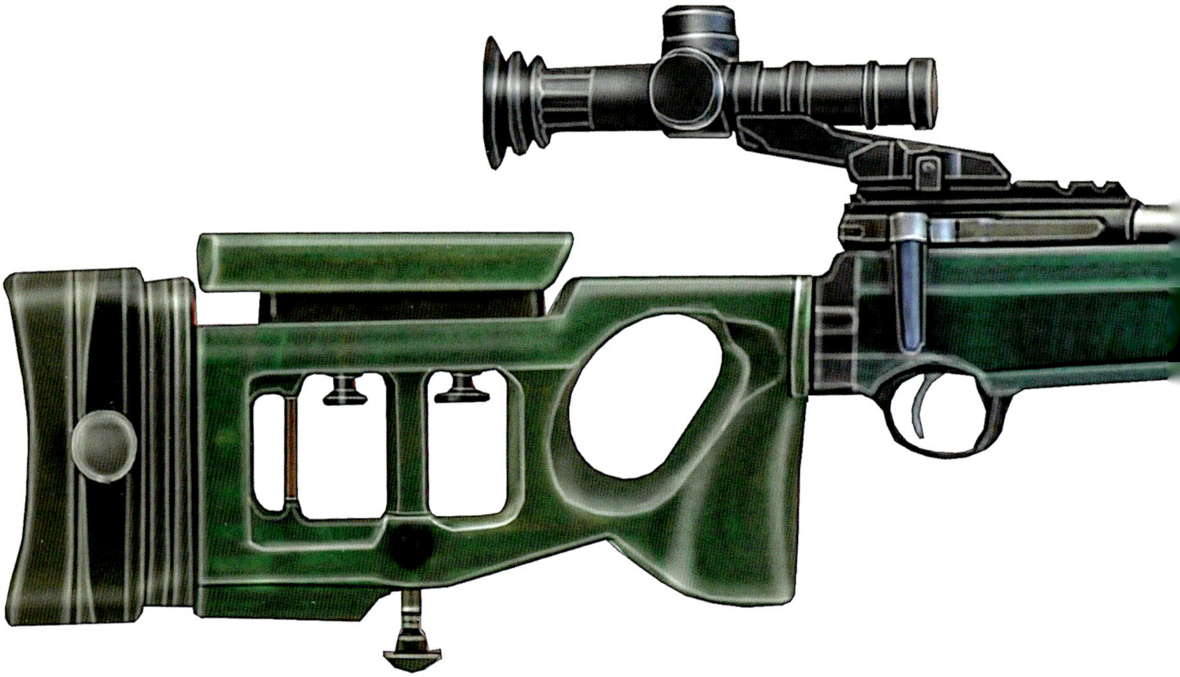

SW-99-Scharfschützengewehr, rechte Seitenansicht. Man beachte den vom Biathlon-Gewehr BI-7-2 übernommenen Geradzugverschluss.

sches Nachladen als ein üblicher Repetierverschluss.

Hinzu kam ein 150 mm langer Schalldämpfer, der den Mündungsknall auf das Niveau eines Luftgewehrs dämpft. Bei einem Selbstlader wären zusätzlich noch Verschlussgeräusche hörbar – ein Nachteil beim Einsatz auf kurze Distanzen.

Der Abzugswiderstand lässt sich von 0,5 bis 1,0 kg einstellen. Die Patronenzufuhr erfolgt aus Kunststoffmagazinen für 5 Patronen. Dank seiner kompakten Abmessungen ragt das Magazin nicht unten aus dem Schaft. Es stehen aber auch 10-Schuss-Magazine zur Verfügung, in manchen Lagen ganz praktisch.

Der 350-mm-Lauf mit 6 Zügen und Rechtsdrall entsteht im Kaltschmiedeverfahren und ist innen gehont. Auf eine Verchromung von Innenrohr und Patronenlager verzichtete man zur Gewährleistung der hohen Schussgenauigkeit. An der Mündung befindet sich ein Gewinde zum Anbringen eines kompakten Schalldämpfers. Der Schaft besteht aus strapazierfähigem Schichtholz. Der Kolben ist abnehmbar, Schaftkappe und Backe lassen sich verstellen. Im Kolbens befinden sich hinter einem Deckel zwei Ersatzmagazine.Der Kolben lässt sich durch einen Pistolengriff ersetzen, der die Länge des SW-99 weiter verkürzt und es bei Einsätzen auf engstem Raum noch kompakter macht. Vorn am Handschutz lässt sich ein höhenverstellbares Zweibein montieren.

Auf eine offene Visierung wurde verzichtet. Gezielt wird über die auf einer Schwalbenschwanzschiene montierten Zielfernrohre 4 x 34 PO oder 6 x 42 PO.

Die Schussgenauigkeit entspricht dem Zweck des Gewehrs. Beim Schießen auf 100 m Entfernung mit Schalldämpfer erreicht das SW-99 10-Schuss-Gruppen von 40–44 mm und auf 50 m von 15 mm.

Technische Angaben	
Kaliber	.22 (5,6 mm)
Patrone	.22 lfB
Länge, mm	1000
Lauflänge, mm	350
Gewicht ohne Patronen und Zielfernrohr, kg	3,75
Magazinkapazität, Patronen	5 oder 10

Verkürztes Scharfschützengewehr SWU

Die Spezialeinheiten des Innenministeriums und des FSB verfügen über mehrere tausend Scharfschützengewehre SWU (SWU = *Snaiperskaja Wintowka Ukorotschennaja*, verkürztes Scharfschützengewehr), Kaliber 7,62 mm. Das Modell wurde von der Ischewsker Maschinenfabrik auf Grundlage des Dragunow-Scharfschützengewehrs SWD entwickelt und ab 1991 in Kleinserie produziert. 1995 folgte nach Einsatzerfahrungen in Tschetschenien die Ausführung SWU-AS (SWU-AS = verkürztes automatisches Scharfschützengewehr mit Zweibein).

Das verkürzte Scharfschützengewehr SWU gehört zur Ausrüstung von Sondereinsatzkräften des Innenministeriums und des FSB. army-news.ru

Aufgrund der verkürzten Bauart („Bullpup") befinden sich Abzug und Magazin/Verschluss hinter dem Pistolengriff, was eine Verringerung der Gesamtlänge unter Beibehaltung eines ausreichend langen Laufs erlaubte. Das SWU-AS hat einen um 100 mm verkürzten Lauf bei einer Gesamtlänge von 900 mm, verglichen mit 1225 mm beim SWD.

Der Gasdrucklader entspricht funktionstechnisch grundsätzlich dem SWD, erhielt aber Neuerungen. Er kann Einzel- wie Dauerfeuer mit einer Kadenz von 650 S/min abgeben, wobei sich der Auswahlhebel innerhalb des Abzugsbügels befindet. Er begrenzt die Bewegung des Abzugs, ohne dass am Zündmechanismus größere Änderungen vorgenommen werden mussten. Der Lauf besitzt vier Züge mit Rechtsdrall und einen Mündungsaufsatz, der gleichzeitig die Aufgabe einer Mündungsbremse, die bis zu 40 % der Rückstoßenergie absorbiert, eines Kompensators, der Laufvibrationen reduziert und den Schwerpunkt der Waffe nach vorn verlagert, sowie eines Feuerdämpfers erfüllt. Darüber hinaus

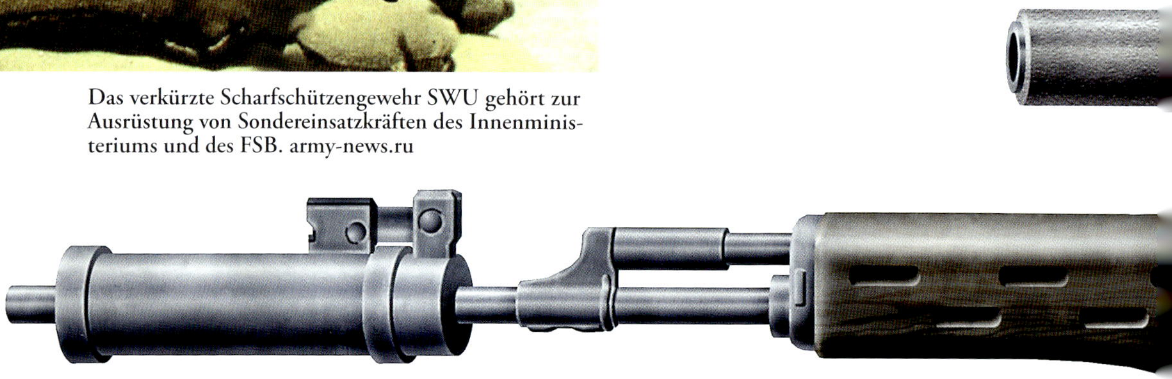

Technische Angaben	
Kaliber	7,62 mm
Patrone	7,62 x 54 mm R
Länge, mm	900
Lauflänge, mm	520
Gewicht ohne Zielfernrohrr und Magazin, kg	3,6
Magazinkapazität, Patronen	10
Einsatzchussweite, m	800

reduziert das Gerät aufgrund der Ausdehnung und Abkühlung von Gasen in den Kammern den Mündungsknall auf 150 dB.

Der ergonomisch geformte Pistolengriff aus schlagfestem Kunststoff liegt nahe am Waffenschwerpunkt, was Balance und Beherrschung der Waffe erheblich verbessert. Ein leicht vergrößerter Abzugsbügel ermöglicht das Schießen mit Handschuhen. Am Gehäuse befindet sich eine Art Wange, die den Kopf des Schützen beim Zielen stützt. Der Polyamid-Handschutz wurde vom SWD übernommen, erhielt aufgrund der Vorverlegung der ZF-Halterung auf der linken Seite einen Ausschnitt. Die Skelett-Schulterstütze des SWD ersetzte beim SWA der Kolben mit Schaftkappe, zugleich Abschluss des Gehäuses nach hinten.

Das in vier Stufen verlängerbare Zweibein (maximale Höhe 320 mm) ist an einer gesonderten Stange unter dem Gehäuse befestigt. Es lässt sich um die eigene Achse um 90 Grad nach rechts oder links schwenken.

Das SWU verschießt die Scharfschützenpatrone 7,62 x 54 mm R (GRAU-Index 7N1) und notfalls die üblichen 7,62-mm-Gewehrpatronen. Sie werden entweder aus dem SWD-Magazin für 10 Patronen oder aus einem neu entwickelten Magazin für 20 Patronens zugeführt. Für das SWU-AS soll es ein 30-Schuss-Magazin geben.

Das präzise Schießen erfolgt mit dem Zielfernrohr PSO-1 (1P43), außerdem lassen sich Nachtsichtgeräte vom Typ NSPU und ein Laserzielgerät installieren. Bei der offenen Visierung wurde das Schiebevisier des SWD durch ein Dioptervisier ersetzt, dessen Trommel sich auf Zielentfernungen bis 1300 m einstellen lässt – mehr, als eine solche Waffe leisten kann. Die tatsächliche effektive Reichweite beträgt nicht mehr als 800 m. Das Schießen mit dem Dioptervisier ist auch bei aufgesetztem Zielfernrohr möglich.

Die Schussgenauigkeit des SWU-AS erfüllt im Prinzip die Anforderungen für Waffen von Angriffstruppen, ist jedoch weit entfernt von modernen Vorgaben an Scharfschützenwaffen: die Streuung mit 7N1-Scharfschützenpatronen liegt auf 100 m Entfernung bei 70 mm.

Das verkürzte 7,62-mm-Scharfschützengewehr SWU entstand auf Grundlage des klassischen Dragunow-SWD.

MASCHINENGEWEHRE

Leichtes Maschinengewehr RPK-74M

Die Erfahrung mit Handwaffen für die 1974 bei der Sowjetarmee eingeführten Patrone 5,45 x 39 mm zeigte die Notwendigkeit, Änderungen am Sturmgewehrs AK-74 und am leichten Maschinengewehr RPK-74 vorzunehmen (RPK = *Rutschnoi Pulemjot Kalaschnikowa*, leichtes Kalaschnikow-Maschinengewehr). Die Modernisierung des AK-74M-Sturmgewehrs war Sache der Maschinenfabrik Ischewsk, während das RPK-74 bei der Maschinenfabrik Wjatka-Poljanski seine Verjüngung zum RPK-74M (GRAU-Index 6P39) erfuhr.

Wie das RPK-74 arbeitet das RPK-74M als Gasdrucklader mit Drehwarzenverschluss. Der Lauf entsteht durch Rotationsschmieden und wird zur Erhöhung der Verschleißfestigkeit und des Korrosionsschutzes samt Patronenlager verchromt. Viele

Angehöriger einer Spezialeinheit des russischen Innenministeriums im Anschlag mit dem RPK-74M. wikimedia.org

Leichtes Maschinengewehr RPK-74M.

Teile (Gaskammer, Abzug,Visierblock usw.) bestehen aus Feinguss. Das RPK-74M weist folgende Unterschiede zum Grundmodell auf: Verstärktes Gehäuse samt Deckel, der Anschlag der Führungsstange der Rückholfeder wurde geändert, neuer Vorderschaft, erhöhte Rohrlebendauer mit der Patrone 7N10-Patrone (angegeben 50.000 Schuss; ansonsten 20–25.000 Schuss). Außerdem erhielt das RPK-74M eine nach links klappbare Kunststoff-Schulterstütze.

Technische Angaben	
Kaliber	5,45 mm
Patrone	5,45 x 39 mm
Länge Waffe, mm	857
Lange bei abgeklappter Schulterstütze,mm	1065
Lauflänge, mm	590
Kadenz, S/min	600–650
Gewicht ohne Magazin, kg	4,76
Magazinkapazität, Patronen	45 Patronen
Visierschussweite, m	1000

Es gibt Export-Ausführungen für die Patronen 7,62 x 39 mm und 5,56 x 45 mm. Die offene Visierung des RPK-74M besteht aus einem geschützten Korn und einem bis au 1000 m einstellbaren Schiebevisier. Es gibt Modifikationen des RPKN-74M und des RPKSN-74M für die Installation der Nachtsichtgeräte NSPUM und NSPU-3 oder eines Zielfernrohrs 1P29

Leichtes Maschinengewehr RPK-74M mit optischem Visier.

Mehrzweck-Maschinengewehr PK/PKM

Das Mehrzweck-Maschinengewehr PK (*Pulemjot Kalaschnikowa,* Kalaschnikow-Maschinengewehr) und sein Nachfolger PKM (*Pulemjot Kalaschnikowa Modernisirowanji*, modernisiertes Kalaschnikow-Maschinengewehr) sind automatische Gruppenwaffen der motorisierten Schützen- und der Fallschirmjägerkompanien. Beide Maschinengewehre werden als leichte Maschinengewehre auf Zweibein sowie als schwere Maschinengewehre auf Lafette eingesetzt. Das modernisierte PKM-Maschinengewehr unterscheidet sich vom PK hauptsächlich durch die Änderung einzelner Teile in der Fertigung. Zum Beispiel ist der PKM-Lauf außen rund und verzichtet auf die Kühlrillen des PK. Die Eigenschaften der Modelle PK, PKS, PKT und PKMS sind identisch.

Die MG erhielten folgende GRAU-Indizes:

- leichtes Maschinengewehr PK – 6P6;
- schweres-Maschinengewehr PKS – 6P3;
- Maschinengewehr für Schützenpanzerwagen PKB – 6P10;
- Maschinengewehr für Panzer PKT – 6P7;
- modernisiertes Maschinengewehr auf PKM-Zweibein – 6P6M.

Natürlich sind auch die Maschinengewehre PK/PKM – wie alle Kalaschnikow-Automaten – verriegelnde Gasdrucklader mit Drehverschluss. Sie sind nur für Dauerfeuer eingerichtet, doch Einzelschüsse sind durch nur leichte Betätigung des Abzugs möglich. Die Kadenz beträgt 650 S/min, beim Panzer-Modell PKT

Ausführung zum Einbau in gepanzerte Fahrzeuge.

Mehrzweck-Maschinengewehr PKM auf Zweibein.

700–800 S/min (deutsches MG 3: 1250 S/min). Die praktische Feuergeschwindigkeit liegt bei 250 S/min. Der Spanngriff ist, wie bei vielen MG üblich, nicht starr mit dem Verschlussträger verbunden. Die Lauflänge mit Mündungsfeuerdämpfer beträgt 658 mm; der gezogene Teil (vier Rechtszüge) misst 550 mm.

Der Lauf des Maschinengewehrs ist schnell wechselbar, spätestens nach 400 Schuss in kurzer Zeit muss er gewechselt werden – oder man lässt ihn abkühlen, falls es die Lage erlaubt. Der am Lauf angebrachte Tragegriff dient auch zum Trennen von Lauf und Gehäuse. Am abtrennbaren Gasführugszylinder unter dem Lauf ist ein Zweibein angebracht.

Die Modelle PK, PKS und PKB verfügen über eine durchbrochene Holzschulterstütze. Die Öffnung

Technische Angaben	
Kaliber	7,62 mm
Patrone	7,62 x 54 mm R
Gesamtlänge, mm	1173
Lauflänge mit Feuerdämpfer, mm	658
Gewicht, kg	9,0
Gewicht Dreibein 6T2, kg	7,5
Kadenz, S/min	650
Gurtkapazität, Patronen	100, 200 oder 250
Visierschussweite, m	1500

Die Ausführung PKMS mit Dreibein-Lafette.

dient als Handhabe, als Griff für die Nichtschusshand beim Schießen und hinter dem Bodendeckel kommen ein Öler mit Putzzeug und Zubehör zum Vorschein.

Bei der Verwendung als leichtes MG dient beim Schießen das klappbare Zweibein als Stütze, bei der Verwendung als schweres MG das Samojenkow-Dreibein 6T2 als Lafette. Es bietet eine höhere Stabilität, Schussgenauigkeit und Reichweite bei der Bekämpfung von (weiter entfernten) Boden- und Luftzielen, zumal es über einen fein einstellbaren Höhen- und Seitenrichttrieb verfügt. Das modernisierte PKMS-MG erhielt das leichte Stepanow-Dreibein 6T5.

Das MG verschießt diverse Gewehrpatronen 7,62 x 54 mm R mit L-Geschoss (leicht), LPS-Geschoss (leicht mit Stahlkern), T-46 (Leuchtspur), B-32 (panzerbrechendes Brandgeschoss), PS (Markierung und Brand) und PP (erhöhte Durchschlagskraft). Die Patronen werden mit 100- oder 200-Schuss-Gurten aus entsprechenden Munitionskästen zugeführt. Es gibt auch einen Kasten für 250 Schuss.

Die Waffe verfügt über eine offenes Tangentenvisier mit seitlich verstellbarer Kimme. Die effektive Höchstreichweite der Modelle PK, PKB und PKS auf Boden- und Luftziele liegt (auf Zweibein) bei bis zu 1000 m, auf Dreibein bei 1500 m. Brustscheiben sollen auf bis zu 400 m und Mannscheiben auf bis zu 650 m getroffen werden. Für das Schießen bei Nacht lassen sich NSPU-Nachtsichtgeräte aufsetzen.

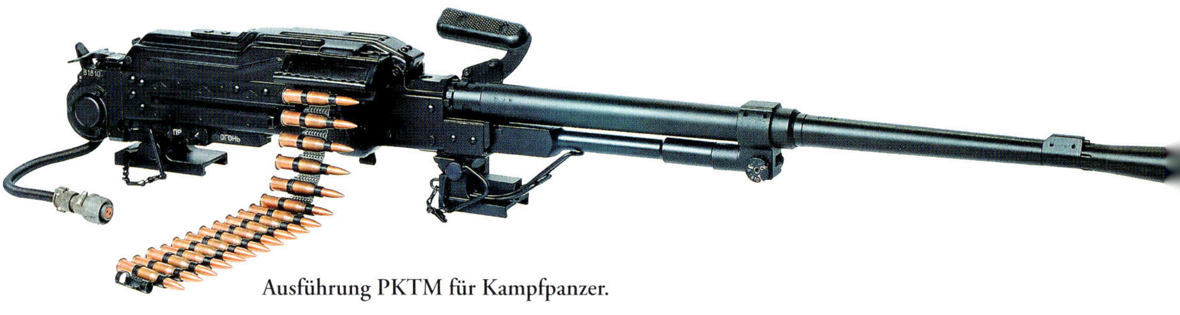

Ausführung PKTM für Kampfpanzer.

Mehrzweck-Maschinengewehr PKP „Petscheneg"

Das für die Patrone 7,62 x 54 R eingerichtete „Petscheneg“ stellt eine Weiterentwicklung des Standard-Maschinengewehrs PKM dar und erhielt seinen Namen vom Turk-Stamm der Petschenegen, der sich im 10. Jahrhundert heftige Kämpfe mit den Kiewer Rus (Wikinger) lieferte.

Warum aber ein „Petscheneg“, wenn man doch schon ein Kalaschnikow-PKM hat? Dessen dünnes Läufchen erhitzte sich leider sehr schnell und streute dann wie eine Gießkanne. Bei einem MG nicht so gravierend wie etwa bei einem Scharfschützengewehr und manchmal vielleicht von Vorteil, doch die über dem Lauf wabernden Hitzeschlieren ließen die PKM-Schützen schier verzweifeln, konnten sie doch ihr Ziel nicht mehr richtig erkennen oder sahen es nur noch als tänzelnde Fata Morgana. Das Aufsetzen von Zielfernrohren oder Nachtsichtgeräten konnte man sich bei so einem „Flimmerkasten“ von vornherein sparen. Schlauberger werden jetzt sagen: Man hätte ja nur rechtzeitig den Lauf zu wechseln brauchen… Mein Freund: mit *einem* Ersatzlauf wäre es beim PKM nicht getan gewesen und die Schützengruppe hätte extra einen Mann nur für Ersatzläufe abstellen müssen, wobei der Begriff „Läufer“ eine ganz neue Bedeutung erhalten hätte…

Da machte man sich lieber gleich Gedanken über ein robusteres MG, was die Fachleute von ZNIITotschMasch prompt taten und aus dem PKM das neue Universal-MG „Petscheneg“ entwickelten. Als leichtes Maschinengewehr erhielt es den GRAU-Index 6P41, als schweres Maschinengewehr auf Stepanow-Dreibein die Kennziffer 6P41C. Den mit einer Vorrichtung zum Anbringen eines Nachtsichtgeräts ausgestatteten Mustern wies GRAU die Indizes 6P41N bzw. 6P41SN zu.

Das „Petscheneg“ ist als Gasdrucklader baulich zu etwa 80 % mit dem PKM-Maschinengewehr ver-

Technische Angaben	
Kaliber	7,62 mm
Patrone	7,62 x 54 mm R
Gesamtlänge, mm	1200
Lauflänge, mm	640
Gesamtgewicht, kg	8,2
Gewicht Dreibein 6T5, kg	4,5
Kadenz, S/min	600–800
Gurtkapazität, Patronen	100 oder 200
Visierschussweite, m	1500

„Petscheneg“ beim Feuern. Die Kadenz beträgt 600–800 S/min.

7,62-mm-Maschinengewehr „Petscheneg“.

einheitlicht. Es besteht aus dem Lauf mit Kühlrillen, Mantel und Griff, dem Gehäuse mit Deckel, dem Drehverschluss mit Auszieher und Rückholfeder samt Führungsstange, dem Gaskolben mit Gaskolbenzylinder, dem Abzug, der Schulterstütze und dem Zweibein.

Der Abzug ermöglicht die Abgabe von kurzen (bis zu 10 Schuss) und langen Feuerstößen (bis zu 30 Schuss) sowie von Dauerfeuer.

Die neue Laufbaugruppe ist das Herzstück des „Petscheneg" und wartet mit einer äußerst pfiffigen Lösung gegen die lästige Hitzeschlieren-Bildung bei heißgeschossenem Lauf und den nicht minder lästigen Rohrwechsel auf. Wie einst beim englischen „Lewis"-MG des 1. Weltkriegs, nur nicht so klobig, steckt der mit Kühlrillen versehene Lauf über die gesamte Länge in einem Laufmantel. Neben besserem Schutz vor Witterungseinflüssen (Regen, Schnee, Sonne) sorgt der Mantel für eine bessere Kühlung und höhere Festigkeit. Der eigentliche Clou aber ist eine spezielle Vorrichtung an der Mündung. Sie bewirkt eine Art Sogeffekt der heißen Pulvergase beim Verlassen der Mündung: kalte Außenluft wird durch Öffnungen unter dem Tragegriff gesaugt, die den Lauf umspült und kühlt.

Derart ließ sich eine hohe praktische Kadenz ohne Laufwechsel erreichen: Das „Petscheneg" kann bis zu 600 Schuss im Dauerfeuer ohne Laufwechsel abgeben, was drei Munitionskästen zu 200 Schuss entspricht. Das ist ebenso beachtlich wie die (nach Herstellerangaben) um 1,4- bis 1,9-fach höhere Trefferdichte gegenüber dem PKM auf Zweibein (1,3- bis 1,7-fach auf Dreibein). Die Rohrlebensdauer hat sich mit mindestens 30.000 Schuss gegenüber dem PKM nahezu verdoppelt. So kann das „Petscheneg" praktischer Weise weitgehend auf Rohrwechsel und Ersatzläufe verzichten.

Pfiffig ist des Weiteren (neben dem Laufmantel) die Einbindung des Tragegriffs zur Zerstreuung von Hitzeschlieren. Der Griff erhielt eine Verlängerung Richtung Mündung, die als zusätzlicher „Hitzeschirm" wirkt und die vom Lauf erhitzte Luft seitlich ablenkt.

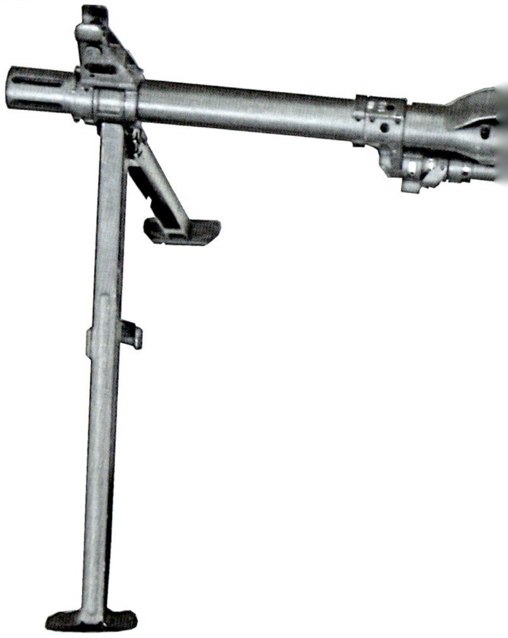

Ein weiterer kleiner, aber feiner Unterschied zum PKM liegt in der Positionierung des Zweibeins direkt unter der Mündung, was die Stabilität der Waffe beim Schießen erhöht. Allerdings schränkt dies den Schwenkbereich des MG ein; bei der Auffassung neuer Ziele muss der Schütze das Zweibein umsetzen, was beim PKM mit seinem weiter hinten liegenden Zweibein nicht so schnell vonnöten war.

Als Munition stehen Patronen 7,62 x 54 mm R mit Vollmantel, panzerbrechenden Brand- und Leuchtspurgeschossen zur Verfügung. Bei der Vollmantelmunition unterscheidet man noch zwischen leichten Geschossen Modell 1908 und schweren Modell 1930 mit Stahlkern. Die Mündungsgeschwindigkeit liegt bei 825 m/s. Die Zufuhr erfolgt über 100- und 200-Schuss- Metallgurte aus einem der üblichen Munitionskästen.

Schutz vor versehentlicher Schussabgabe bietet eine nicht automatische Sicherung, die den Verschlussträger in hinterster Stellung blockiert. Die offene Visierung besteht aus einem auch seitlich verstellbaren Kurvenvisier auf dem Gehäusedeckel und einem durch zwei Backen geschützten Korn hinter der Mündung. Montagemöglichkeiten für ein Zielfernrohren oder Nachtsichtgerät sind vorhanden.

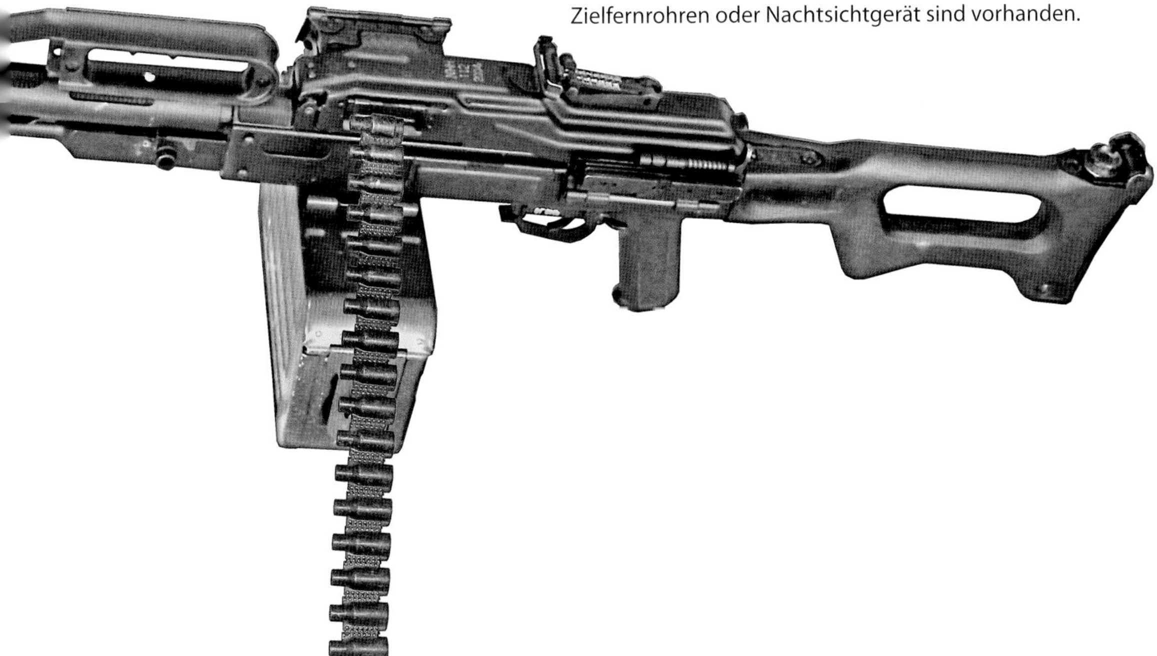

Mehrzweck-Maschinengewehr PKP „Petscheneg", Ansicht von links. Eine geniale Laufkühlung befähigt die Waffe zu langem Schießen ohne Laufwechsel.

Schweres Maschinengewehr NSW-12.7 „Utes“

Das schwere Maschinengewehr NSW-12.7 „Utes" (Klippe; NSW = Nikitkin, Sokolow, Wolkow/Konstrukteursnamen) – nach Kaliber eigentlich ein überschweres MG – eignet sich außer zur Bekämpfung ungepanzerter insbesondere zur Bekämpfung leicht gepanzerter Fahrzeuge (bis zu 800 m), von Luftzielen und Feldbefestigungen (bis zu 1500 m).

Vom MG „Utes“ gibt es neben dem Standardmodell mit GRAU-Index 6P11 mehrere Ausführungen. Mit Dreibein 6T7 heißt es NSWS-12.7 (GRAU-Index 6P16) und als Fla-MG von Kampfpanzern NSWT-12.7 (GRAU-Index 6P17). Luftlandetruppen nutzen das Fla-Dreibein 6U6 und für den Einsatz in Feldstellungen gibt es die Lafetten 6U10 und 6U11. Die Marine kennt die Ausführung Utes-M-12.7.

Die Waffe zeichnet sich durch ihre Einfachheit und Robustheit aus. Sie besteht aus den Hauptbaugruppen Lauf, Gehäuse, Verschluss mit Rückholvorrichtung und Puffer, Abzug und Spanngriff. Der Abzug des zuschießenden Gasdruckladers mit Flachkeilverschluss ermöglicht die Abgabe von kurzen (4–6 Schuss) und langen Feuerstößen (10–15 Schuss) sowie von Dauerfeuer mit einer Kadenz von 700–800 S/min. Die praktische Feuergeschwindigkeit liegt bei 80–100 S/min. Nach 100 Schuss Dauerfeuer muss entweder der Lauf gewechselt oder eine Pause zum Abkühlen eingelegt werden. Der 1100 mm lange, luftgekühlte Lauf weist 8 Züge mit Rechtsdrall auf. Die Dreibein-Lafette 6T7 mit Wiege und Schwenkvorrichtung erlaubt nur die Bekämpfung von Bodenzielen. Sie lässt sich zu einem kompakten Paket zusammenlegen, das für den Transport am Mann über Trageriemen verfügt.

Maschinengewehr NSW mit Zielfernrohr.

Die Waffe ist für die Patrone 12,7 x 108 mm mit B-32-, BST-44- und MDS-Geschossen mit Metallgurtspeisung aus einem Munitionskasten eingerichtet. Die Zufuhr der Patronen kann von rechts oder links erfolgen. MG mit beidseitiger Gurtzufuhr sind in der Konstruktion gleich und unterscheiden sich nur im Zufuhrmechanismus.

Die offene Visierung mit Kimme und Korn verfügt über eine Visiereinteilung von „4“ bis „20“, was der Zielentfernung in Hundert-Meter-Schritten entspricht. Die offene Visierung kommt hauptsächlich bei Ausfall des Zielfernrohrs SPP-1 oder SPP-1M (MG-ZF) zur Verwendung. Die Optik besitzte eine variable drei- bis sechsfache Vergrößerung und dient auch

Das schwere Maschinengewehr NSW verschießt die Patrone 12,7 x 108 mm und erreicht eine Kadenz von 700–800 S/min.

zur Überwachung des Gefechtsfeldes, zur Entfernungsbestimmung und zum Korrigieren des Feuers. Bei Bedarf lässt sich das NSW-12.7 mit dem elektrooptischen Nachtzielgerät 1PN52-1 ausstatten.

Technische Angaben	
Kaliber	12,7 mm
Patrone	12,7 x 108 mm
Gesamtlänge, mm	1560
Lauflänge, mm	1100
Gesamtgewicht, kg	25
Gewicht Dreibein, kg	16
Kadenz, S/min	700–800
Zuführung	Patronengurte zu 50 Schuss
Visierschussweite, m	2000

Die Ausführung NSWT dient zur Bewaffnung von Kampfpanzern.

Schweres Maschinengewehr „Kord"

Das schwere 12,7-mm-Maschinengewehr „Kord" dient zur Bekämpfung leicht gepanzerter und ungepanzerter Bodenziele bis auf 2000 m, auf entsprechender Fla-Lafette von tieffliegenden Luftzielen bis auf 1500 m.

Ende der 1990er-Jahre führten die russischen Streitkräfte das überschwere 12,7-mm-Maschinengewehr „Kord" ein, das vom Konstruktionsbüro des „Degtjarjow"-Werkes OAO ZiD entwickelt worden war. „Kord" ist die Abkürzung von *Krupnokaliberoe Oruschie Sawoda Degtjarjowa* – Großkaliberwaffe des Degtjarjow-Werkes.

Wie „Utes" dient auch das 12,7-mm-MG „Kord" zur Bekämpfung leicht gepanzerter und ungepanzerter Ziele auf Entfernungen von 1500–2000 m und kann überdies auf bis zu 1500 m tieffliegende Luftziele ausschalten. Auch in Bezug auf Gesamtgewicht und Aufbau ähnelt das „Kord" dem NSW-12.7 „Utes" und lässt sich auf dessen Lafetten und Montagen ohne zusätzliche Vorrichtungen aufsetzen. Kein Wunder, denn das „Kord" stellt im Grunde nur eine modernisierte Version des NSW-12.7 dar. Die vorgenommenen Änderungen berechtigen jedoch, es als eigenständige Waffe zu betrachten. Vor allem trat an Stelle des Flachkeilverschlusses des NSW-12.7 wieder ein Drehverschluss, der die Zuverlässigkeit bei extremen Temperaturen (–50° bis +50°), unter sehr staubigen Bedingungen sowie bei Eis und Schnee erhöhte. Die einfache Technik erleichtert die Wartung; kleinere Mängel lassen sich im Feld beheben.

Der 1070 mm lange Lauf erhielt eine hochwirksame kombinierte Rückstoßbremse/Mündungsfeuerdämpfer, die den Rückstoß so weit reduziert, dass sich die Waffe selbst vom Zweibein schießen lässt. Außerdem erlaubt der unter Verwendung fortgeschrittener Technologien gefertigte Lauf ein intensives Schießen ohne zusätzliche Kühlung bei gleichzeitig hoher Genauigkeit. Die Rohrlebensdauer liegt bei 10.000 Schuss. Mit anderen Worten: Ersatzläufe und Laufwechsel sind nahezu überflüssig. Das „Kord" ist für die Abgabe kurzer (4 –6 Schuss) und langer (10–15 Schuss) Feuerstöße und für Dauerfeuer eingerichtet. Die Kadenz beträgt 600 S/min, die praktische Feuerfolge 80–100 S/min.

Wie die anderen russischen 12,7-mm-MG verschießt auch „Kord" Patronen 12,7 x 108 mm mit B-32-, BST-44- und MDS-Geschossen. Die Zufuhr erfolgt mit 50-Schuss-Gurten aus einer entsprechenden Munitionskiste. Eine Besonderheit: „Kord" stellt

Die theoretische Feuergeschwindigkeit des schweren 12,7-mm-Maschinengewehrs „Kord" liegt bei 600 S/min, die praktische bei 80–100 S/min. Die Speisung erfolgt aus 50-Schuss-Gurten.

Das schwere 12,7-mm-Maschinengewehr „Kord“. Dank seiner hochwirksamen Rückstoßbremse lässt es sich selbst vom Zweibein und im Handanschlag schießen. Oben die Ausführung auf Dreibein 6T19.

das weltweit erste großkalibrige Maschinengewehr dar, das sich vom Zweibein und bei Bedarf sogar im Handanschlag schießen lässt. Und zwar in der Grundausführung 6P57 (ehemaliger Index 6P50-1) mit Zweibein 6T19, was den vielseitigen Einsatz der Waffe ohne große Vorbereitung vom Boden, aus Gräben und Gebäuden und von jeder für den Schützen geeigneten Stellung erlaubt.

Die Infanterie-Ausführung für motorisierte Schützeneinheiten stellt das 6P60 dar; ein „Kord" 6P57 auf Dreibein 6T20, welches das Schießen in vertikaler und horizontaler Ebene aus verschiedenen Positionen ermöglicht.

Zur Bewaffnung stationärer oder mobiler Objekte (Gefechtsstände, Bunker, Fahrzeuge) dient die Variante 6P58 (ehemaliger Index 6P50-2) auf Schwenklafette 6U12. Die Variante 6P59 (frühere Bezeichnung 6P50-3) lässt sich ebenfalls auf die Lafette 6U12 setzen, verfügt jedoch noch über einen höhenverstellbaren Arm SP. Die Abart 6P51 ist für Linkszuführung ausgelegt und dient als linke Waffe eines MG-Zwillings. Die Version 6P49 mit elektrischem Abzug ist für gepanzerte Fahrzeuge und zur Bekämpfung von Tieffliegern, leicht gepanzerten und ungepanzerten Zielen gedacht.

Die Infanterieversion des „Kord" verfügt über ein seitlich montiertes MG-ZF SPP-1 oder SPP-1M mit drei- bis sechsfacher Vergrößerung, Entfernungs-

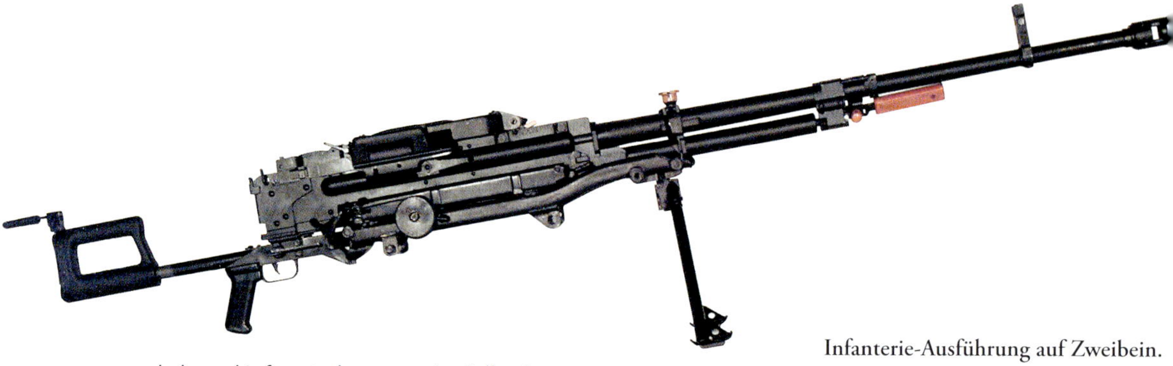

Infanterie-Ausführung auf Zweibein.

messskala und Infraroterkennung. Im Falle eines Versagens oder Beschädigung der Optik kommt die offene Visierung zum Zuge. Für die Gefechtsfeldüberwachung und das Schießen bei Nacht wird das Nachtsichtgerät 5,3 x 1PN52-1 aufgesetzt. Es verfügt über einen hohen Schutz gegen Lichtinterferenzen und ist mit einer Tarnblende ausgestattet. Mit dem 1PN52-1 lassen sich Fahrzeuge bis auf 700 m Entfernung und Personen bis auf 300 m erkennen. Die Fla-Lafette 6U6 ist mit einem OP80-Kollimator-Flavisier und einem optischen OP81-Bodenvisier ausgestattet. Als Panzer-MG erhält das „Kord" ein Kollimatorvisier K10-T zur Bekämpfung von Luftzielen, während für Bodenziele die offene Visierung benutzt wird.

Einsatzerfahrungen mit dem „Kord"-MG haben gezeigt, dass auf 1000 m bis zu 20 Schuss zum Ausschaltung einer querlaufenden Gegners erforderlich sind, 5 Schuss genügen für ein Fahrzeug und durchschnittlich 13 Schuss werden benötigt, um einen gepanzerten Personentransporter auf 2000 m zu treffen und auszuschalten. Auf 100 m durchschlägt das panzerbrechende Geschoss bis zu 20 mm dicke Panzerstahlplatten.

Für den Export lassen sich sämtliche Abarten des „Kord" auf die weltweit verbreitete Patrone 12,7 x 99 mm NATO (.50 Browning) einrichten.

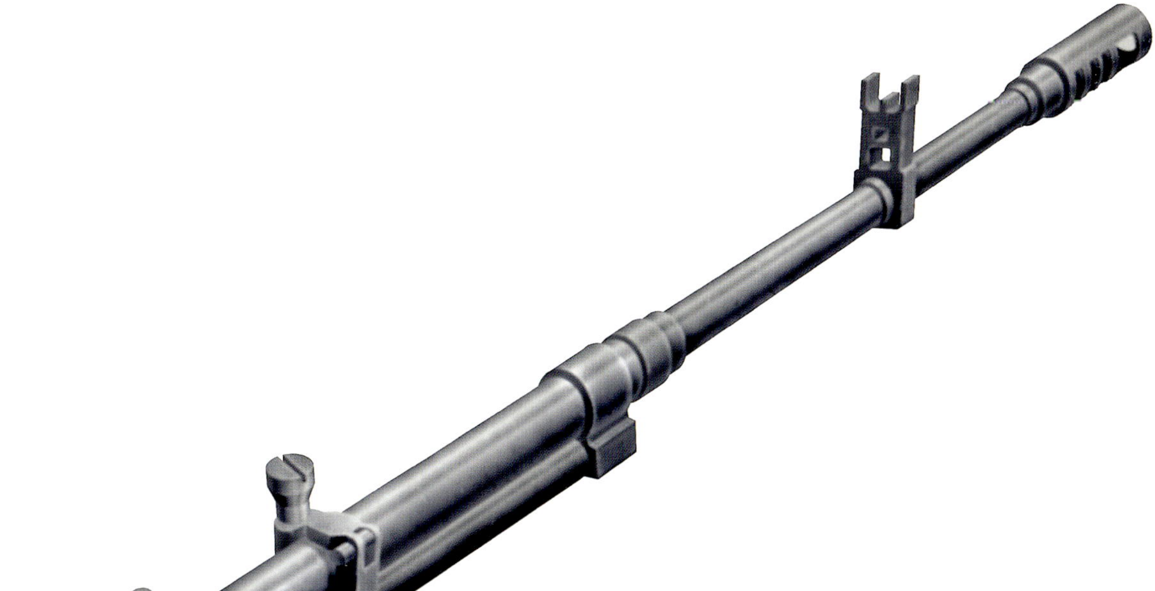

„Kord"-Ausführung 6P58 auf Schwenklafette 6U12.

Technische Angaben	
Kaliber	12,7 mm
Patrone	12,7 x 108 mm
Gesamtlänge 6P57 auf Stativ 6T19, mm	1980
Lauflänge, mm	1070
Gesamtgewicht, kg	25,5
Gewicht Dreibein 6T19, kg	7,1
Kadenz, S/min	600
Visierschussweite, m	2000

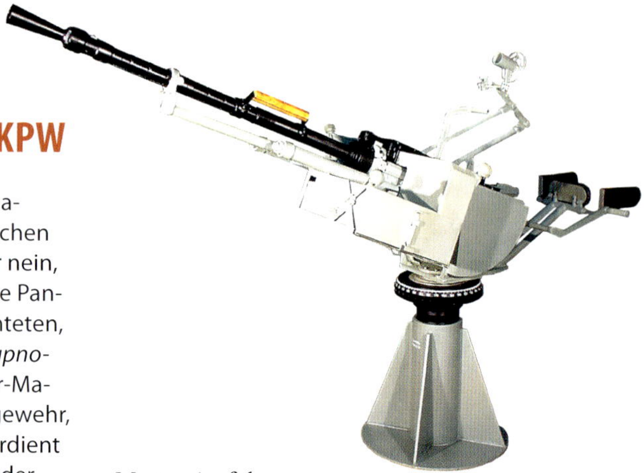

Schweres Maschinengewehr KPW

Man könnte annehmen, den mit schweren Maschinengewehren so reich gesegneten russischen Streitkräften wäre damit Genüge getan. Aber nein, denn schon 1949 erhielten sie mit dem für die Panzerbüchsen-Patrone 14,5 x 114 mm eingerichteten, von S. W. Wladimirow konstruierten KPW (*Krupnokaliberni Pulemjot Wladimirowa* = Großkaliber-Maschinengewehr Wladimirow) ein Maschinengewehr, das die Bezeichnung „überschwer" redlich verdient und nach Kaliber zweifellos die Königsklasse der schweren sowjetisch-russischen MG darstellt. Das KPW zählt zu den stärksten Maschinengewehren der Welt und kombiniert die Feuerkraft eines MG mit der Durchschlagskraft einer Panzerbüchse (nach dem 2. Weltkrieg ausgestorbene Waffenart). Die Mündungsenergie eines panzerbrechenden 14,5-mm-Geschosses übertrifft jene von 12,7-mm-MG-Geschossen um fast das Doppelte; auf 500 m durchschlägt es bei Auftreffwinkel 90° noch 32 mm Panzerstahl. So stellt das KPW auch heute noch einen ernst zu nehmenden Gegner nicht nur von gepanzerten Personentransportern und Aufklärungsfahrzeugen, sondern auch von Schützenpanzerwagen und vergleichbaren Fahrzeugen dar. Auch gegen Flugziele, Gebäude und Befestigungen lässt es sich wirkungsvoll einsetzen, zumal seine Munitionsauswahl längst um 14,5-mm-Patronen mit panzerbrechenden BST-Brandgeschossen, SP-Brandgeschossen und MDS-Sprenggeschossen erweitert wurde.

Ausführung KPWT für Schützenpanzer.

Marine-Ausführung MTPU für die Bewaffnung von Schiffen und Booten.

Im Unterschied zu den anderen russischen MG handelt es sich beim KPW um einen zuschießenden Rückstoßlader mit kurzem Rohrrücklauf und rotierendem Verschlusskopf, der das Verschlussgehäuse kaum belastet. Er besteht aus den Hauptbaugruppen Lauf mit Tragegriff, Kühlmantel und Mündungsfeuerdämpfer, Verschluss mit Beschleuniger und Rückholfeder, Gehäuse mit Deckel und Rückstoßdämpfer, Doppelgriff-Abzug und Spanngriff. Die Panzerversion KPWT verfügt über einen elektrischen Abzug und einen pneumatischen Lademechanismus.

Die Kadenz beträgt 550–600 S/min, die praktische Feuergeschwindigkeit 70–80 S/min. Bis zu 150 Schuss Dauerfeuer sind ohne Laufwechsel möglich. Die Speisung erfolgt über Metallgurte aus Patronenkästen. Anfang der 1950er-Jahre organisierte W. A. Degtjarjow im Kowrow-Werk die Serienfertigung verschiedener Ausführungen des KPW, das bereits 1949 als PKP (*Krupnolaliberni Pulemjot Pechnotni,* Großkaliber Infanterie-Maschinengewehr) eingeführt worden war. Zum PKP gehörte eine Spreizlafette mit Rädern, auf der es abgesenkt seine Schieß-

Technische Angaben	
Kaliber	14,5 mm
Patrone	14,5 x 114 mm
Gesamtlänge, mm	2000
Lauflänge ohne Mündungsfeuerdämpfer, mm	1350
Waffengewicht, kg	47,5
Lafettengewicht mit Patronenkiste, kg	114,0
Kadenz, S/min	550–600
Zuführung	40-Schuss-Gurte
Visierschussweite, m	2000

Infanterieversion des überschweren PKP-Maschinengewehrs, eingerichtet für die Patrone 14,5 x 114 mm.

stellung einnahm, während es sich über die Holme in Marschlage mit vergrößertem Bodenabstand bringen ließ. Auf unebenem Untergrund ließ sich die Waffe über die Lafette waagrecht ausrichten. Für längere Marschstrecken verlud man das MG auf einen Lkw, der auch die Bedienmannschaft und die Munition aufnahm, während man es für Kurzstrecken (6–8 km) einfach ans Fahrzeug hängte. Für den Transport in schwierigem und bergigem Terrain ließ es sich in Tragtier-Lasten zerlegen. Die offene Visierung des PKP bestand aus einem verstellbaren Korn auf dem Gehäuse sowie einem Leitervisier mit Entfernungseinstellungen von 100 bis 2000 m; das KPW verfügt alternativ über eine Zieloptik SPW.

Die Masse des PKP-Maschinengewehrs in Feuerstellung mit Munitionskiste und 40-Schuss-Gurt beträgt 171 kg, was die Bewegungsmöglichkeit im Manntransport auf dem Gefechtsfeld erheblich einschränkte. Mitte der 1950er-Jahre führte man die kombinierte Rad-/Dreibeinlafette von Baryschew mit zusammenklappbaren Dreibein und abnehmbaren Rädern ein, was aber für den Transport auf dem Gefechtsfeld wenig brachte – die Masse war immer noch zu hoch. Aus diesem Grund stellte man in den 1960er-Jahren die Produktion des PKP ein, nicht aber die Fertigung der Ausführung KPWT (GAU-Index 56-P-562T) für leichtgepanzerte Fahrzeuge und als leichtes Flugabwehrgeschütz. Das Maschinengewehr gehört(e) zur Bewaffnung der Radschützenpanzer BTR-60PB, BTR-70 und BTR-80 sowie des gepanzerten Aufklärungs- und Patrouillenfahrzeugs BRDM-2. Dort kam es zusammen mit einem 7,62-mm-MG PKT in einem geschweißten Panzerdrehturm unter. Als KPW (ohne Lafette) und unter anderen Bezeichnungen ist es noch immer als Bewaffnung von Fahrzeugen, Booten und als Fla-Zwilling im Einsatz. Detail am Rande: während des sowjetischen Afghanistan-Feldzuges 1980–1989 setzten es die Mudschaheddin in der chinesischen Leichtbau-Variante Typ 75-1 erfolgreich gegen die Invasoren und später noch gegen US-Truppen samt Verbündeten ein, die mit ihrer erneuten Afghanistan-Besetzung offensichtlich nichts aus dem sowjetischen Debakel gelernt hatten.

Fla-Lafette ZPU-4 mit vier KPW-Maschinengewehren.

GRANATWAFFEN UND PANZERFÄUSTE

In den 1920er-.Jahren nahm die Rote Armee einen von M. G. Djakonow entworfenen Schießbecher für Gewehrgranaten an, der 0,37 kg schwere Granaten auf bis zu 850 m verschießen konnte. Jeder Schützenzug der Roten Armee bekam laut Ausrüstungsnachweis 2–3 solcher Schießbecher, die in einem Gewehrgranattrupp zusammengefasst wurden. Fast alle Djakonow-Schießbecher gingen in den ersten Monaten des Rußlandfelzuges 1941 verloren und ihre Produktion wurde eingeschränkt. Aus diesem Grund erfuhr das sowjetische Oberkommando nur wenig über die Kampfkraft von Schießbechern/Gewehrgranatwerfern, obwohl die deutschen Truppen bis Kriegsende ähnliche Waffen mit Erfolg einsetzten.

In den frühen 1950er-Jahren wurde in der UdSSR eine Variante des Djakonow-Geräts für das AK-Sturmgewehr in Gestalt eines 58-mm-Schießbechers in Kleinserie hergestellt, aus dem sich RGD-5-Granaten bis auf 150 m verschießen ließen. Das Erscheinen der Panzerfäuste RPG-2 und RPG-7 mit Raketengeschossen führte dann zu einem starken Rückgang des Interesses an Gewehrgranatwerfern, obwohl diese doch ein anderes Einsatzspektrum besaßen.

Anders die Situation in den USA. Dort arbeitete man seit Anfang der 1950er-Jahre an einer drallstabilisierten 40-mm-Sprenggranate, die unter der Bezeichnung M406 zusammen mit dem gezogenen Granatgewehr M79 im Jahr 1961 von den US-amerikanischen Streitkräften übernommen wurde. Diese einschüssige Granatwaffe nebst Munition bewährte sich gut im Vietnamkrieg, aber die am Vorderschaft des Standard-Sturmgewehrs M16 angebrachte Granat-Abschussvorrichtung erwies sich letztlich als effektiver. In den frühen 1960er-Jahren wurden etwa 34.000 dieser Anbau-Granatwerfer XM 148 in Vietnam eingesetzt. Unter Berücksichtigung der Vietnam-Erfahrungen modifiziert, erhielt der Granatwerfer die Bezeichnung M203 und wurde zur Standard-Anbaugranatwaffe der US-Streitkräfte.

In der UdSSR wurde der Anbau-Granatwerfer GP-25 (6G15) „Kastjor" (Lagerfeuer) 1978 offiziell in Dienst gestellt, die Auslieferung an die Truppe begann jedoch erst 1980, und zwar hauptsächlich an motorisierte Schützen- sowie Luftlandeeinheiten in Afghanistan (jeweils zwei Waffen je Gruppe).

Die heutigen russischen Streitkräfte sind sowohl mit dem GP-25 als auch mit dem fortschrittlicheren

Schießen mit der Panzerfaust RPG-7W. militaryrussia.ru

Fallschirmjäger bei einer Parade. Sie tragen Sturmgewehre mit Anbau-Granatwerfern.

Granatwerfer GP-30 (6G21) „Obuwka" (Schuhchen) ausgestattet. Diese Bewaffnung wird durch die Granatmaschinenwaffen AGS-17 „Plamja" (Flamne) und AGS-30 ergänzt.

Während man im Deutschen Granatwaffen begrifflich klar von Panzerfäusten trennt, heißen Letztere im Russischen *Rutschnoi Protiwotankowi Granatomjot* (RPG), was so viel wie „Hand-Panzerabwehr-Granatwerfer" bedeutet. Bei der NVA sprach man von „reaktiven Panzerbüchsen". Deshalb wundere sich der Leser nicht, wenn hier ein nahtloser Übergang von Panzerfäusten zu Granatwaffen erfolgt und es bei der Vorstellung der Waffen ein wenig wie Kraut und Rüben durcheinandergeht.

Der bei den russischen Streitkräften eingeführte „Hand-Panzerabwehr-Granatwerfer" RPG-7W – also die Panzerfaust RPG-7W – zeichnet sich durch hohe Wirkfähigheit aus. Es handelt sich um die modernisierte Version der Panzerfaust RPG-7 (6G1), die letztlich über das Zwischenmuster RPG-2 auf die (nicht mehr eingeführte) deutsche Panzerfaust 250 des 2. Weltkriegs zurückgeht und 1961 von der sowjetischen Armee übernommen wurde. Zusammen mit dem Kalaschnikow-Sturmgewehr (das trotz Unterschieden seine Verwandtschaft zum deutschen Sturmgewehr 44 kaum verleugnen kann) und dem Panzerkampfwagen T-34 (mit amerikanischem Christie-Laufwerk) gilt die Waffe als Sinnbild für zuverlässige und effektive russische Waffen.

Die Panzerfaust RPG-7W gehört zur Ausstattung motorisierter Schützengruppen (eine Panzerfaust je Gruppe). Sie wird von zwei Soldaten bedient – dem Panzerfaustschützen und dem Ladeschützen/Sicherer. Die 2,6 kg schwere Hohlladungsgranate PG-7WL kann entfernungsunabhängig Panzerungen bis zu einer Stärke von 500 mm durchschlagen.

Ein noch mächtigeres Mittel zur Panzerbekämpfung stellt die kampfwertgesteigerte Panzerfaust RPG-29 „Wampir" dar. Ihre 105-mm-Hohlladungsgranate PG-29W mit Tandem-Gefechtskopf durchschlägt bis zu 600 mm dicke reaktive Panzerungen.

Neben den erwähnten nachladbaren Panzerfäusten sind auch „Einweg"-Panzerfäuste bei der Truppe beliebt – die Hohlladungswaffen mit Raketenantrieb RPG-18, RPG-22, RPG-26, RPG-27, RSchG-1 und RSchG-2.

Zum Arsenal der russischen Boden- und Luftlandetruppen zählen natürlich auch Handgranaten, die manchmal als „Taschenartillerie" bezeichnet werden. Dies sind die Offensivhandgranate RGN und die Defensivhandgranate RGO, die 1982 in Dienst gestellt wurden. Sie verkörpern die Erfahrungen mit älteren Handgranatentypen und werden in kostengünstigeren Verfahren hergestellt. Die RGN- und RGO-Handgranaten bestanden ihre Feuertaufe bei den Kämpfen in Afghanistan und im Nordkaukasus.

Panzerfaust RPG-7W

Als tragbare Hauptwaffe zur Bekämpfung gepanzerter Fahrzeuge verfügen motorisierte Schützen- und Fallschirmjägereinheiten der russischen Streitkräfte über die Panzerfaust RPG-7W (RPG = *Rutschnoi Protiwotankowi Granatomjot,* Hand-Panzerabwehr-Granatwerfer). Ihre Vorgängerin RPG-7 wurde 1961 in der Sowjetarmee eingeführt. Die Hauptbaugruppen stellen das Abschussrohr mit offener Grobvisierung, die Abzugsbaugruppe mit Sicherung, die Zündvorrichtung und die optische Visiereinrichtung PGO-7 dar. Letztere löste zu Beginn der 1960er-Jahre das moderne PGO-7W-Visier mit verbesserter Strichplatte (Vorhaltemarken), 2,7-facher Vergrößerung und Blickfeld 13° ab und gab so der Panzerfaust die neue Bezeichnung RPG-7W. 1988 gelangte dann die Panzerfaust RPG-7W1 mit wiederum verbesserter PGO-7W3-Zielvorrichtung sowie abnehmbaren Zweibein zur Einführung. 2001 folgte schließlich die Ausführung RPG-7W2 mit universeller Zieloptik UP-7W, die Schüsse auf größere Entfernungen ermöglicht. Die Hohlladungsgranaten und ihre Leistung:

- PG-7W (7P1) Kaliber 85 mm, Panzerdurchdringung 260 mm;
- PG-7WM (7P6) Kaliber 70 mm, Panzerdurchdringung 300 mm;
- PG-7WS Kaliber 72 mm, Panzerdurchdringung 400 mm;
- PG-7WL „Luch" Kaliber 93 mm, Panzerdurchdringung 500 mm;
- PG-7WR „Resume" Kaliber 105 mm, Tandemsprengkopf, Panzerdurchdringung 750 mm;
- T6G-7W „Tanin" Kaliber 105 mm, thermobarer Gefechtskopf;
- PG-7WJA Kaliber 100 mm, Splittergefechtskopf;
- OG-7W Kaliber 40 mm, Splittergefechtskopf.

Parallel zur RPG-7W wurde die in zwei Teile zerlegbare RPG-7D an Luftlandetruppen ausgegeben.

Panzerfaust RPG-7.

Das 2001 eingeführte Nachfolgemuster RPG-7W2.

Technische Angaben	
Rohrkaliber, mm	40
Granatenkaliber, mm	85,93 oder 105
Gesamtlänge, mm	950
Gewicht des Abschussrohrs, kg	6,3
Granatgewicht, kg	2,0–2,2
Anfangsgeschwindigkeit, m/s	300
Panzerdurchschlag, mm	260, 500, 750
Visierschussweite, m	500

Panzerfaust RPG-29 „Wampir“

Zu den jüngsten russischen Panzerfäusten zählt die 1989 eingeführte RPG-29 „Wampir“ (Vampir). Von Zeit zu Zeit erscheinen in den Medien Meldungen über Exportlieferungen dieser Waffe an andere Länder. Die RPG-29 wurde zur Vernichtung von Feindpanzern mit zusätzlicher reaktiver Schutzpanzerung entwickelt. Die Waffe lässt sich zur Vereinfachung des Transports in zwei Teile zerlegen, die ein Scharnier verbindet. Zum Transport wird das optische Visier 1P38 oder die Nachtzieloptik 1PN51-2 entfernt. Die RPG-29 verschießt PG-29W-Granaten mit Tandemsprengkopf. Die vordere Ladung löst beim Auftreffen auf das Ziel die reaktive Schutzpanzerung von Kampfpanzern aus, wonach die Hauptladung die dahinter befindliche Stahlpanzerung durchschlägt. Berichten zufolge durchdringt der Sprengkopf über 600 mm homogenen Panzerstahl mit vorgebauter reaktiver Panzerung.

Panzerfaust RPG-29 auf leichter Lafette. topwar.ru

Die Bedienung besteht aus zwei Mann: dem Schützen mit Panzerfaust und dem Ladeschützen mit einer Munitionstasche mit drei Granaten. Eine eingespielte Bedienung kann drei gezielte Schüsse pro Minute abgeben.

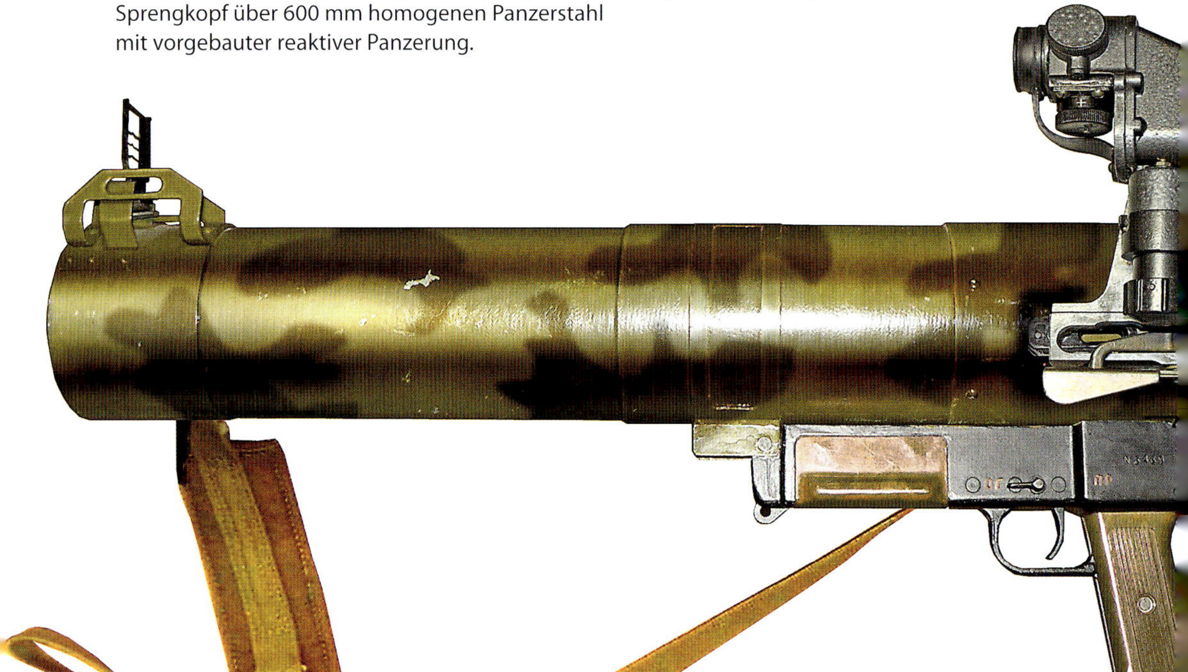

Die 1989 eingeführte Panzerfaust RPG-29 „Wampir“ mit 105,2-mm-Granate mit Tandemgefechtskopf..

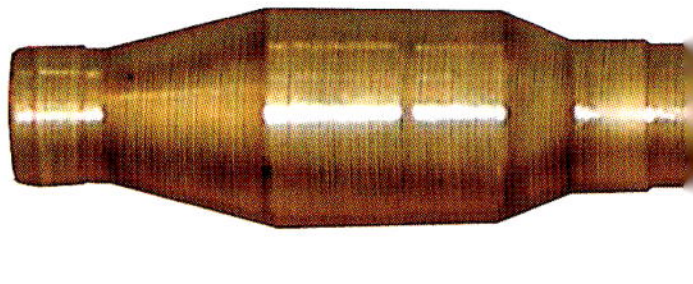

Vor kurzem fand eine Kampfwertsteigerung der RPG-29 statt. Dazu gehört das optisch-elektronische Visier 2Z35, das es ermöglicht, Panzerziele auf bis etwa 1000 m aufzufassen und die Geschossflugbahn zu errechnen. Insofern stellt die RPG-29 durchaus eine Alternative zu Panzerabwehr-Lenkraketen dar. Auf einer leichten Lafette kann die RPG-29 zudem die veraltete schwere Panzerfaust SPG-9 ersetzen, die noch immer bei den russischen Streitkräften in Dienst steht.

Laden der Panzerfaust RPG-29. i.ytimg.com

Technische Angaben	
Rohrkaliber, mm	105,2
Granatkaliber, mm	105,2
Gesamtlänge, mm	1780
Gewicht, kg: Panzerfaust	11,5
Granate	4,5
Anfangsgeschwindigkeit, m/s	280
Panzerdurchschlag, mm	650
Visierschussweite, m	450

Repetier-Granatgewehr GM-94

Für Spezialeinheiten entwickelte dass Tulaer Unternehmen KBP das Repetier-Granatgewehr GM-94 mit Röhrenmagazin für drei 43-mm-Granaten WGM-93. Es wird im Russischen als *Granatomjot Magasinny (GM)* – Magazin-Granatwerfer – bezeichnet und dient zur Bekämpfung von Feindkräften sowohl in offenem Terrain als auch in befestigten Stellungen, Gebäuden und Gräben und eignet sich auch zum Abschuss leicht gepanzerter Fahrzeugen.

Die Granatwaffe ist nach dem Schema der Vorderschafts-Repetierflinte „Rys" (Luchs) mit Röhrenmagazin über dem gezogenen Abschussrohr aufgebaut, was die Stabilität beim Schießen erhöht. Das Magazin wird von oben geladen, das Nachladen erfolgt durch Repetieren mit dem Abschussrohr, und nicht, wie bei einer der üblichen Vorderschafts-Repetierflinten, mit dem Verschluss. Dieser bleibt starr mit der Waffe verbunden. Das Magazin fasst 3 Schuss plus einen im Patronenlager; die leeren Hülsen werden nach unten ausgeworfen, was den Einsatz aus Fahrzeugen und Gebäuden vereinfacht.

Das Schlagstück wird über den Abzug gespannt, so dass die GM-94 – ohne Finger am Abzug – grundsätzlich gesichert ist; zusätzlich lässt sich der Abzug über eine Flügelsicherung festlegen.

Die offene Kimme-Korn-Visierung besitzt eine Einteilung für 100, 200 und 300 m. Die Höchstschussweite liegt bei 600 m. Zur umfangreichen Munitionspalette zählen folgende Typen an 43-mm-WGM-93-Granaten:

Schütze mit 43-mm-Repetier-Granatgewehr GM-94 im Anschlag.

- Thermobar-Granate. Wirkt durch Überdruck, Splitterwirkung gering. Eignet sich zur Bekämpfung von Personen (tödliche Wirkung in 3 m Umkreis), leicht gepanzerter Fahrzeuge (Maximalpanzerung 8 mm), durchschlägt Holztüren mit 2-mm-Stahlblech-Beschichtung und einfache Backsteinmauern.
- Irritations- oder Schockgranate (Blitz-Blend-Knall), die es ermöglicht, unerträgliche Bedingungen für Personen in offenen Bereichen mit einer Fläche von bis zu 100 qm oder in Räumen mit einem Volumen von bis zu 300 cbm zu schaffen;
- Granate mit elastischem Gummigeschoss als nichttödliche Munition gegen Straftäter.

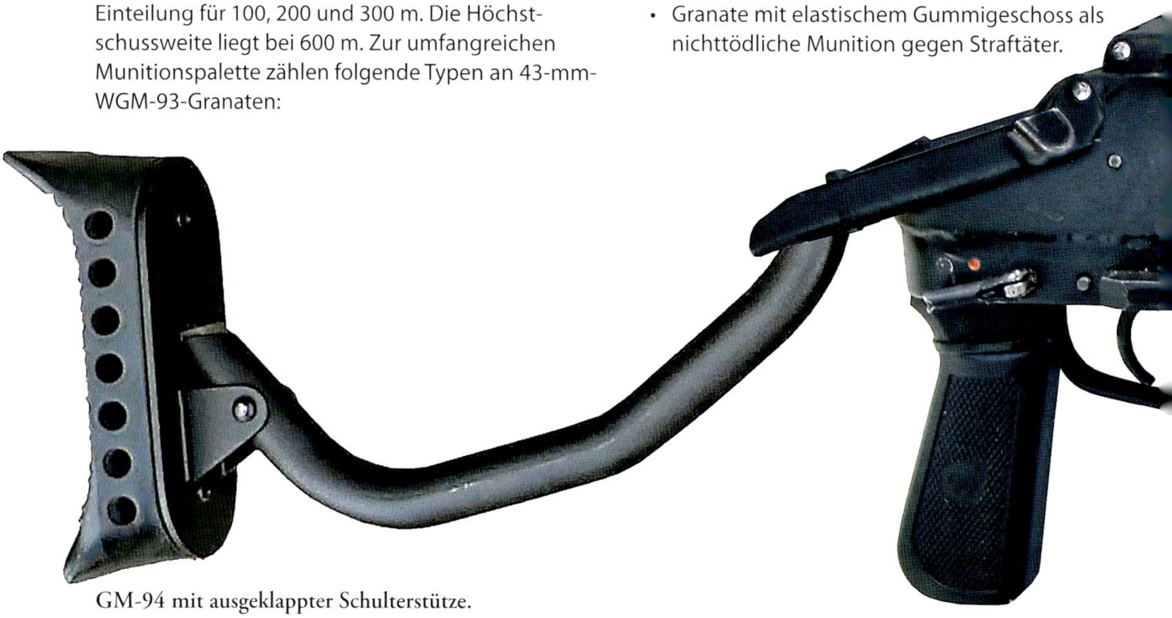

GM-94 mit ausgeklappter Schulterstütze.

GM-94 mit angeklappter Schulterstütze.

Technische Angaben	
Kaliber	43 mm
Länge Waffe, mm	540
Bei abgeklappter Schulterstütze, mm	810
Gesamtgewicht (ungeladen), kg	4,5
Magazinkapazität	3 Schuss

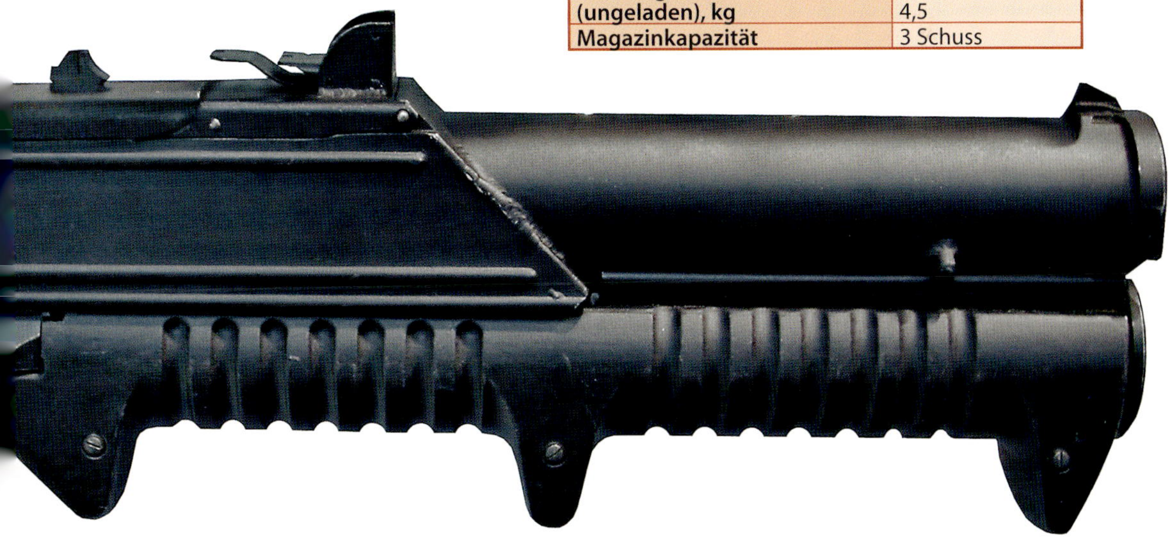

Anbau-Granatwerfer GP-25 „Kastjor“

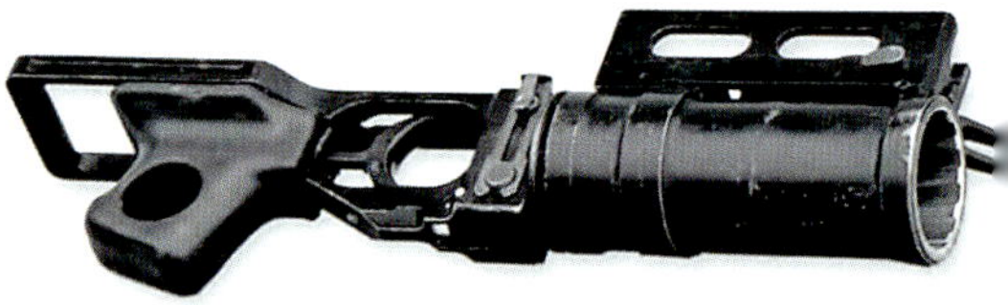

Der Anbau-Granatwerfer GP-25 „Kastjor“ (Lagerfeuer; GP = *Granatomjot Podstwolni*, Unterlauf-Granatwerfer) wird häufig an Kalaschnikow-Sturmgewehren eingesetzt, um ungedeckte Ziele auf Entfernungen bis zu 400 m zu bekämpfen. Der GP-25 (GRAU-Index 6G15) besteht aus einem kurzen gezogenen Rohr mit Visier und einer Halterung zum Anbringen an einem Sturmgewehr, dem Verschluss und der Abzugseinheit in einem separaten Gehäuse. Die einschüssige Waffe verfügt über einen selbstspannenden Auslösemechanismus: bei Betätigung des Abzugs spannt dieser die Schlagfeder mit Schlagstück. An einer bestimmten Position gibt er das Schlagstück frei, das nun auf den Schlagbolzen trifft und die Patrone zündet. Zur besseren Handhabe beim Schießen ist hinter dem Abzug ein kurzer Pistolengriff angebracht. Zur reichen Munitionpalette zählen die 40-mm-Splittergranaten WOG-25 und WOG-25P. Letztere unterscheidet sich von Ersterer dadurch, dass sie nicht unmittelbar nach dem Auftreffen zündet, sondern (nach Vorbild der deutschen S-Mine 35 des 2. Weltkriegs) nach Aufschlag auf dem Boden von einer Ladung etwa 1–1,5 m in die Höhe katapultiert wird und dann erst zündet, wodurch eine optimalere Splitterwirkung mit tödlicher Wirkung im Umkreis von 5 m entsteht. Gerichtet wird über ein Quadrantenvisier mit einer weißen (Flachfeuer) und roten Skala (Steilfeuer). Zur Schonung der Schützenschulter beim Granatschuss dient eine auf den Kolben des Sturmgewehrs aufsetzbare Gummikappe.

Technische Angaben	
Kaliber, mm	40
Anfangsgeschwindigkeit, m/s	76
Länge, mm	323
Gewicht, kg	1,5
Granatgewicht, kg	0,255
Feuergeschwindigkeit, S/min	3–5
Visierschussweite, m	400

Anbau-Granatwerfer GP-25 an AK-74M.

Sturmgewehr AK-74M mit Anbau-Granatwerfer GP-25.

Anbau-Granatwerfer GP-30 „Obuwka“

Anbau-Granatwerfer GP-30 „Obuwka“ mit aufgeklapptem Leitervisier. fishki.net

Während des sowjetischen Afghanistan-Feldzuges und bei den Kämpfen im Nordkaukasus zeigten sich einige Nachteile des GP-25 „Kastjor“, die das Waffenwerk Tula mit dem verbesserten Nachfolgemuster GP-30 „Obuwka“ (Schuhchen), GRAU-Index 6G21, auszumerzen suchte. So speckte man das Gewicht des GP-30 im Vergleich zum Vorgänger auf 1,2 kg ab, erhöhte die Nachladegeschwindigkeit und verringerte den Fertigungsaufwand.

Das Quadranten-Visier wurde vereinfacht und wanderte auf die rechte Waffenseite. Desgleichen entfernte man die Sicherung, da der hohe Abzugswiderstand eine unabsichtliche Schussabgabe von selbst ausschließt. Außerdem lässt sich der GP-30 im Unterschied zum GP-25 nicht nur an Kalaschnikow-, sondern auch an Sturmgewehre anderer Bauart montieren (auch an ausländische Muster). Die Munitionspalette des GP-30 entspricht der des GP-25, ergänzt um die hauptsächlich an Einheiten des Innenministeriums ausgegebene Reizgasgranate „Gwosd“ (Nagel). Hinzu kamen die Granate WOG-25IN, die Nebelgranate WDG-40 „Nagar“, die Irritationsgranate (Blitz-Blend-Knall) AS3-40 „Swirel“ (Hirtenflöte) sowie die Nebelgranaten WGS-40-1 und WGS-40-2.

Technische Angaben	
Kaliber, mm	40
Anfangsgeschwindigkeit, m/s	76
Länge, mm	276
Gewicht, kg	1,2
Granatgewicht, kg	0,255
Feuergeschwindigkeit, S/min	3–5
Visierschussweite, m	400

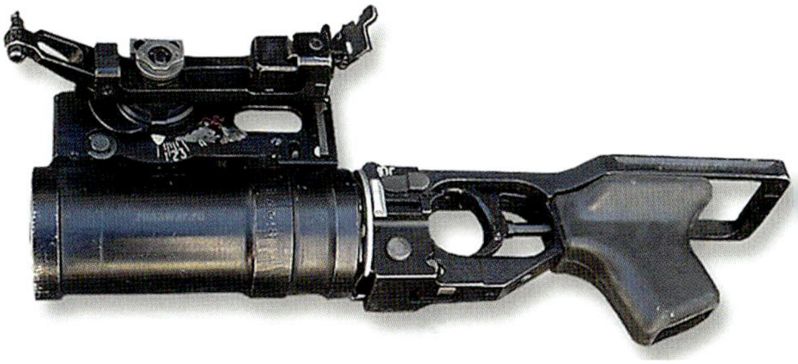

Anbau-Granatwerfer GP-30 „Obuwka“, Kaliber 40 mm.

Anbau-Granatwerfer GP-30 „Obuwka“, Kaliber 40 mm.

Maschinengranatwerfer AGS-17 „Plamja“

Die russischen Streitkräfte, insbesondere ihre mot.-Schützenverbände, verfügen seit 1971 über den Maschinengranatwerfer AGS-17 „Plamja“ (Flamme) zur Bekämpfung von Feindkräften in und außerhalb Unterständen, Gräben und Fahrzeugen durch Flach- und Steilfeuer. (AGS = *Awtomatitscheski Granatamjot na Stanke*, lafettierter Maschinengranatwerfer). Als Hersteller tritt das Molot-Werk in Wjatskije Polani in Erscheinung; den Anstoß zur Entwicklung gaben einst in Vietnam erbeutete US-amerikanische Maschinengranatwerfer. Der nicht verriegelte Rückstoßlader mit Feder-Masse-Verschluss verfügt über ein gezogenes Wechselrohr. Über die linksseitig montierte Abzugsbaugruppe lassen sich Einzelfeuer, kurze (bis zu 5 Schuss) und lange Feuerstöße (10 Schuss) sowie Dauerfeuer im direkten und indirekten Richten abgeben. Außerdem lässt sich über die Abzugsvorrichtung die Kadenz zwischen 50–100 S/min sowie 350–400 S/min einstellen. Eine mit Kerosin gefüllte hydraulische

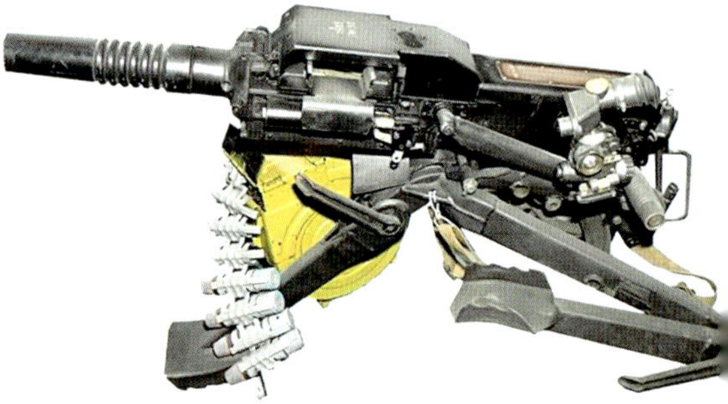

Maschinengranatwerfer AGS-17 mit angeklappten Lafettenbeinen.

Bremse nimmt die Rückstoßkräfte auf. Verschossen werden hauptsächlich die 350 g schweren Granaten WOG-17A und WOG-17M mit Splittermantel aus Draht mit Sollbruchstellen, 36-g-Sprengladung und Aufschlagzünder. WOG-17M verfügt zusätzlich über einen Selbstzerstörungszünder. Das Geschossge-

Maschinengranatwerfer AGS-17 „Plamja“ beim Feuern. modernweapon.ru

Maschinengranatwerfer AGS-17 „Plamja“.

Technische Angaben	
Kaliber, mm	30
Gesamtlänge, mm	840
Rohränge, mm	290
Waffengewicht, kg	18,0
Lafettengewicht, kg	12,0
Kadenz, S/min	50–100/350–400
Zuführung	29-Schuss-Gurte

30-mm-Maschinengrantwerfer AGS-17 „Plamja“. mmg-shop.ru

wicht beträgt 280 g. Der tödliche Wirkradius liegt bei etwa 7 m. Die Zuführung erfolgt über Metallgliedergurte zu 29 Schuss aus einer rechts am Gehäuse angeschlagenen Gurttrommel. Schutz vor versehentlicher Schussabgabe bietet eine Flügelsicherung, die Verschluss und Abzug blockiert: „Og“ = Feuer, „Pr“ = gesichert.

Die Dreibein-Lafette SAG-17 verfügt über klappbare Beine, ein Seiten- und Höhenrichtwerk sowie über eine Vorrichtung zur präzisen Ausrichtung der Waffe in Feuerstellung. Die größte Rohrerhöhung beträgt 80°, was die indirekte Bekämpfung von Zielen in Mulden, Gräben oder an Hinterhängen ermöglicht. Einschließlich Lafette bringt der Granatwerfer mit 30 kg nur etwa halb soviel wie sein US-amerikanisches Gegenstück Mk 19 auf die Waage. Alternativ lässt sich der AGS-17 auf verschiedene Fahrzeuglafetten montieren, so etwa im Drehturm des Schützenpanzers BMD-3 links vom Fahrer. Bei Bedarf kann er ausgebaut und auf die Infanterielafette gesetzt werden.

Gerichtet wird über das optische Visier PAG-17 mit 2,7-facher Vergrößerung auf der linken Waffenseite. Das Absehen ermöglicht direktes Feuer bis auf etwa 700 m. Die Tiefen-/Breitenstreuung auf 400 m beträgt 4,3 m/0,2 m.

Maschinengranatwerfer AGS-30 „Atlant“

Der AGS-30 „Atlant“ (altgriechischer Titan) entstand Ende der 1990er-Jahre bei KBP in Tula als vereinfachte Ausführung des AGS-17, indem man Abmessungen und Gewicht verringerte, damit die Beweglichkeit erhöhte und die Bedienung vereinfachte. Er soll auch „leiser“ sein und ein schwächeres Mündungsfeuer entwickeln. Den AGS-30 stellten die russischen Streitkräfte 1996 unter dem GRAU-Index 6G25 in Dienst gestellt.

Wie beim AGS-17 handelt es sich um einen Rückstoßlader mit nicht verriegeltem Masseverschluss. Dank Vorzündung noch beim Vorlauf des Verschlusses ließ sich die Verschlussmasse verringern, wodurch man auf die hydraulische Rückstoßbremse verzichten konnte. Kurzum: die Verringerung der Gesamtmasse machte den AGS-30 zum weltweit wohl leichtesten Maschinengranatwerfer. Im Unterschied zum AGS-17 ist er nur für Dauerfeuer mit einer Kadenz von 400 S/min ausgelegt. Als Munition verwendet er die 30-mm-Patronen OG-17, WOG-17M und WOG-30. Die neue Granate WOG-30 verfügt über eine um 60 % höhere Splittermasse als die US-amerikanische M384-Granate und um die 1,5-fache Splitterdichte. Die Mündungsgeschwindigkeit beträgt 185 m/s und die Höchstschussweite 1700 m.

Der Abzug verfügt über zwei Klappgriffe, im rechten befindet sich der eigentliche Abzug. Die Munitionzuführung erfolgt über 30-Schuss-Gurte aus einer Gurttrommel. Bei der klappbaren Dreibein-Lafette mit Seiten- und Höhenrichttrieben lassen

Technische Angaben	
Kaliber, mm	30
Gesamtlänge, mm	840
Rohrlänge, mm	290
Waffengewicht, kg	10,5
Lafettengewicht, kg	6,0
Kadenz, S/min	400
Zuführung	30-Schuss-Gurte

Maschinengranatwerfer AGS-30 auf seiner Dreibeinlafette.

30-mm-Maschinengranatwerfer AGS-30 „Atlant“ Die Zuführung erfolgt über 30-Schuss-Gurte aus einer Gurttrommel. Foto: Degtjarjowwerk

sich die Beine für Flach- und Steilfeuer verstellen. Sie wiegt nur 6 kg, die Gesamtmasse (ohne Gurttrommel und Visiereinrichtung) beträgt lediglich 16,5 kg! Dies bedeutet, dass sich die Waffe auf dem Gefechtsfeld von einem Soldaten bewegen lässt. Rechnet man allerdings den Munitionsvorrat von 120 Schuss dazu, kommt man auf eine Gesamtmasse von 36–38 kg, die die zweiköpfige Bedienung schleppen muss. Das optische Visier PAG-17 2.7 x wurde vom AGS-17 übernommen; für alle Fälle gibt es noch die verstellbare offene Visierung mit Kimme und Korn.

Maschinengranatwerfer AGS-30 "Atlant" mit Zieloptik. tulatskib.ru

Einweg-Panzerfaust RPG-18 „Mucha", -22 „Netto", -26 „Aglen" und -27 „Tawolga"

Zum Arsenal der russischen Streitkräfte gehören die Einweg-Panzerfäuste – im Russischen als „Reaktive Panzerabwehrgranaten" bezeichnet – RPG-18 „Mucha" (Fliege), RPG-22 „Netto", RPG-26 „Aglen" (Brandung) und RPG-27 „Tawolga" (Echtes Mädesüß, Heilpflanze). Man fragt sich, wieso man eine tödliche Panzerabwehrwaffe ausgerechnet nach einer Heilpflanze benennt. Tatsächlich dienten blumige und andere, möglichst harmlose und ablenkende Bezeichnungen im Entwicklungsstadium als Tarnnamen – wer würde hinter „Echtem Mädesüß" eine Panzerfaust vermuten? So die Logik. Nach anderer Erklärung dienten blumige Begriffe auch als Merkhilfen für in die Jahre gekommene Entscheidungsträger und sowjetische Generäle, denen der Kalk schon aus den Hosen rieselte. Mit der offiziellen Einführung der Waffen ging der Tarncharakter verloren; die Namen blieben. Jedenfalls eignet sich das Echte Mädesüß „Tawolga" wie alle anderen Einweg-Panzerfäuste zur Bekämpfung von gepanzerten Fahrzeugen und gedeckten Zielen (Bunker, Unterstände usw.). Sie haben als Einweg-Waffen folgenden Aufbau:

- Abschussrohr mit Ziel- und Abschussvorrichtung;
- Hohlladungsgranate mit Treibsatz;
- Halterung zur Fixierung der Granate im Rohr.

Die RPG-18 „Mucha" (GRAU-Index 6G12) wurde 1972 bei der Sowjetarmee eingeführt. Die waffenseitige Trefferwahrscheinlichkeit liegt bis auf 130 m bei 100 %; über 130 m bei nur noch 50 %. Insgesamt wurden bis 1993 etwa 1,5 Millionen RPG-18 „Mucha" hergestellt.

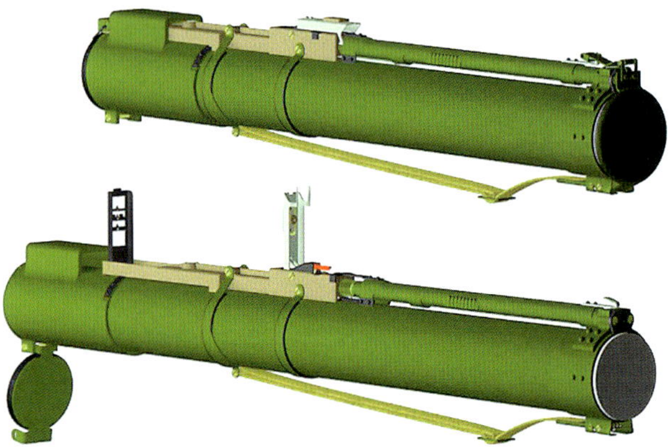

Einweg-Panzerfaust RPG-18 „Mucha". techcult.ru

Schießen mit der Einweg-Panzerfaust RPG-27 „Tawolga". onwar.ru

Das Modell RPG-22 „Netto" (GRAU-Index 6G18) gelangte 1980 zur Einführung. Bis 1993 wurde etwa eine halbe Million RPG-22 produziert, die Fertigung 2001 dann eingestellt. Strukturell stellt die RPG-22 eine modernisierte Version der RPG-18 mit höherer Durchschlagskraft und Schussgenauigkeit dar. Viele Elemente wurden aufgrund der Erfahrungen mit der RPG-18 verbessert.

Weitere Verbesserungen führten 1985 zur Einführung der RPG-26 „Aglen" (GRAU-Index 6G19). Im Unterschied zu ihren Vorgängerinnen verfügt die RPG-26 über ein einfaches, nicht ausziebares Startrohr, weshalb sich die Waffe schneller schussfertig machen lässt. Der Panzerdurchschlag erhöhte sich auf 440 mm. In den späten 1990er-Jahren wurde auf Grundlage der RPG-26 die Handflammpatrone mit Splitterwirkung MRO entwickelt.

Die fortschrittlichste und leistungsfähigste russische Einweg-Panzerfaust stellt die 1989 in Dienst gestellte RPG-27 „Tawolga" dar (GRAU-Index 6G22), die als Antwort auf moderne Reaktiv- und Abstands-Panzerungen entwickelt wurde. Ihr Tandemgefechtskopf besteht aus zwei koaxialen Hohlladungen, von denen die erste die reaktive Schutzpanzerung (Sprengladungen) eines Feindpanzers auslöst und die zweite dann die eigentliche Stahlpanzerung durchschlägt. Nach dem gleichen Schema erfolgt die Zerstörung von Abstands-Panzerungen. Die Durchschlagsleistung der Waffe ist, wie verschiedene Quellen verlautbarten, extrem hoch und liegt bei 650–800 mm. Gleichzeitig gelang es den Konstrukteuren, die klassiche Zuverlässigkeit und Einfachheit einer Einweg-Panzerfaust zu bewahren.

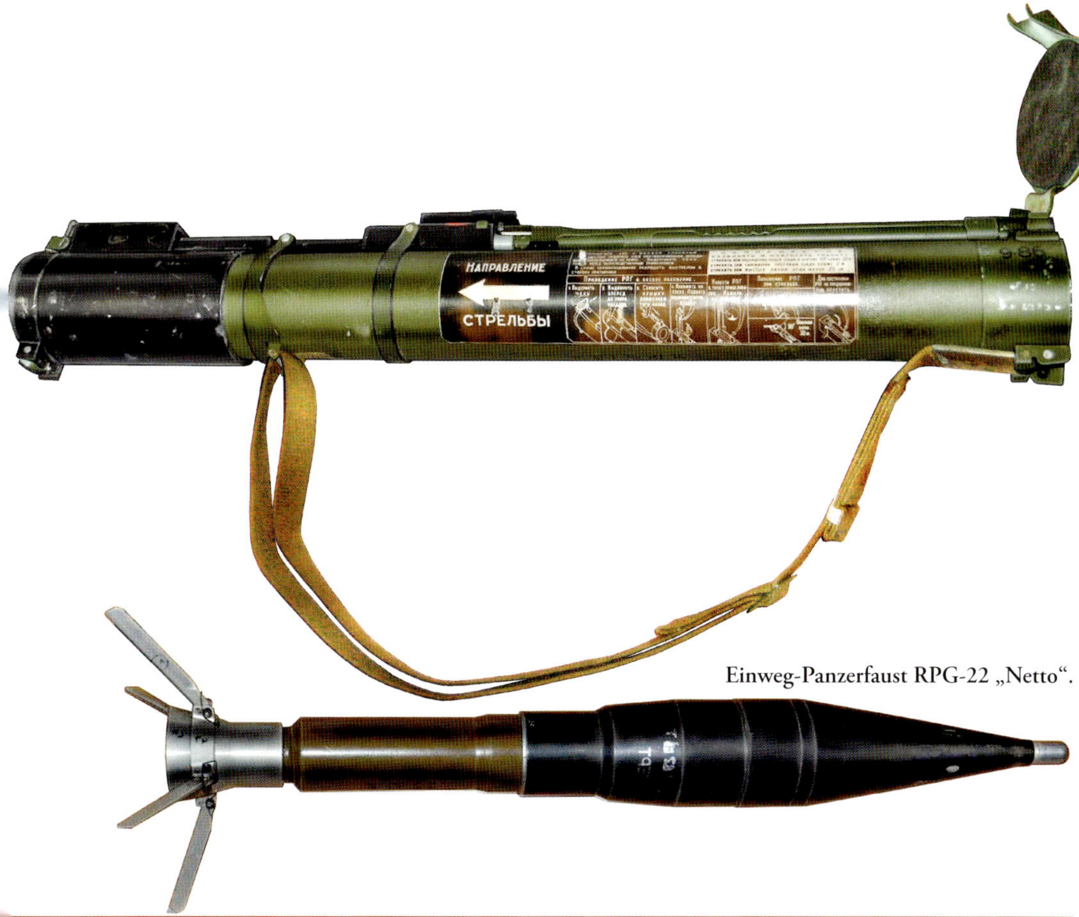

Einweg-Panzerfaust RPG-22 „Netto“.

Technische Angaben				
Modell	**RPG-18**	**RPG-22**	**RPG-26**	**RPG-27**
Rohrkaliber, mm	64	72.5	72.5	105
Granatkaliber, mm	64	72.5	72.5	105
Gesamtlänge, mm				
schussbereit	1050	850	770	1135
in Transportlage	705	755	770	1135
Gesamtmasse, kg	2,6	2,7	2,9	8,3
Anfangsgeschwindigkeit, m/s	300	400	440	600
Visierschussweite, m	200	250	250	200

Einweg-Panzerfaust RPG-26 „Aglen“.

Bunkerfaust RSchG-1 und RSchG-2

Seit dem Jahr 2000 sind die russischen Streitkräfte, in erster Linie die mot.-Schützen- und Luftlandeverbände, auch mit so genannten Bunkerfäusten bewaffnet, deren Hauptaufgabe in der Bekämpfung geschützter Stellungen (z. B. Bunker, Gebäude usw.) und leicht gepanzerter Fahrzeuge, aber auch von Infanterie in offenem Gelände besteht. Im Unterschied zu (Einweg-)Panzerfäusten verwenden (Einweg-) Bunkerfäuste keinen Hohlladungs-, sondern einen so genannten thermobaren Sprengkopf mit Aerosolgemisch, der vor allem durch Druck und Hitze wirkt. Die Russen bezeichnen sie auch als „reaktive Angriffsgranaten", nicht aber als „reaktive Flammenwerfer"; nicht zuletzt, um sie von den Flammenwerfern der chemischen Truppen zu unterscheiden.

Die russischen Streitkräfte verfügen über die beiden Bunkerfaust-Modelle RSchG-1 und RSchG-2 (RSchG = *Reaktivnaja Schturmowa Granata,* Reaktive Sturmgranate. Die RSchG-1 entspricht bis auf den Gefechtskopf der Einweg-Panzerfaust RPG-27 „Tawolga" und erhielt deshalb die nahe liegende Zusatzbezeichnung „Tawolga-1". Der thermobare Gefechtskopf (mit so genannter volumetrischen Explosionsmunition) enthält ungefähr 1,9 kg Kraftstoffgemisch, das sich nach Aufschlag in eine hochbrisante Aerosol-Wolke aus Luft und Kraftstoff verwandelt, zündet und in der Wirkung etwa der Detonation von 5–6 kg TNT entspricht.

Die leichtere und kleinere Bunkerfaust RSchG-2 entspricht im Aufbau der Einweg-Panzerfaust RPG-26 „Aglen" und trägt daher die Zusatzbezeichnung „Aglen-2". Ihr thermobarer Sprengkopf enthält etwa 1,16 kg Kraftstoffgemisch, dessen hochexplosive Wirkung etwa 3 kg TNT entspricht.

Bunkerfaust RSchG-2 „Aglen-2".

Technische Angaben		
Modell	**RSchG-1**	**RSchG-2**
Rohrkaliber, mm	105	105
Gesamtänge, mm	1135	770
Gewicht, kg	8,3	4
Visierschussweite, m	600	250

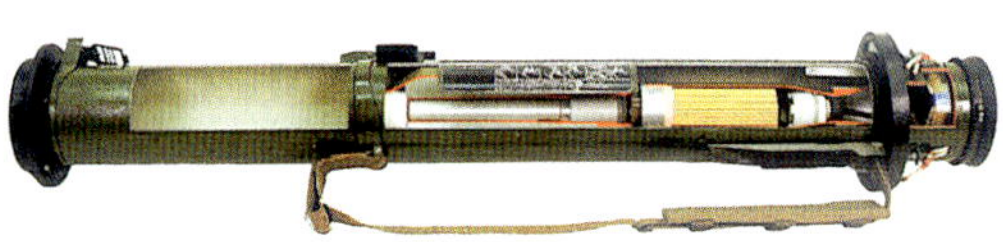

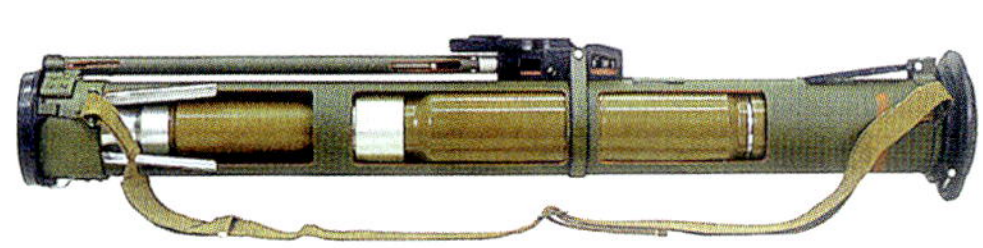

Die Bunkerfäuste RSchG-1 und RSchG-2. topwar.ru

Trefferwirkung einer RSchG-1-Granate an einem Schützenpanzer. topwar.ru

Offensiv-Handgranate RGD-5

Technische Angaben	
Gewicht, g	310
Sprengstoffgewicht, g	110
Länge, mm	114
Durchmesser, mm	ca. 67
Brennzeit, s	3,2–4,2
Splitterradius, m	bis zu 25

Zur „Taschenartillerie" der russischen Streitkräfte zählt die Handgranate RGD-5 (*Rutschnaja Granata Distanzionnaja,* Distanz-Handgranate). Sie gehört zur Klasse der Offensiv- oder Angriffs-Handgranaten, d.h. die Druckwirkung hat Vorrang vor der Splitterwirkung, um den oft deckungslosen Werfer vor Splittern zu bewahren. Die Splitter haben deshalb eine relativ geringe Masse und ihr Streukreis liegt unterhalb der durchschnittlich angenommenen Höchstwurfweite von 25 m. Nichtsdestoweniger wird die RGD-5 als „Splitterhandgranate" klassifiziert. Die RGD-5 erinnert mit ihrem ovalen Körper aus zwei Halbschalen aus gestanztem Stahlblech ein wenig an die deutsche Eihandgranate 39 des 2. Weltkriegs. Um die Handgranate wurffertig zur machen, wird der Verzögerungszünder USRGM in den Handgranatenkörper geschraubt. Vor dem Wurf wird der Sicherungsstecker gezogen, der den unter Federspannung stehenden Schlagstift freigibt. Dieser aktiviert die Sprengkapsel und diese wiederum die Sprengladung mit einer Verzögerung (Brennzeit) von 3,2– 4,2 Sekunden.

Offensiv-Handgranate RGD-5. Sie erinnert in der Form ein wenig an die deutsche Eihandgranate 39 des 2. Weltkriegs, die aber über keinen Bügel mit Sicherungssplint, sondern über einen knopfartigen Abreißzünder verfügte.

Defensiv-Handgranate RGO

Die Erfahrungen mit der Handgranate RGD-5 erwiesen, dass die für eine Angriffshandgranate verhältnismäßig lange Brennzeit von 3,2–4,2 Sekunden ihre Wirksamkeit erheblich verringert: der Feind hat noch genügend Zeit, in Deckung zu gehen oder – sofern er die Nerven dazu besitzt – die Handgranate zurückzuwerfen. Außerdem hat die Granate noch genügend Zeit, um vom Ziel, von Hindernissen oder dergleichen abzuprallen, um dann irgendwo wirkungslos zu detonieren – oder bei schrägem Untergrund auf den Werfer zurückzurollen.

Diese Nachteile sollte das Muster RGO *(Rutschnaja Granata Oboronitelnaja)* als Defensiv- oder Abwehrhandgranate ausmerzen. Es ist mit dem Doppelfunktionszünder USD ausgestattet, der zwar mit 3,3–4,3 Sekunden eine noch etwas längere Brennzeit aufweist, jedoch beim Aufprall auf das Ziel oder ein Hindernis die Handgranate sofort detonieren lässt.

Die Granate besteht aus dem Körper, der Ladung und dem Zünder. Die Wand des Körpers bilden vier mit zahlreichen Sollbruchstellen versehene Stahlhalbkugeln – zwei unten, zwei oben. Bei der Detonation der 92-Gramm-Ladung zerlegen sie sich in zahllose Splitter, deren „genormte" Größe und Form die Sollbruchstellen vorgeben. Aufgrund ihres Wirkkreises von rund 100 m darf die RGO nur aus der Deckung geworfen werden.

Defensiv-Handgranate RGO.

Technische Angaben	
Granatgewicht, g	530
Sprengstoffgewicht, g	92
Länge, mm	113
Durchmesser, mm	61
Brennzeit, s	3,3–4,3
Splitterradius, m	bis zu 100

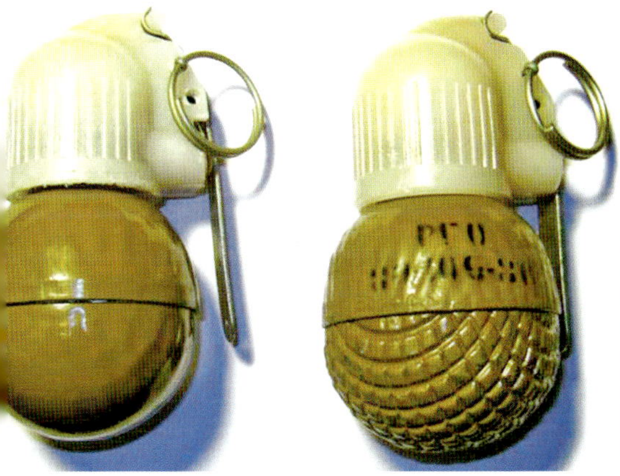

Die Defensiv-Handgranate RGO (rechts) und ihre offensive Schwester RGN sind ähnlich aufgebaut. dogswar.ru

Offensiv-Handgranate RGN „Podwal"

Das offensive Gegenstück zur defensiven RGO stellt die weitgehend ähnlich aufgebaute Handgranate RGN „Podwal" (Keller) dar (RGN = *Rutschnaja Granata Nastupatelnaja*). Aufgrund ihres geringen Splitterradius von 8–10 m stellt sie selbst beim Wurf aus der Bewegung heraus keine nennenswerte Gefahr für den Werfer dar. Auch für weibliche Soldaten, die in der Regel über wesentlich geringere Wurfkraft und -geschicklichkeit als ihre männlichen Kameraden verfügen (Leser/innen mögen sich an die schulsportlichen Wettkämpfe ihrer Jugend erinnern), scheint diese Handgranate besser geeignet als andere Typen.

Den Körper der Granate bilden zwei außen glatte, innen mit Einkerbungen versehene Aluminium-Halbschalen. Die Granate wirkt jedoch hauptsächlich durch Druck, den die starke 114-g-Sprengstoffladung reichlich verursacht. Nichtsdestoweniger beträgt der Splitterradius 24 m. Wie die RGO verfügt auch die RGN über den Doppelfunktionszünder USD, der sie beim Aufschlag unabhängig von der Brennzeit (3,3–4,3 s) detonieren lässt.

Technische Angaben	
Granatgewicht, g	310
Sprengladung, g	114
Länge, mm	113
Durchmesser, mm	60
Brennzeit, s	3,3–4,3
Splitterradius, m	8–10

Offensiv-Handgranate RGN „Podwal".

Die kugelförmige RGN-Handgranate können auch kleinere Hände problemlos zum Wurf umfassen. informator.net.ua

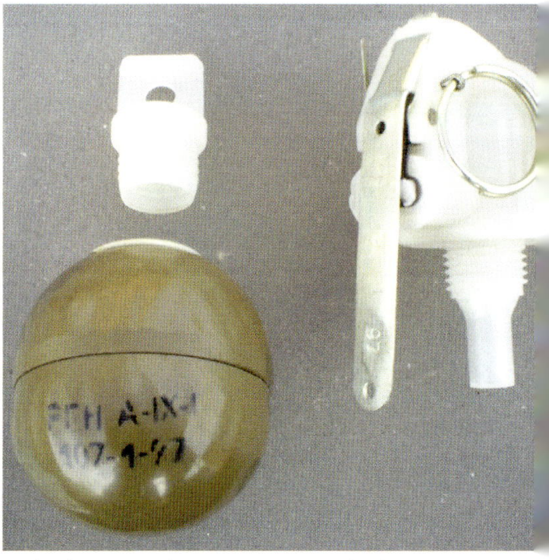

Teilzerlegte Handgranate RGN „Podwal".

Infanterie-Flammenwerfer RPO „Rys"

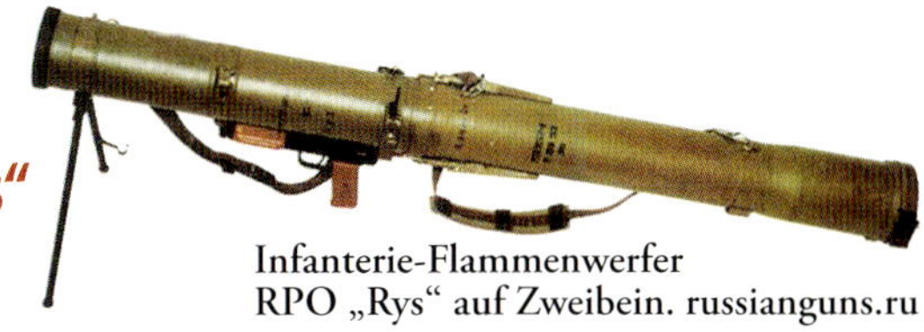

Infanterie-Flammenwerfer RPO „Rys" auf Zweibein. russianguns.ru

Der Infanterie-Flammenwerfer RPO „Rys" (Luchs) wurde 1972–1974 von der Waffenschmiede KBP in Tula entwickelt und 1975 von der Sowjetarmee übernommen – allerdings nur in Kleinserie bei den selbstständigen Flammenwerfer-Bataillonen der chemischen Truppen. (RPO = *Reaktivni Pechotni Ognemet,* Reaktiver Infanterie-Flammenwerfer).

Im Unterschied zu klassischen Flammenwerfern handelt es sich beim RPO um ein nachladbares Abschussrohr, aus dem ein Raketengeschoss mit Brandsatz und thermobarischem Gefechtskopf verschossen wird. Dies ermöglicht den Einsatz auf wesentlich größere Entfernungen und mit stärkerer Wirkung, als sie ein herkömmlicher Flammenwerfer mit Flammstrahl zu leisten vermag.

Insofern lässt sich der Flammenwerfer RPO auf den ersten Blick mit der alten schweren Panzerfaust RPG-16 verwechseln, denn wie diese besteht er aus dem Abschussrohr, dem Abzug mit Pistolengriff, der Zündvorrichtung, der Visiereinrichtung und einem Zweibein als Waffenstütze. Vor dem Abschuss schiebt der Ladeschütze das Raketengeschoss in seinem Transport- und Abschussbehälter aus Kunststoff hinten ins Abschussrohr. Die Zündung erfolgt elektrisch über Betätigung des Abzugs.

Das Geschoss verfügt an der Spitze über eine kleine Hohlladung, die beim Auftreffen aufs Ziel auslöst und die meisten Feldbefestigungen und Gebäudemauern durchdringt. Die Hauptladung mit thermobarischem Brandsatz dringt dann durch die geschaffene Öffnung und detoniert in einer Wolke aus Flüssigsprengstoff. Dabei enstehen außen an der Wolke extrem hohe Drücke und Temperaturen, wodurch sich eine heiße Stoßwelle bildet, die vorn bis zu 1000° C erreicht. Gleichzeitig entsteht im Zentrum der Wolke durch das Verbrennen einer großen Menge Sauerstoff ein Bereich mit sehr niedrigem Druck, der durch Dekompression zusätzlichen Schaden verursacht. Aus diesem Grund wird thermobare Munition manchmal als „Vakuum-Munition" bezeichnet. Die Wirkung des RPO-Sprengkopfes lässt sich durchaus mit einer 122-mm-Artillerie- oder 120-mm-Wurfgranate (Granatwerfer) vergleichen.

Technische Angaben	
Gesamtlänge, mm	1440
Gewicht ungeladen, kg	3,5
Ladungsgewicht, l	4
Visierschussweite, m	190
Höchstschussweite, m	400

RPO „Rys" beim Abschuss. Im Unterschied zum klassischen Flammstrahl mit auf wenige Dutzend Meter begrenzter Reichweite verfeuert der RPO „Rys" thermobare Raketengeschosse auf bis zu 400 m. russianguns.ru

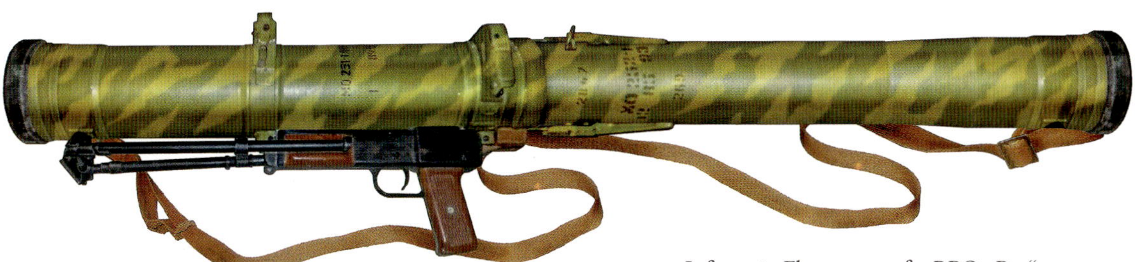

Infanterie-Flammenwerfer RPO „Rys".

Einweg-Infanterie-Flammenwerfer RPO-A „Schmel“

Als kleinen Bruder des RPO stellt KBP in Tula seit Anfang der 1980er-Jahre den reaktiven Infanterie-Flammenwerfer RPO-A „Schmel“ (Hummel) in Serie her. Zunächst wurde die Waffe nur bei den Flammenwerfereinheiten der chemischen Truppen in Dienst gestellt, aber bald erhielten sie auch Luftlandetruppen, Spezialeinheiten und mot.-Schützenverbände.

Im Vergleich zun RPO wurde der RPO-A erheblich vereinfacht, verkürzt und erleichtert. Er besteht aus einem nur einmal verwendbaren Abschussrohr aus Kunststoff mit Abzugs- und Zündvorrichtung, der Visiereinrichtung und dem thermobaren Flammgeschoss. Zwei Klappgriffe – einer am Abzug, einer hinter der Mündung – bilden die Handhabe. Das Geschoss besteht im Wesentlichen aus einer Hohlladung, einer Kapselladung mit Brandgemisch (Hauptladung) und dem Feststoffraketentriebwerk. Zur Drall-Stabilisierung klappt das Geschoss nach dem Ausstoß Flossen aus, die in schrägem Winkel zur Längsachse des Geschosses stehen und dessen Rotation bewirken.

Wie das RPO- verfügt auch das RPO-A-Geschoss über eine Hohlladung zum Durchbrechen von Hindernissen sowie eine thermobarische Hauptladung, die eine Wolke aus verflüssigtem Sprengstoff erzeugt. Die starke Druckwelle, kombiniert mit der hohen Temperatur an den Wolkenrändern, hat gegen Stellungen, Bunker, leicht gepanzerte Fahrzeuge, aber auch gegen Feindkräfte auf freiem Feld beträchtliche Wirkung. In Gebäuden mit einem Volumen von bis zu 80 Kubikmeter wirkt sie absolut tödlich; ebenso gegen offene Ziele auf einer Fläche von 50 Quadratmetern. Die Wirkung lässt sich durchaus mit einer 107-mm-Sprenggranate vergleichen.

Eine Weiterentwicklung des RPO-A stellt der RPO-M „Schmel-M“ mit geringerer Masse, aber deutlich gesteigerter Reichweite und Wirkung dar, die 122-mm- oder gar 152-mm-Sprenggranaten entspricht.

RPO-A „Schmel“ kurz vor dem Abschuss. militaryrussia.ru

Einweg-Infanterie-Flammenwerfer RPO-A mit thermobarischem Geschoss.

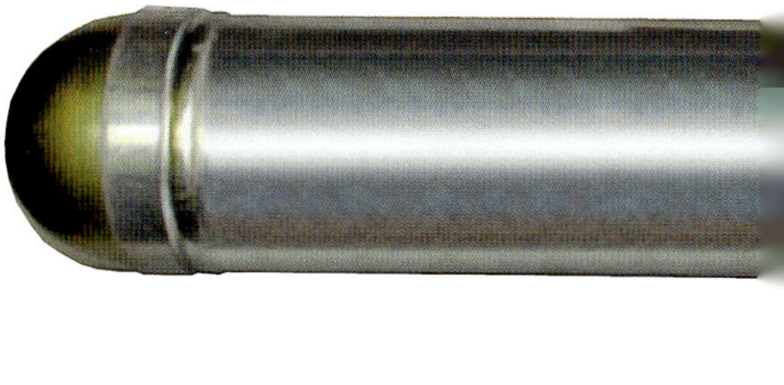

Technische Angaben	
Gesamtlänge, mm	920
Gewicht geladen, kg	11
Ladungsgewicht, kg	2,1
Visierschussweite, m	190
Höchstschussweite, m	400

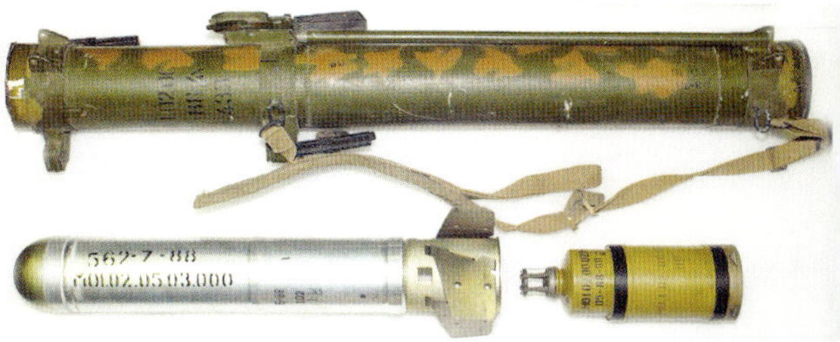

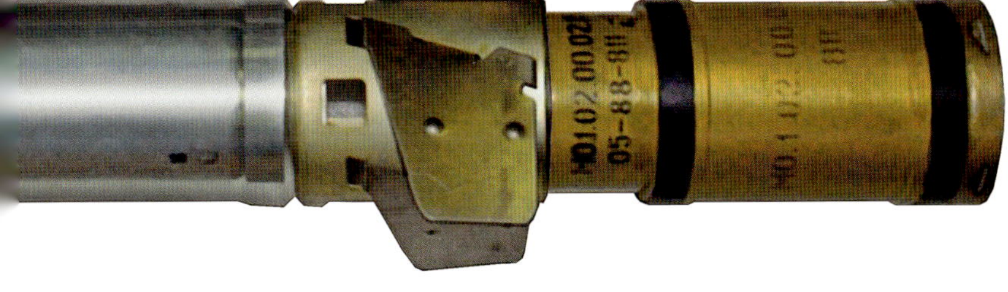

PANZERABWEHR-LENKWAFFEN

Unter dem Begriff „Panzerabwehr-Raketensysteme" fassen die russischen Streitkräfte eine Familie (im Prinzip tragbarer) Panzerabwehr-Lenkflugkörper zusammen. Die erste sowjetische Waffe dieser Art stellte die im August 1960 in Dienst gestellte 2K15 „Schmel" (Hummel) dar, bestehend aus einer drahtgelenkten 3M6-Rakete und den Waffenplattformen 2P26 und 2P27 auf Geländewagen GAS-69 bzw. Panzerspähwagen BRDM-1. Bei diesen Komplex der ersten Generation wurden die drahtgelenkten Raketen mit dem so genannten „Dreipunkt-Verfahren" manuell über einen Steuerknüppel („Joystick") ins Ziel gelenkt. Folgende Nachteile: Der Bediener musste die Rakete mit dem Steuerknüppel auf das Ziel zusteuern und durfte es dabei nicht aus den Augen lassen. Die Drahtlenkung begrenzte die Fluggeschwindigkeit der Rakete auf maximal 150–200 m/s. Der Erfolg des Einsatzes hing weitgehend vom Ausbildungsniveau und vom Können des Bedieners ab, die Trefferwahrscheinlichkeit lag bei nur 60–70 %.

Deutlich effektiver waren die Panzerabwehr-Raketensysteme der zweiten Generation, bei denen die Rakete halbautomatisch ins Ziel gelenkt wurde („Zweipunkt-Verfahren"): Der Schütze musste nur das Fadenkreuz seiner Optik im Ziel halten und den Rest erledigte die Rakete von selbst. Anfänglich geschah dies noch über Drahtlenkung, was die Fluggeschwindigkeit der Rakete auf maximal 150–200 m/s beschränkte; jüngere System verfügten über eine spezielle Funklenkung, was eine Erhöhung der Fluggeschwindigkeit ermöglichte. Die Trefferwahrscheinlichkeit der zweiten Generation steigerte sich auf 90–95 %. Diese stellten die sowjetischen Streitkräfte ab 1970, 1974 und 1978 in Dienst: die tragbaren 9K111 „Fagot", 9K113 „Konkurs" und 9K115 „Metis". Der Einsatz dieser Systeme bei Kampfhandlungen lieferte unschätzbare Erfahrungen, die sich sowohl bei der Entwicklung neuer Waffen als auch in taktischen Verbesserungen niederschlugen.
Es wurde vorgeschlagen, die Systeme nach ihrer taktischen Verwendung vielseitiger zu gestalten. So erhielten mot.-Schützenzüge je eine tragbare Pz-Abw-Lenkwaffe mit einer Reichweite von bis zu 2000 m, während auf Kompanie- oder Bataillonsebene auf Fahrzeugen montierte oder tragbare PzAbw-Lenkwaffen mit Reichweiten von bis zu 4000 m zum Einsatz kamen.

Derzeit sind die russischen Streitkräfte mit modernisierten und neu entwickelten Panzerabwehrsystemen der zweiten Generation ausgerüstet. Dazu gehört das auf Bataillons- und Regimentsebene eingesetzte System „Kornet", dessen Exportversion „Kornet-E" erstmals 1994 auf einer Ausstellung in Nischni Nowgorod vorgestellt wurde. In Bezug auf seine taktischen und technischen Eigenschaften erfüllt es vollständig die Anforderungen an ein System moderner Mehrzweck-Verteidigungs- und Angriffswaffen zur Lösung taktischer Aufgaben durch Bodentruppenen bis auf 6 km Entfernung.

Die selbstfahrende PzAbw-Lenkwaffe „Krisantema-S" stellt mit einer Reichweite von bis zu 6000 m das bislang stärkste System dieser Art bodengestützter Panzerabwehrwaffen der russischen Streitkräfte dar. Es besticht durch Allwetterfähigkeit, hohe Zuverlässigkeit und Feuergeschwindigkeit.

Des Weiteren verfügt die russische Armee über

Panzerabwehrrakete Metis-M1" bereit zum Abschuss. Die Schützen mit den zwei Rohren auf dem Rücken führen „Metis-M1" zum Nachladen mit. Pressedienst IDB

eine beträchtliche Anzahl des bereits 1979 eingeführten „Schturm-S"-Panzerabwehrsystems, das 1985 durch die verbesserte Lenkrakete 9M120 „Ataka" eine deutliche Kampfwertsteigerung erfuhr. Diese Rakete verfügt über eine größere Reichweite und einen neuen Tandem-Hohlladungsgefechtskopf hoher Panzerdurchdringung. Mit der neuen Panzerabwehr-Raketenfamilie 9M220 wurde die Effektivität des Komplexes nochmals gesteigert.

Die dritte PzAbw-Lenkwaffen-Generation mit vollautomatischer Ziellenkung erhöhte die Kampfkraft russischer Panzerabwehreinheiten erneut. Der Bediener braucht das Ziel nur noch anzurichten und die Rakete starten, dann kann er, salopp gesagt, sich eine Zigarette anzünden oder einen Kaffee trinken gehen. Die Rakete findet mit Hilfe ihres Zielsuchkopfes das Ziel allein.

Die Tulaer Waffenschmiede KBP entwickelte ein derartiges System mit der „Hermes-A" zunächst für die Verwendung bei den Heeresfliegern (Hubschrauber). Seine Vorteile:

- Erhöhte Reichweite der Rakete zur Bekämpfung von Zielen außerhalb der Reichweite der feindlichen Luftverteidigung auf dem Gefechtsfeld;
- automatische Verfolgung des erkannten Ziels, wodurch der Pilot entlastet wird und der Hubschrauber nach dem Start der Rakete abdrehen kann;
- die Möglichkeit zur Bekämpfung feindlicher Hubschrauber ist ebenso gegeben.

Tragbare Panzerabwehrrakete 9K115-2 „Metis-M1“

Die tragbare PzAbw-Lenkwaffe „Metis-M1“ (Mischling, Mestize) wurde vom Tula-Unternehmen KBP entwickelt. Es ist eine relativ leichte und gleichzeitig sehr effektive defensive Mehrzweckwaffe. Ihre Hauptaufgabe besteht in der Bekämpfung von Kampfpanzern mit modernen Zusatzpanzerungen, Schützenpanzern sowie Bunkern und Feldbefestigungen unter jedweden Wetterbedingungen.
Die Hauptbestandteile der Anlage:

- Waffenanlage
- Startgerät 9P151M;
- Panzerabwehr-Lenkflugkörper mit Tandemsprengkopf 9M131M;
- Lenkflugkörper mit thermobarem Gefechtskopf 9M131FM;
- Wärmebild-Ziegerät 1PN86-VI.
- Wartungssatz,
- Ausbildungs- und Übungssätze,
- Überprüfungsgerät.

Technische Angaben	
Lenkart	halbautomatisch mit Drahtlenkung
Gewicht, kg:	
Startgerät	9,5
Lenkflugkörper	13,8
Wärmebildoptik	6,5
Gefechtskopf	Tandem (Hohlladung und Thermobar)
Panzerdurchschlag (hinter Zusatzpanzerung), mm	900-950
Schussweite, m:	
Mindestzielabstand	80
Maximal	2000

Zu den Merkmalen des Waffensystems gehören:

- Geringe Abmessungen und Gesamtmasse, was es einer dreiköpfigen Bedienung ermöglicht, die in Teilen zerlegte Anlage am Mann zu transportieren.
- Die Möglichkeit des Transports mit jedem Transportmittel sowie Luftverlastbarkeit per Fallschirm;
- Erhöhung der Kampfkraft motorisierter Schützen- und Fallschirmjägereinheiten sowie Spezialeinheiten mit einem leistungsfähigen mobilden Waffensystem.

Panzerabwehrrakete „Metis-M1“ auf Dreibein.
mil.ru

Tragbare Panzerabwehr-Lenkrakete 9K115-2 „Metis-M1“ auf ihrem Abschussgestell, links das Lenkgeschoss.

Tragbare Panzerabwehrrakete 9K135 „Kornet-EM"

Wie die „Metis" ist auch die tragbare, Allwetter-taugliche Panzerabwehr-Lenkwaffe „Kornet-EM" (Kornett: entweder Blasinstrument oder niederer Offiziersrang der Reiterei. Wahrscheinlich ist Ersteres gemeint, um Feindpanzern „den Marsch zu blasen".) zur Bekämpfung von Kampfpanzern mit Verbund- und Reaktivpanzerung, Schützenpanzern, Bunkern und Feldzielen gedacht, aber auf größere Kampfentfernung. Hinzu kommt die Möglichkeit, langsame Luftziele (Hubschrauber, Drohnen) zu zerstören.

Der Komplex umfasst:

- Waffenanlage:
- Startgerät;
- Panzerabwehr-Lenkflugkörper 9M133M-2;
- Lenkflugkörper 9M133FM-2;
- Lenkflugkörper 9M133FM-3
- Wärmebildoptik.
- Wartungssatz;
- Ausbildungs- und Übungssätze.

Der Panzerabwehr-Lenkflugkörper 9M133 ist wesentlicher Bestandteil der Waffenanlage „Kornet-EM". Foto: Degtjarjowwerk

Vorteile und Merkmale:

- Laserlenkung.
- Optik mit 12- bis 20-facher Vergrößerung mit vergrößertem Sichtfeld, was eine breitere Erfassung von Zielen ermöglicht und Zielfehler reduziert.
- Anbau- bzw. Aufsetzmöglichkeit an einer Vielzahl von Rad- und Kettenfahrzeugen.

Bei der Parade am 9. Mai 2015 auf dem Roten Platz in Moskau wurde mit der „Kornet-D" erstmals eine Variante dieser Waffe auf dem geschützten Fahrzeug „Tigr-M" der Öffentlichkeit vorgeführt (zwei Vierschuss-Werfer, welche die gleichzeitige Bekämpfung von zwei Zielen erlauben). Mitgeführter Kampfsatz: 16 Raketen.

Technische Angaben	
Lenkart	Laserstrahl
Gewicht Startanlage, kg	26
Gewicht Wärmebildoptik, kg	8,7
Gefechtskopf	Tandem (Hohlladung plus Sprengbrand)
Panzerdurchschlag hinter Zusatzpanzerung, mm	1100–1300
Schussweite, m: Mindestzielabstand	150
Maximal	10.000

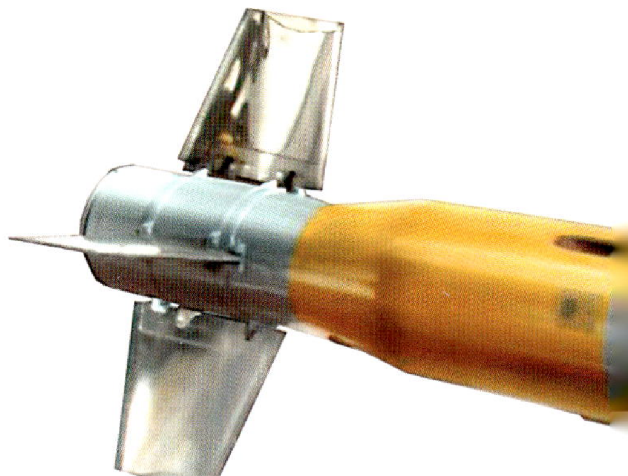

Selbstfahrende „Kornet-EM" bei einer Parade auf dem Roten Platz in Moskau. Pressedienst Verteidigungsministerium der RF

Tragbare Panzerabwehr-Lenkrakete 9K135 „Kornet-EM“ auf ihrem Abschussgestell.

Panzerabwehrrakete 9K123-1 „Chrisantema-S"

Die Panzerabwehr-Lenkwaffe 9K123 „Chrisantema" (Chrysantheme) lässt sich vom Grundsatz her zwar auch direkt vom Boden einsetzen, wird aber wegen ihrer Masse plus Ersatzmunition hauptsächlich als 9K123-1 „Chrisantema-S" auf den vom BMP-3 abgeleiteten Raketenjagdpanzer 9P157-2 „Chrisantema-S" aufgesetzt und so hochmobil gemacht. Neben Panzerfahrzeugen mit moderner Zusatzpanzerung sowie Bunkern kann die allwetter- und nachtkampftaugliche Waffe auch See- und tief fliegende Luftziele bekämpfen. Mehrere Raketenjagdpanzer werden zu Zügen oder Batterien zusammengefasst. Der Gesamtkomplex umfasst:

- Waffenanlage plus Plattform:
- Kampffahrzeug 9P157-2;
- Zugführer-Befehlswagen 9P157-3;
- Batterieführer-Befehlswagen 9P157-4;
- Panzerabwehr-Lenkraketen 9M123F.
- Wartungssatz.
- Ausbildungs- und Übungsgerät.

Das Kampffahrzeug 9P157-2 ist für die Durchführung von Gefechtseinsätzen autonom oder als Teil einer Untereinheit ausgelegt. Das Kampffahrzeug 9P157-3 stellt die Befehlswagen-Ausführung auf Zugebene und das Modell 9P157-4 auf Batterieebene dar. 9P157-2 und 9P157-3 führen Geländeerkundungen durch, klären Ziele auf, weisen sie zu und leiten den Feuerkampf der einzelnen Kampffahrzeuge.

Da auf dem Kettenschützenpanzer BMP-3 aufgebaut, verfügt der ganze „Chrysanthemenstrauß"

Technische Angaben	
Lenkart	Radar (automatisch), Cal-Laser (halbautomatisch)
Masse Startbehälter, kg	62
Gefechtskopf	Tandemhohlladung oder Sprengbrand
Panzerdurchschlag hinter Zusatzpanzerung, mm	1000–1100
Schussweite, m	6000

Panzerabwehr-Lenkraketenanlage 9K123 „Chrisantema-S" auf Raketenjagdpanzer 9P157-2. kbm.ru

„Chrisantema-S“ auf Raketenjagdpanzer 9P157-2 bei einer winterlichen Vorführung. Das Fahrgestell stammt vom Schützenpanzer BMP-3. kbm.ru

über eine hohe Geländegängigkeit und Beweglichkeit und ist nebenbei auch ABC-Waffen-geschützt. Die Waffenanlage ist einziehbar und wird automatisch oder manuell geladen; der Kampfsatz pro Fahrzeug beträgt 15 Raketen, wobei die Waffenanlage zwei Raketen in ihren Abschussrohren aufnimmt. Die Feuergeschwindigkeit liegt bei 4 Raketen/min. Es ist möglich, mit einem Werfer zwei Ziele gleichzeitig zu bekämpfen. Die Anlagen 9P157-2 und 9P157-3 sind mit Wärmebildoptiken und kombiniertem Laserlenkradar ausgestattet.

Die Panzerabwehr-Lenkraketen 9M123 und 9M123F verfügen über eine Tandemhohlladung (Hartziele) bzw. einen thermobarischem Gefechtskopf (Weichziele und Bunker). Der Raketenmotor plus Lenkanlage sitzt im Heck. Die Ruder sind senkrecht zur Achse der Strahldüsen angeordnet.

Die Lenkanlage umfasst eine Radarlenkung und eine halbaktive Laserzielsuche mit Detektor OLSU, welche die Lenkflugkörper entweder automatisch per Funkstrahl (Radar) oder halbautomatisch per Laserstrahl ins Ziel steuern.

Panzerabwehrrakete 9K132 „Schturm-SM"

Die Lenkwaffe 9K114 „Schturm-S" (Sturm, Sturmangriff) wurde Anfang der 1980er Jahre von der sowjetischen Armee übernommen und anschließend in verschiedenen militärischen Konflikten gegen Kampfpanzer, gepanzerte Fahrzeuge, Weichziele, langsam fliegende Flugziele und Feldbefestigungen eingesetzt. Die Panzerabwehreinheiten erhielten dann die modernisierte, allwetter- und nachtkampftaugliche Anlage 9K132 „Schturm-SM" auf Plattform des Kettentransporters MT-LB, nun Jagdpanzer 9P149.
Der Komplex umfasst:

- Waffenanlage plus Plattform:
- Kampffahrzeug 9P149M;
- Lenkflugkörper 9M114;
- Lenkflugkörper 9M114F;
- Lenkflugkörper 9M120;
- Lenkflugkörper 9M120F;
- Lenkflugkörper 9M120F-1;
- Panzerabwehrrakete 9M120-1;
- Lenkflugkörper 9M120-1F;
- Lenkflugkörper 9M120-1F-1.
- Wartungssatz.
- Ausbildungs- und Übungsgerät.

Der Jagdpanzer 9P149M ist mit einem einziehbaren Werfer ausgestattet, der automatisch aus dem Kampfsatz von 10–12 Raketen wählt und lädt. Die Bedienung/Besatzung umfasst 2 Personen.

Die Rakete 9M114 „Kokon" (Kokon) stellt im Übrigen den weltweit ersten Überschall-Lenkflugkörper ihrer Klasse dar. Er ist mit einem Festtreibstoff-Starttriebwerk und einem Marschtriebwerk ausgestattet und durchschlägt 560–600 mm Panzerstahl. Die Variante 9M114F verfügt über einen Spreng-Brand-Gefechtskopf.

Die Rakete 9M120 „Ataka" (Attacke, Angriff) ist mit einem Tandem-Hohlladungsgefechtskopf ausgestattet, der mindestens 800 mm Panzerstahl durchschlägt. Die „F"-Varianten verfügen über einen Spreng-Brand- und die „F-1"-Versionen über einen Splittergefechtskopf.
Die Merkmale des Komplexes umfassen:

- Die Fähigkeit, Ziele bei Tag und Nacht und bei jedem Wetter zu bekämpfen;
- hohen Panzerdurchschlag auch hinter Verbund- und Reaktivpanzerung;
- ein reiches Munitionsspektrum, das einen vielseitigen Einsatz erlaubt;
- hohe Zuverlässigkeit und Beweglichkeit dank Kettenplattform.

Technische Angaben	
Lenkart	Funk/Radar (automatisch) und Laser (halbautomatisch)
Masse, kg:	
Kampffahrzeug	12.000
Lenkflugkörper 9M120	49,5
Gefechtskopf	Tandem-Hohlladung, Sprengbrand, Splitter
Panzerdurchschlag 9M120 (hinter Zusatzpanzerung), mm	800
Schussweite, m	
Mindestzielabstand	400
Maximal	5800

Panzerabwehr-Lenkrakete 9K132 „Schturm-S" mit Abschussbehälter. kbm.ru

Rakete 9M120 des Panzerabwehrkomplexes „Schturm-SM".
Foto: Degtjarjowwerk

Modernisiertes Panzerabwehr-Lenkraketensystem „Schturm-SM" auf Jagdpanzer 9P149. kbm.ru

BAJONETTE UND KAMPFMESSER

Nach modernen Panzerabwehr-Lenkwaffen auf Bajonette und Kampfmesser zu schwenken, gleicht fast einer Reise mit der Zeitmaschine aus dem Atomzeitalter zurück in die Steinzeit. Und doch haben kalte oder blanke Waffen beim Militär nach wie vor ihre Berechtigung und können auf eine lange Geschichte zurückblicken. Sie beherrschten über Jahrhunderte die Schlachtfelder. Die in der frühen Neuzeit erschienenen Pulvergewehre sah man zunächst nur als nützliche Ergänzung, und noch im 18. Jahrhundert pflichteten viele hohe Offiziere der Aussage des russischen Feldmarschalls Alexander Suworow (1730–1800) bei, dass „die Kugel eine Närrin, das Bajonett aber weise" sei.

Die Entwicklung des Maschinengewehrs Ende des 19. Jahrhunderts revolutionierte die Kriegführung. In den Schlachten des Ersten Weltkriegs führten größere Bajonettangriffe nur dann noch zum Erfolg, wenn zuvor die Maschinengewehrnester des Feindes durch Artilleriefeuer ausgeschaltet worden waren.

In der Roten Armee hielt der Glaube an die „Allmacht des Bajonetts" vielleicht am längsten an. Noch während des 2. Weltkriegs griff die sowjetische Infanterie noch häufig mit Bajonett an; aber auch auf deutscher Seite hieß es noch häufig „Seitengewehr pflanzt auf!", insbesondere bei Nachtangriffen und Nahgefechten. Nach sowjetischer Statistik kam es in etwa 13 von 100 Nahkämpfen auch zum Einsatz von Messern. Bemerkenswerter Weise setzte auch der sowjetische Geheimdienst noch lang auf die kalte Waffe und nutzte sie, wie es heißt, in 22 von 100 operativen Zusammenstößen – hauptsächlich Agenteneinsätzen mit Kampfauftrag hinter den feindlichen Linien.

Auch nach dem Krieg mochten die sowjetischen Streitkräfte nicht auf das Klappbajonett am Simonow-Karabiner SKS verzichten und statteten die Kalaschnikow-Sturmgewehre AK, AKM und AK-74 mit aufpflanzbaren Messerbajonetten aus. Die Schaffung eines speziellen Infanterie-Kampfmessers erübrigte sich aufgrund des Vorhandenseins dieser Bajonette mit Messerklinge. Für so genannte Späher oder Kundschafter – also Angehörige von Aufklärungseinheiten – sowie für Sonderverbände schuf man in Kleinserie die multifunktionalen Aufklärer-Messer NR und NR-2 sowie deren Schießversionen NRS und NRS-2.

Fallschirmjäger bei der öffentlichkeitswirksamen Vorführung von Bajonettkampftechniken.

Spätestens während des Afghanistan-Krieges dämmerte es selbst den Herren im Verteidigungsministerium, dass ein Bajonett mit Messerklinge ein Gebrauchsmesser bei weitem nicht immer ersetzen kann – man denke vor allem an den Gebrauch als Schneidwerkzeug. Daher erteilte das Verteidigungsministerium 1990 der Ischewsker Maschinenfabrik den Auftrag zur Entwicklung eines neuen Armeemessers „Basurmanin" (Andersgläubiger, Mohammedaner). Die wenig zufrieden stellenden Ergebnisse eines Truppenversuchs Ende 1995 führten zur Entwicklung eines zweitens Modells auf Grundlage des ersten, das nach der Truppenerprobung in Tadschikistan unter der Bezeichnung „universelles Kampfmesser" angenommen wurde. Es taugte nicht nur als Waffe, sondern auch als Feld- und Überlebensmesser. Zur Massenfertigung dieses Messers kam es jedoch nie – vor allem aufgrund der Erkenntnis, dass es in der Fertigung zu aufwändig und teuer und überdies zu schwer war.

Da es nun praktisch keine Standard-Kampfmesser mehr gab, erteilten einzelne Waffengattungen russischen Unternehmen eigenständig Aufträge zur Entwicklung und Fertigung von Kampf- und Feldmessern. So entstanden mehrere recht erfolgreiche Modelle, die noch heute in Dienst stehen.

Die nächste wichtige Etappe in der Entwicklung russischer Militärmesser und Bajonette ging mit der Schaffung der neuen „Ratnik"-Kampfausrüstung einher. So wurde das neue Messerbajonett SchN-2 (GRAU-Index 6X9-1), das sich auf die Sturmgewehre AK-12 und AEK-971 aufpflanzen lässt, nach Erprobungen Teil der Ausrüstung. Auch das nicht aufpflanzbare Modell NB-2 „Schmel" (Hummel), GRAU-Index 6X9, schaffte es. Es ist für Soldaten bestimmt, die nur eine Pistole, eine Maschinenpistole oder ein verkürztes Sturmgewehr (auf die sich keine Bajonette aufpflanzen lassen) als persönliche Waffe führen.

Die Zahl der im Folgenden vorgestellten, an die 20 bei Streitkräften und Sonderverbänden eingeführten Messer- und Kampfmesser-Modelle lässt sich durch reine Notwendigkeit kaum erklären, außer vielleicht durch den Umstand, dass fast jeder Sonderverband sein eigenes Messersüppchen kocht. Sie zeigt aber auch das russische Faible für blanke Waffen.

Für Taucher und Kampfschwimmer der Marine und der Spezialeinheiten sind Tauchermesser als Werkzeuge und Waffen hingegen unentbehrlich. Das russische Verteidigungsministerium erließ sogar eine Vorschrift, die das Tauchen ohne Messer streng verbietet. Denn was will der gute Taucher ohne Messer anstellen, wenn er sich unter Wasser etwa in einem Netz oder Tau verheddert oder ihm ein feindlicher Kampfschwimmer auf die Flossen rückt? Letztlich wurde das klassische Tauchermesser, mehr Werkzeug als Waffe, in ein taktisches Messer für Kampfschwimmer verwandelt.

Ja und dann gibt es ja noch die Offiziersdolche, die nach wie vor Bestandteil der Ausgehuniform russischer Offiziere sind. Einige Einheiten mit repräsentativen Aufgaben führen sogar noch – oder wieder – die klassische „Schaschka", den leicht gekrümmten Kosakensäbel.

Blanke Waffen machen halt was her.

Messerbajonett 6X4 für Sturmgewehr AK-74

Für jüngere AKM-Muster und AK-74-Sturmgewehre gibt es das Messerbajonett 6X4, welches das Vorgängermodell 6X3 ersetzte. Dank des Sägerückens, der „Hecht"-Spitze mit Schor und der Möglichkeit, es mit Hilfe der Scheide und eines ovalen Klingendurchbruchs in eine Drahtschere zu verwandeln, lässt es sich zu einer Vielzahl von Arbeiten verwenden.

Äußerlich unterscheidet sich das 6X4 nur wenig vom 6X3. Es besteht aus einer einschneidigen Klinge, am Rücken gezähnt, der Parierstange und dem Kunststoffgriff. Der Schor (Rückschneide) der „Hechtnase" bildet zusammen mit einer Ausnehmung unten an der Scheide den Drahtschneider. Zur Fixierung als Bajonett am Sturmgewehr dienen der Laufring der Parierstange sowie eine Federklinke am Griffrücken mit T-förmiger Öffnung für das entsprechende Gegenstück unter dem Lauf. Die beiden Kunststoffgriffschalen des 6X3 wurden beim 6X4 durch ein Kunststoffgehäuse ersetzt, das mittels Schraube am Erl gehalten wird.

Die Stahlscheide ist fast über die gesamte Länge mit Kunststoff ummantelt, der als Schutz vor Stromschlägen bei der Verwendung als Drahtschere dient. Von der Klingen-Aussparung zum Drahtschneiden war bereits die Rede. Zur Befestigung am Koppel dient eine Lederschlaufe mit Riemen zum Fixieren des Bajonetts in der Scheide.

Eckdaten	
Gesamtlänge, mm	270
Klingenlänge, mm	150
Klingenbreite, mm	30

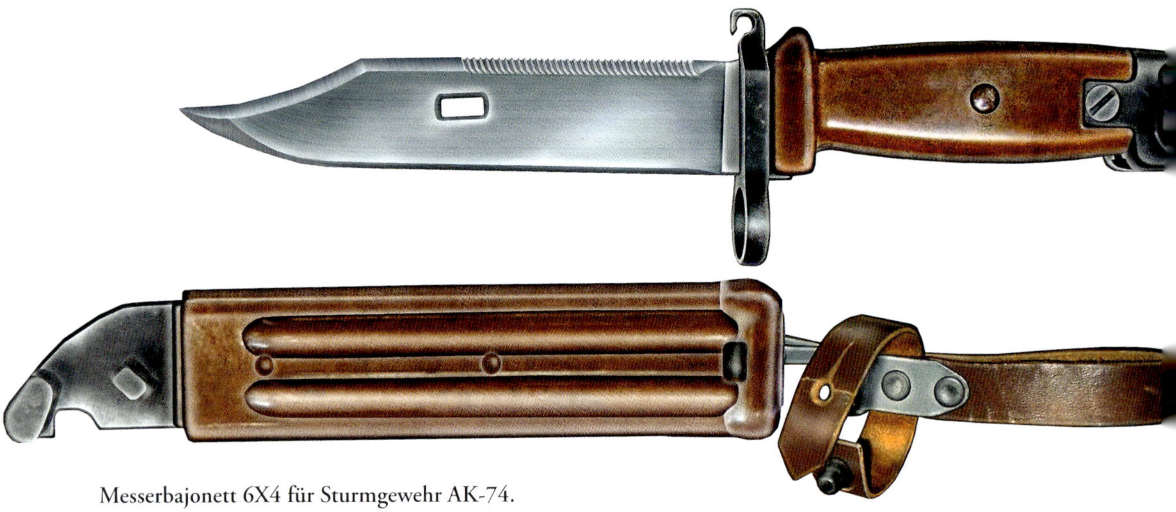

Messerbajonett 6X4 für Sturmgewehr AK-74.

Messerbajonett 6X5 für Sturmgewehr AK-74 und AN-94

Seit Anfang der 1990er-Jahre wurden Kalaschnikow-Sturmgewehre AK-74 mit dem Messerbajonett 6X5 Modell 1989 ausgestattet, das auch zum Lieferumfang der Kalaschnikow-Modelle der 100er-Serie und des Nikonow-Sturmgewehrs AN-94 gehört.

Das 6X5-Bajonett zeichnet sich durch eine schmalere Klinge mit dolchartiger Spitze und die ausgeprägte Fehlschärfe an der Schneide aus, welche die Schnittfähigkeit nicht eben verbesserte. Der Klingenrücken weist einen feinen Sägeschliff auf, mit dem sich auch Metall sägen lässt. Wie das 6 x 4 lässt sich das 6X5 mit der Scheide zur Drahtschere kombinieren. Zur Fixierung am Lauf dienen ein Laufring an der Parierstange und eine T-förmige Nut mit Federverriegelung an der Oberseite des Griffs.

Der Griff besteht aus pflaumenfarbenem oder schwarzem Kunststoff. Drei ringförmige Vorsprünge erhöhen die Griffsicherheit. Die Stahlscheide ist fast

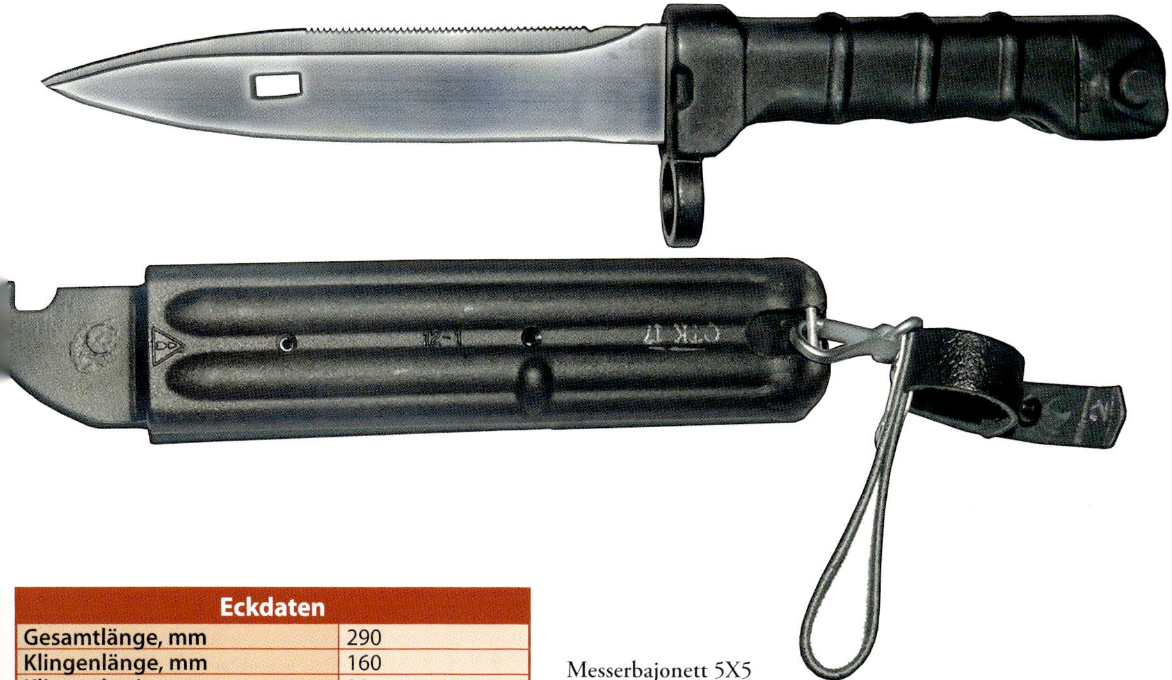

Eckdaten	
Gesamtlänge, mm	290
Klingenlänge, mm	160
Klingenbreite, mm	29

Messerbajonett 5X5
für Sturmgewehr AK-74M und AN-94.

über die gesamte Länge mit Kunststoff überzogen (siehe oben 6X4). Eine hakenförmige Nase mit Ausnehmung an der Spitze bildet das Gegenstück zum Klingenschor beim Drahtschneiden. Eine Lederschlaufe mit Riemen zum Fixieren des Bajonetts in der Scheide dient der Befestigung am Koppel.

Das Modell 6X5 wird von der Ischewsker Maschinenfabrik hergestellt, die es auch an den gewerblichen Handel liefert.

Messerbajonett 6X9-1 SchN-2

Für die „Ratnik"-Kampfausrüstung schuf das Unternehmen KAMPO das Messerbajonett SchN-2, womit wohl die Sturmgewehre AK-12 oder AEK-971 ausgestattet werden. Wie andere russische Seitengewehre erfüllt das SchN-2 die Aufgaben sowohl eines Bajonetts als auch eines Feld- und Kampfmessers. Es verfügt über eine relativ kurze, dolchförmige Klinge, die für Stichschläge ausgelegt ist. Hohlkehlen erhöhen die Steifigkeit der Klinge.

Im Gegensatz zu den meisten anderen sowjetrussischen Messerbajonetten fehlt hier der Durchbruch in der Klinge zum Bilden einer Drahtschere zusammen mit der Scheide. Diese Aufgabe übernimmt beim SchN-2 allein die mit einer speziellen Vorrichtung ausgestatte Scheide. Die Parierstange und der Kunststoffgriff sind für das Aufplanzen auf ein Sturmgewehr eingerichtet (Laufring, Federverriegelung). Ein Loch im Griff dient zum Anbringen eines Fangriemens. Das Bajonettmesser wird mit einer Scheide und einer Tragetasche geliefert.

Eckdaten	
Gesamtlänge, mm	290
Klingenlänge, mm	162
Klingenbreite, mm	30
Klingenstärke, mm	5

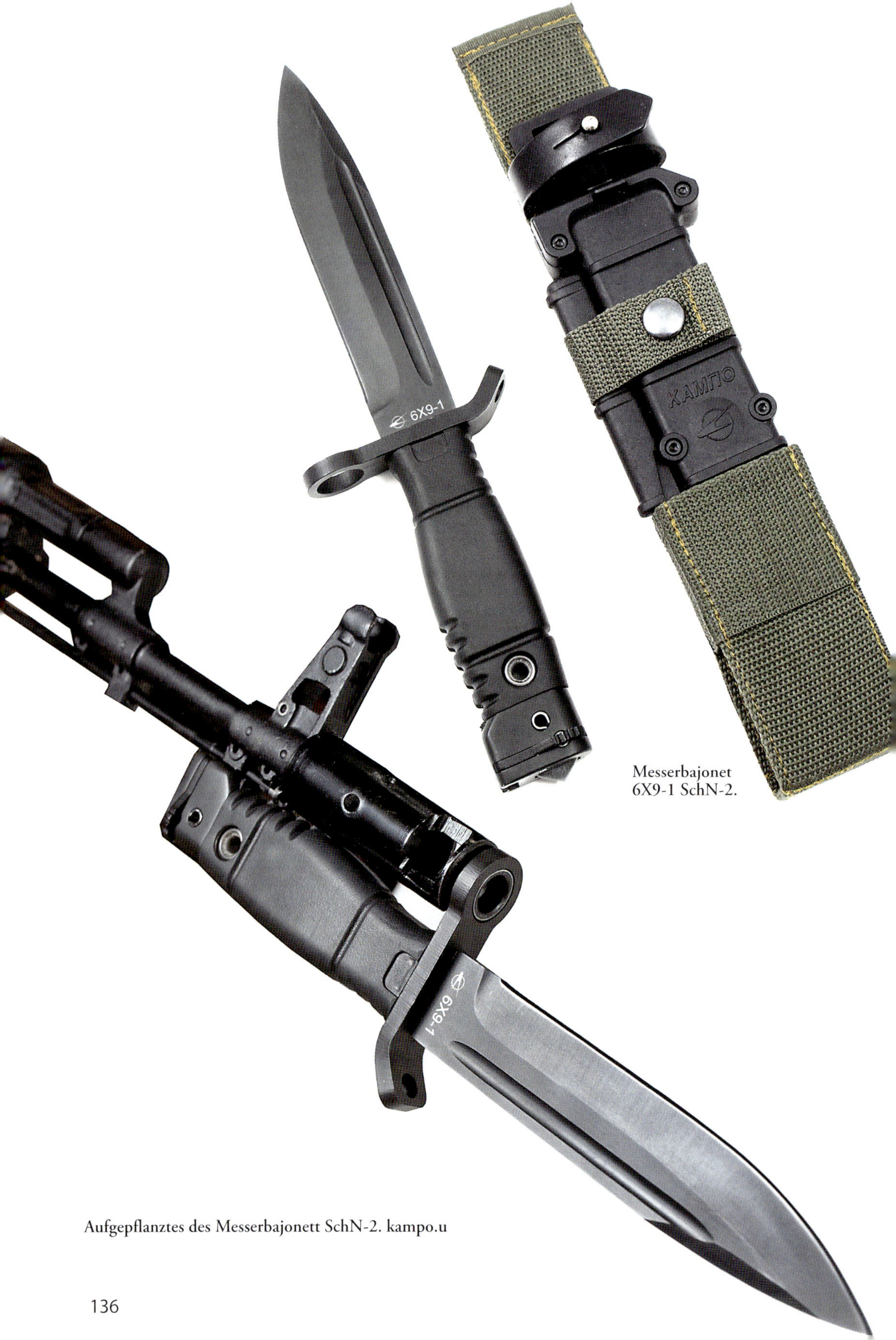

Messerbajonet
6X9-1 SchN-2.

Aufgepflanztes des Messerbajonett SchN-2. kampo.u

Armeemesser 6X6 NA-99 „Basurmanin“

1990 erging an das Unternehmen Ischmasch der Entwicklungsauftrag für ein neues Feldmesser „Basurmanin“ (Andersgläubiger, Mohammedaner). 1995 bestand ein Prototyp die Truppenerprobung bei den Grenztruppen in Tadschikistan und bei der Luftsturmbrigade der Luftlandetruppen. Nach Beseitigung festgestellter Mängel wurde das Messer unter der Bezeichnung NA-99 (*Nosch Armeiski,* Armeemesser 99) mit GRAU-Index 6X6 angenommen und ein Los gefertigt.

Das NA-99 erfüllt die Aufgabe einen Kampf-, Überlebens- und Feldmessers – vom Nahkampf über die Nahrungszubereitung bis zu Arbeiten im Biwak. Es verfügt über eine leicht konkave einschneidige Klinge (Verbesserung der Schneide-Eigenschaften) ohne Hohlkehle und mit dolchartiger Spitze zur Ausführung von Stichschlägen. Die brünierte Klinge besteht aus hochwertigem Stahl. Die gerade Parierstange ist an einem Ende verdickt, wodurch es sich als Hämmerchen gebrauchen lässt. Im hohlen Metallgriff lassen sich Gegenstände der sogenannten NAS-Überlebensausrüstung (GRAU-Index 6X7) unterbringen.

Die Scheide besteht aus zwei aufklappbaren Hälften mit inneren Hohlräumen, die sich als Drahtschere verwenden lassen. In den Hohlräumen befinden sich ein kleiner Kompass, ein Schleifstein zum Schärfen der Klinge, eine Holzsäge, eine kleine multifunktionale Klinge mit Widerhaken und eine strapazierfähige Nylonschnur.

Das Tragesystem für die Befestigung am Koppel ermöglich die Abnahme der Scheide ohne Lösen des Koppelschlosses.

Eckdaten	
Gesamtlänge, mm	280
Klingenlänge, mm	160
Klingenbreite, mm	29

1-62-1 Armeemesser 6 x 6 NA-99 „Basurmanin“.

Kampfmesser 6X9 NB-2 „Schmel“

Das Unternehmen KAMPO entwickelte das Kampfmesser NB-2 „Schmel“ (Hummel) für die neue „Ratnik“-Kampfausrüstung als Variante des Messerbajonetts SchN-2 (NB = *Nosch Bojewoi*, Kampfmesser). Daher verfügen beide über den gleichen GRAU-Index 6X9. Es ist für Soldaten bestimmt, die laut Ausrüstungsnachweisung als persönliche Bewaffnung kein Standard-Sturmgewehr, sondern eine Pistole, eine Maschinenpistole oder ein verkürztes Sturmgewehr Typ AKS-74U (ohne Bajonett-Aufpflanzvorrichtung) führen. Der einzige Unterschied zum Messerbajonett SchN-2 besteht darin, dass das NB-2 eben über keine Aufpflanzvorrichtung verfügt. Seine relativ kurze Klinge mit breiter Schneide ist für Stiche und Schneidschläge ausgelegt. Hohlkehlen erhöhen die Steifigkeit der Klinge und vermindern das Gewicht. Die Klinge aus hochwertigem Edelstahl erhielt zur Vermeidung verräterischer Lichtreflexe eine dunkle Beschichtung.

Das „Schmel“ steckt in der gleichen Kunststoffscheide wie das Messerbajonett SchN-2, deren Hälften, zur Drahtschere kombiniert, bis zu 3 mm dicke Drähte kappen. Die Tragevorrichtung ermöglicht die Befestigung des Messers sowohl am Koppel als auch an der Kampfausrüstung oder am Bein.

Eckdaten	
Gesamtlänge, mm	281
Klingenlänge, mm	162
Klingenbreite, mm	30
Klingenstärke, mm	5

Kampfmesser NB-2 „Schmel“.

Schießmesser 6P25 NRS/NRS-2

Schießmesser gehörten schon zur Bewaffnung der Sonderaufklärungseinheiten der Sowjetarmee und des Auslandsnachrichtendienstes KGB. Sie werden noch heute von russischen Sondertruppenteilen (Speznas) eingesetzt. Neben der Stich- und Hiebfunktion im Nahkampf bieten sie zusätzlich die Möglichkeit eines schallgedämpften, einigermaßen zielgenauen Schusses auf Entfernungen bis 25 m.

Das NRS (*Nosch Raswedtschika Streljaischtschi,* Schießmesser für Kundschafter) entstand in den 1970er-Jahren unter maßgeblicher Mitwirkung von R. D. Chlynin. Es erhielt den GRAU-Index 6P25. Als Grundlage diente ein konventionelles NR-Kampfmesser der Aufklärer, dessen Griff man mit einer schallgedämpften Vorrichtung zum Verschießen einer Spezialpatrone 7,62 mm SP.3 versah. Sie besteht aus einem abnehmbaren Lauf mit Verriegelungsvorrichtung (zwei am Lauf angebrachte Verriegelungswarzen), einem Spannhebel, einem Sicherungshebel und einem Abzugshebel.

Die Parierstange verfügt über eine Kimme und der Knauf über ein Korn (die Messerspitze zeigt beim Schuss zum Schützen).

Die Kunststoffscheide verfügt über eine metallene Spitze mit Ausnehmung, die sich mittels eines seitlichen Zangengriffs in eine Drahtschere verwandelt, mit der sich Drähte und (dank der Kunststoffisolierung) Stromkabel mit bis zu etwa 380 Volt kappen lassen.

In den frühen 1980er-Jahren kam die 7,62-mm-Spezialpatrone SP.4 mit stärkerer Zielwirkung als die SP.3 auf. Das Sonderkonstruktionsbüro der Waffenfabrik Tula richtete das NRS für sie ein, und daraus wurde das 1986 in Dienst gestellte Schießmesser NRS-2. Das Korn ist nicht mehr aus Kunststoff, sondern Metall und lässt sich in der Höhe verstellen.

Das NRS-2 weist wie das NRS einen Sägeschliff am Rücken auf, mit dem sich bis zu 10 mm Stahl durchsägen lassen. Mit der gehärteten Klinge lassen sich Stahldraht und Telefonkabel durchschneiden, mit der scharfen Bowie-Spitze Spitze dicke Kleidung und bis zu 1 mm Stahlblech durchbohren.

Am Ende der Scheide befindet sich ein Schraubendreher, mit der sich Schrauben mit einem Durchmesser von über 6 mm heraus- oder hineindrehen lassen. Die Scheide erhielt überdies eine Vorrichtung zum Würgen („Crimpen") von Zündkapseln.

Mittels Lederschlaufe lässt sich die Scheide am Koppel bzw. mit Gummiband am Bein tragen. Im Lieferumfang enthalten sind außerdem ein Griffeinsatz (wird anstelle des Schießgeräts beim Üben von Messerwurftechniken verwendet), eine Tasche für 4 Patronen und ein Federmäppchen mit Zubehör.

Neben dem NRS-2 gibt es die nicht-schießende Ausführung NR-2.

Technische Angaben (Schießgerät)	
Kaliber	7,62 mm
Patrone	7,62 x 52 mm SP.4
Gesamtlänge Messer, mm	290
Lauflänge, mm	60
Gewicht, kg	0,57

Schießmesser 6P25 NRS-2.

Schießmesser OS-54 „Komplekt"

Ein Beispiel für die persönliche Ausrüstung von Spezialeinheiten stellt der Geräteatz OS-54 „Komplekt" (Satz, Garnitur) für längere Operationen hinter den feindlichen Linien dar, der neben dem Schießmesser eine Säge, ein Beil sowie eine Tragetasche mit Fächern für eine Ahle und anderes Zubehör enthält.

Das Schießmesser ist das Hauptelement des OS-54-Satzes. Es besteht aus den zwei Hauptteilen Griff und Klinge, die in der Länge etwa der Klinge eines AKM-Messerbajonetts entspricht. Im Griff mit einer isolierenden Beschichtung gegen Stromstöße befindet sich das Schießgerät mit Spann- und Abzugsmechanismus. Der 9-mm-Lauf für die PM-Patrone lässt sich durch einen Lauf für eine andere Patrone ersetzen, etwa die 7,62 x 42 mm SP.2 oder SP.3, die 5,45 x 18 mm MSP oder die 9 x 18 mm PM. Aufgrund der geringen Masse des Messers und der daraus resultierenden hohen Rückstoßkraft, schied die Variante 9 x 18 mm PM wieder aus.

Im Unterschied zu den Schießmessern NRS und NRS-2 zeigt die Mündung des OZ-54 über dem Klingenrücken in Richtung Klingenspitze, was die Treffgenauigkeit erhöht. Außerdem ist ausgeschlossen, dass sich bei Fehlfunktionen (etwa aufgrund einer zu hohen Ladung, einer beschädigten Patrone oder verstopftem Lauf) die Klinge vom Griff löst und ins Auge/Gesicht des Schützen fliegt.

Die Daumenentriegelung befindet sich vor dem Griff etwas unter dem Lauf. Der Sicherungshebel blockiert den Abzug und verhindert des Weiteren, dass sich bei entriegeltem Lauf ein Schuss lösen kann. Gezielt wir über ein Korn am Gehäuse links vom Auslöseknopf und einer Kimmennut im Griff. Zum Nachladen muss die Klinge vom Griff entfernt werden. Bei Bedarf lässt sie sich gegen eine langzahnige Säge für Holz und nichtmetallische Gegenstände tauschen. Zum Satz gehört auch ein Beil mit halbmondförmiger Schneide, und die Tragetasche bietet Platz für eine Ahle und anderes Zubehör.

Technische Angaben (Schießgerät)	
Kaliber	7,62 mm
Patrone	7,62 x 42 mm SP.3
Gesamtlänge Messer, mm	310
Klingenlänge, mm	160

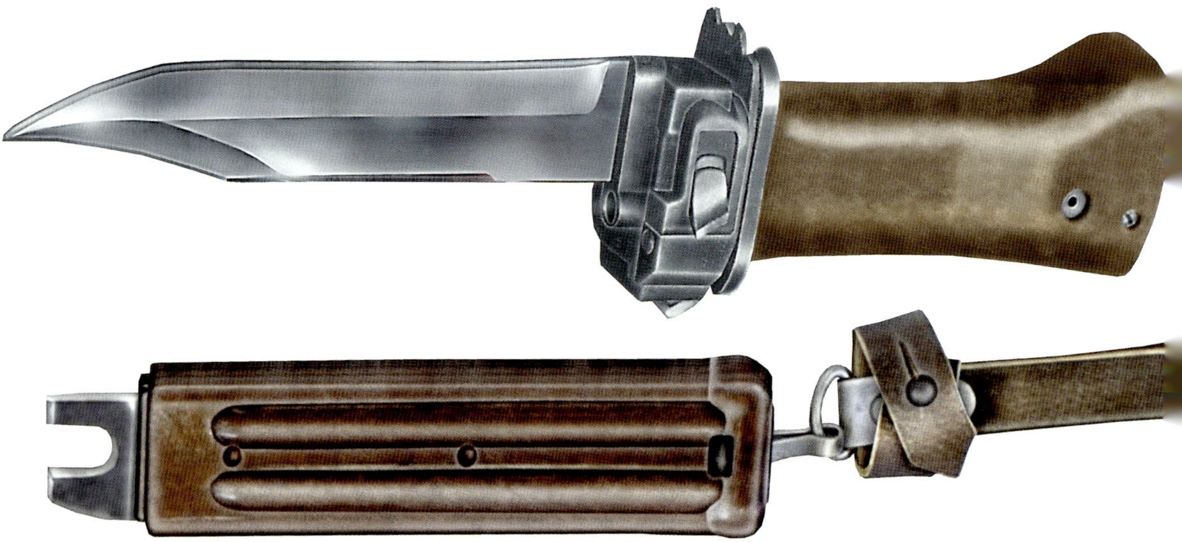

Schießmesser OS-54 „Komplekt".

Kampfmesser „Witjas NSN“

Das Kampfmesser „Witjas NSN“ (Recke, Degen; NSN = *Nosch Spezialnogo Nasnatschenija,* Messer für besondere Zwecke) wurde im Auftrag des ersten Kommandeurs der Spezialeinheit „Witjas“ S. I. Lysjuk entwickelt und wird vom Unternehmen Melita-K für russische Sonderverbände hergestellt.

Es verfügt über eine schwere, 180 mm lange Klinge mit dolchartiger Spitze, deren Rückschneide (Schor) sich etwa über gut ein Drittel des Rückens erstreckt. Aufgrund dessen und der Schwerpunktlage der Klinge unter der Spitze eignet es sich sehr gut zum Stechen und Hauen und im Übrigen auch zum Schneiden. Die Klinge besteht aus Stahl 50X14MF oder 70X16MFS mit einer Härte von 52–56 HRC. Eine Antireflexbeschichtung verhindert verräterische Lichtspiegelungen. Die gebogenen Enden der Parierstange weisen zur Spitze.

Der ergonomisch geformte Griff besteht aus gepresstem Leder oder thermoplastischem Elastomer. Mittels eines Metallknaufs lassen sich Schläge ausführen. Ein Loch dient zum Anbringen eines Fangriemens. Die Scheide besteht aus strapazierfähigem Leder.

Eckdaten	
Gesamtlänge, mm	305
Klingenlänge, mm	180
Klingenstärke, mm	5
Klingenbreite, mm	28
Klingenhärte, HRC	52–56

Kampfmesser „Witjas NSN“. Zivile Aufführung ohne Antireflex-Beschichtung.

Kampfmesser „Witjas“

Das Kampfmesser „Witjas“ des Unternehmens Melita-K ist eine jüngere Modifikation des „Witjas NSN“ nach Wünschen russischer Spezialverbände. Die Klinge entspricht dem „Witjas NSN“, erhielt aber zur Erhöhung der Steifigkeit Hohlkehlen. Es gibt zwei Ausführungen mit den Klingenlängen 150 und 170 mm, was einer Gesamtlänge von 270 bzw. 290 mm entspricht. Die Klinge wird mit fortschrittlicher Technologie aus Stahl 50X14MF oder 70X16MFS mit Klingenhärte 52–56 HRC gefertigt und erhält eine Antireflexbeschichtung.

Der ergonomisch geformte Elastomer-Griff verfügt über ausgeprägte Fingerrillen für besseren Halt und der massive Metallknauf über ein Loch zum Anbringen eines Fangriemens.

Das Messer wird mit einer Scheide aus strapazierfähigem Leder geliefert. Die Schlaufe dient zum Tragen des Messers am Koppel und ein Riemen zum Fixieren in der Scheide.

Eckdaten	
Gesamtlänge, mm	270–290
Klingenlänge, mm	150–170
Klingenstärke, mm	5
Klingenbreite, mm	28
Klingenhärte, HRC	52-56

Kampfmesser „Witjas“.

Kampfmesser „Gijurza“

Messerspezialist Melita-K stellt für Sondereinheiten auch das Kampfmesser „Gijurza“ (Levante-Otter) her, das über eine relativ schmale Klinge von 155 mm Länge mit dolchartiger Spitze und langem Schor verfügt. Der obere Schneidenteil erhielt einen Wellenschliff zum Schneiden oder Sägen von Seilen und Kabeln. Aufgrund seiner Form eignet es sich aber vor allem zum Stechen und Hauen. Die Klinge besteht aus Stahl 50X14MF oder 70X16MFS mit einer Härte von 52–56 HRC. Eine dunkle Antireflexbeschichtung verhindert verräterische Lichtspiegelungen und der nach vorn gebogene Handschutz zuverlässig das Abrutschen der Hand bei Stoß und Stich.

Der Griff besteht aus gepresstem Leder oder Elastomer mit einem Loch zum Anbringen eines Fangriemens. Das Messer wird in einer strapazierfähigen Lederscheide mit Gürtelschlaufe einschließlich Befestigungsriemen geliefert

Kampfmesser „Gijurza“ mit apartem Klingenmuster.

Eckdaten	
Gesamtlänge, mm	278
Klingenlänge, mm	155
Klingenstärke, mm	5
Klingenbreite, mm	26
Klingenhärte, HRC	52–56

Kampfmesser „Gijurza“ mit Antireflex-Beschichtung der Klinge und ohne.

Kampfmesser „Irbis“

Kampfmesser „Irbis“ mit Scheide.

Das Kampfmesser „Irbis“ (Schneeleopard) entwickelte Melita-K aus der „Smersch“-Serie (siehe 1-73) nach Vorgaben verschiedener Spezialtruppenteile. Dazu zählen insbesondere die selbstständige motorisierte 33. und 34. Gebirgsbrigade.

Das Messer hat eine relativ schmale Klinge mit dolchähnlicher Spitze und auf etwa halber Länge geschliffenem Rücken, was die Stoßeigenschaften unterstreicht. Die beidseitige Hohlkehle erhöht Steifigkeit und Festigkeit der Klinge. Vor dem Heft blieb ein Teil der Schneide ungeschärft, was eine bessere Handhabung mit zur Klinge ausgestreckten Fingern ermöglicht.

Die Klinge besteht aus Stahl 65X13, 50X14MF oder 70X16MFS mit Härte 52–56 HRC und Antireflexbeschichtung. Ein kurzer Handschutz mit zur Spitze gebogenen Enden schützt die Hand beim Zustoßen vor dem Abrutschen. Der Elastomer-Griff hat am Knauf eine Fangriemen-Öse. Zum Lieferumfang gehören eine Lederscheide mit Befestigungsmöglichkeiten an Koppel, Arm, Bein oder Ausrüstung.

Eckdaten	
Gesamtlänge, mm	237
Klingenlänge, mm	130
Klingenstärke, mm	5,6
Klingenbreite, mm	22
Klingenhärte, HRC	52–56

Kampfmesser „Irbis“.

Kampfmesser „Kaiman“

Für den üblichen Kundenkreis produziert Melita-K nach Behördenauftrag auch das Kampfmesser „Kaiman“ mit langer, Dolchklinge für hohe Effizienz beim Stechen. Die Klinge ist auch am Rücken auf über die halbe Länge geschärft. Eine beidseitige mittige Hohlkehle trägt als klassische Blutrinne zur Festigkeit bei. An der Fehlschärfe oben und unten befinden sich ungeschärfte Bereiche, die es ermöglichen, das Messer mit zur Klinge ausgestreckten Fingern zu handhaben.

Die Klinge aus Stahl 50X14MF oder 70X16MFS weist eine Härte von 52–56 HRC auf und erhielt eine Antireflexbeschichtung. Die Enden des Handschutzes sind als Parierstange zur Klinge hin gebogen. Der Griff aus gepresstem Leder oder Elastomer besitzt einen Metallknauf mit Loch zum Anbringen eines Fangriemens. Zur Lederscheide gehört eine Trageschlaufe mit Befestigungsriemen.

Eckdaten	
Gesamtlänge, mm	290
Klingenlänge, mm	167
Klingenstärke, mm	6
Klingenbreite, mm	32
Klingenhärte, HRC	52–56

Kampfmesser „Kaiman“ in zwei zivilen Ausführungen ohne Antireflex-Beschichtung..

Kampfmesser „Kobra“

Nach Vorstellungen verschiedener Sondertruppenteile der Russischen Föderation schuf Messerspezialist Melita-K auf Grundlage des Modells „Akela“ das Kampfmesser „Kobra“. Es zeichnet sich durch seine schlichte elegante Form und eine hervorragende Verarbeitung aus. Die schmale, 155 mm lange dolchartige Klinge ist beidseitig geschliffen und verrät dadurch ihren Hauptverwendungszweck Stoß und Stich, was das mit 5 mm relativ stark geratene Material aus hochwertigem Stahl 50X14MF oder 70X16MFS noch unterstreicht (Härte 52–56 HRC).

Das Abrutschen der Hand zur Klinge verhindert ein kurzer Handschutz mit zur Spitze gebogenen Enden. Der Griff aus gepresstem Leder oder Elastomer besitzt einen massiven Metallknauf zum Schlagen. Über eine Öse lässt sich ein Fangriemen anbringen.

Zur Scheide aus strapazierfähigem Leder gehören eine Gürtelschlaufe und ein Befestigungsriemen zum Fixieren des Messers.

Eckdaten	
Gesamtlänge, mm	278
Klingenlänge, mm	155
Klingenstärke, mm	5
Klingenbreite, mm	26
Klingenhärte, HRC	52–56

Kampfmesser „Kobra“.

Kampfmesser NR-09

Kampfmesser NR-09.

Auch das Kampfmesser NR-09 fertigt Melita-K in offiziellem Auftrag verschiedener russischer Spezialverbände. Es handelt sich um eine modernisierte Ausführung des bekannten Modells NR-40 aus dem 2. Weltkrieg (NR = *Nosch Raswedtschika*, Kundschafter-Messer). Wie sein schlichtes historisches Vorbild erhielt das NR-09 eine einschneidige Klinge mit so genannter Hecht-Spitze, deren Schor sich zum Öffnen von Bleckdosen und anderen Dingen eignet, ohne dass die Schärfe der eigentlichen Klinge leidet.

Denn auf die kommt es an, denn letztlich ist das NR-09 mit seiner Bowie-ähnlichen Klinge mehr Gebrauchs- als Kampfmesser, eignet sich aber sehr wohl auch für diesen Zweck. Die Klinge aus Stahl 50X14MF oder 70X16MFS mit Härte 52–56 HRC weist eine Antireflexbeschichtung auf.

Das Abrutschen der Hand zur Klinge verhindert ein kurzer Knebel mit zur Spitze gebogenen Enden. Der Elastomer-Griff weist Griffrillen und ein Loch zum Anbringen eines Fangriemens auf. Zum Lieferumfang gehört eine Lederscheide mit Trageschlaufe und Befestigungsriemen.

Eckdaten	
Gesamtlänge, mm	247
Klingenlänge, mm	140
Klingenstärke, mm	3.6
Klingenbreite, mm	25
Klingenhärte, HRC	52–56

Kampfmesser „Permjak“

Das Kampfmesser „Permjak“ (Permjake, Einwohner von Perm) entwickelte Melita-K im Auftrag der FSB-Direktion des Perm-Distrikts für Antiterror- und Spezialeinheiten zur Bekämpfung der organisierten Kriminalität. Es wird ausschließlich auf Bestellung dieser Einheiten gefertigt und wurde nach ihren Vorgaben entworfen.

Die einschneidige, spitz zulaufende Klinge erinnert eher an ein Jagdmesser. Auch die Finger-Aussparung an der Fehlschärfe und der nur ansatzweise ausgebildete Handschutz deutet eher auf ein Gebrauchs- als auf ein lupenreines Kampfmesser hin. Die Klinge aus Stahl 50X14MF oder 70X16MFS mit Härte 52–56 NKS erhielt eine Antireflexbeschichtung.

Eckdaten	
Gesamtlänge mm	262
Klingenlänge, mm	150
Klingenstärke, mm	4
Klingenbreite, mm	29
Klingenhärte, HRC	52–59

Der Griff besteht entweder aus gepresstem Lederscheiben oder aus Elastomer. Der Metallknauf eignet sich für Schläge und auch zum rudimentären Hämmern. Ein Loch zum Anbringen eines Faustriemens durfte nicht fehlen. Die Lederscheide weist die übliche Gürtelschlaufe mit Befestigungsriemen auf.

Kampfmesser „Permjak“.

Kampfmesser „Smersch-5"

Das Modell „Smersch-5" (Tod den Spionen) von Melita-K kann als Weiterentwicklung des NKWD-Kampfmessers gelten, das während des 2. Weltkriegs an Angehörige der NKWD-Spionageabwehr „Smersch" ausgegeben wurde. Bei der Gestaltung orientierte man sich damals am traditionellen finnischen *Puukko* (Messer mit Holzgriff), das a) bei russischen Banditen beliebt war, b) von den Finnen im Krieg gegen die Sowjets häufig als Nahkampfwaffe eingesetzt wurde und c) aufgrund seiner Rasiermesserschärfe beliebt und gefürchtet war. Dabei war das klassische *Puukko* mit seiner kurzen einschneidigen Klinge ohne Schor und Parierstange von jeher eher Gebrauchswerkzeug denn Waffe. Dem „Smersch-5" verpasste man hingegen eine Art Bowie-Klinge mit schwachem Schor zum Öffnen von Blechbüchsen oder dergleichen. Der Messerrücken ist zur Erhöhung der Schneidkraft mit einer geriffelten Daumenauflage ausgestattet. Vor der Parierstange, eine kleine Nut, die sich zum Biegen und Brechen von Draht eignet (sofern man die richtige Technik anwendet). Die Klinge aus Stahl 50X56 HRC gilt als besonders schnitthaltig. Der ausgeprägte, zur Spitze hin gebogene Handschutz soll deshalb wohl in erster Linie die Hand vor dem Abrutschen bewahren – beim klassischen *Puukko* eine buchstäblich nicht von der Hand zu weisende Gefahr.

Der Griff des „Smersch-5" besteht wahlweise aus gepresstem Leder oder Elastomer. Fingermulden verbessern die Grifflage. Der massive Metallknauf weist ein Fangriemenloch auf.

Anders als das *Puukko* mit seiner charakteristischen Köcherscheide erhielt das „Smersch-5" – nicht zuletzt wegen der Parierstange – eine herkömmliche Lederscheide mit Gürtelschlaufe und Befestigungsriemen.

Eckdaten	
Gesamtlänge, mm	270
Klingenlänge, mm	150
Klingenstärke, mm	3,6
Klingenbreite, mm	27
Klingenhärte, HRC	52–56

Kampfmesser „Smersch-5".

Kampfmesser „Schaitan“

Das Kampfmesser „Schaitan“ (Satan, Teufel) wurde im Auftrag und nach Vorgaben einer in Kasan liegenden Einheit des Sonderverbandes SOBR des Innenministeriums entwickelt. Es handelt sich um einen Dolch mit beidseitig geschliffener Klinge, am unteren Teil mit Sägeschliff zum Kappen von Seilen und Kabeln. Die Steifigkeit der Klinge erhöht eine schmale mittige Hohlkehle. Seine Form prädestiniert den „Schaitan“ für Stich und Stoß, aber auch Hacken und Schneiden sind möglich. Die Klinge besteht aus Stahl 50X14MF oder 70X16MFS mit Härte 52–56 HRC. Eine Antireflexbeschichtung wirkt verräterischen Lichtspiegelungen entgegen. Ein Handschutz mit nach vorn abgewinkelten Enden verhindert ein Abrutschen der Hand.

Der symetrische runde Griff besteht entweder aus Lederscheiben oder Elastomer. Der Metallknauf lässt sich zum Schlagen und Hämmern verwenden. Griff, Klinge und Parierstange verleihen dem Dolch seine klassische Ästhetik.

Zum Lieferumfang gehören eine Lederscheide mit Gürtelschlaufe und Befestigungsriemen.

Eckdaten	
Gesamtlänge, mm	300
Klingenlänge, mm	180
Klingenstärke, mm	6
Klingenbreite, mm	32
Klingenhärte, HRC	52–56

Kampfmesser „Schaitan“. Oben die zivile und unten die Behördenvariante mit Antireflex-beschichteter Klinge und Kunststoffgriff.

Kampfmesser „Antiterror“

Im Vergleich mit dem dolchartigen „Schaitan“ wirkt das schwere Kampfmesser „Antiterror“ fast jagdlich. Es wurde vom Unternehmen NOKS im Auftrag des FSB für dessen Antiterror- und Spezialeinheiten zur Bekämpfung der organisierten Kriminalität entwickelt. Die Fertigung übernahm Messerspezialist Melita-K.

Die im hinteren Bereich muldenartig ausgesparte und geschärfte Fehlschärfe verbindet sich mit

Eckdaten	
Gesamtlänge, mm	283
Klingenlänge, mm	160
Klingenstärke, mm	6
Klingenbreite, mm	34
Klingenhärte, HRC	52–56

Kampfmesser „Antiterror“.

„Antiterror“-Messer mit Scheide.

einer beidseitig geschliffenen Klinge mit einer leicht konkaven Schneide (was die Schneide relativ zur Gesamtlänge verlängert). Die Parierstange weist zur Klinge gebogene Enden auf. Der an der Fehlschärfe geriffelte Klingenrücken ermöglicht eine Handhabe des Messers mit zur Klinge gestrecktem Zeigefinger, ganz praktisch bei bestimmten Feinarbeiten. Die beschichtete Klinge besteht aus hochwertigem Stahl 50X14MF oder 70X16MFS.

Der Griff besteht entweder aus Leder oder Elastomer mit Metallknauf. Zum Lieferumfang gehört die Lederscheide mit Gürtelschlaufe und Befestigungsriemen.

Kampfmesser „Karatjel“

Wie das Modell „Antiterror“ entwickelte NOKS auch das Kampfmesser „Karatjel“ (Bestrafer) für Spezialeinheiten des FSB; der Fertigungsauftrag erging an Melita-K. Die Verwandtschaft beider Modelle lässt sich nicht verleugnen, nur dass beim „Karatjel“ die Mulde am Griffrücken noch tiefer und breiter ausfiel, so auch die Breite der Klinge. Manche legen den Namen des Musters wegen der sonderbaren Klingenform als „Bestrafer der Augen des Betrachters“ aus, aber dies ist natürlich Geschmacksache.

Eine im Westen unter „Sweep-1“ bekannte Ausführung sowie die Variante „Maestro“ erhielten einen Wellenschliff an der Schneide bzw. am Klingenrücken. Der Handschutz mit nach vorn gebogenen Enden verhindert das Abrutschen der Hand. Beidseitige Hohlkehlen verringern das Gewicht und erhöhen die Steifigkeit der Klinge aus Stahl 50X14MF, 65X13, 70X16MFS oder EP853 mit Härte 52–56 HRC. Eine Antireflexbeschichtung soll verräterische Lichtreflexe verhindern. Der Griff mit Stahlknauf besteht aus Leder oder Elastomer. Die Lederscheide gibt es mit oder ohne Fach für einen Wetzstahl.

Eckdaten	
Gesamtlänge, mm	280
Klingenlänge, mm	160
Klingenstärke, mm	6
Klingenbreite, mm	39
Klingenhärte,	52–56

Kampfmesser „Karatjel“.

Kampfmesser SN-7

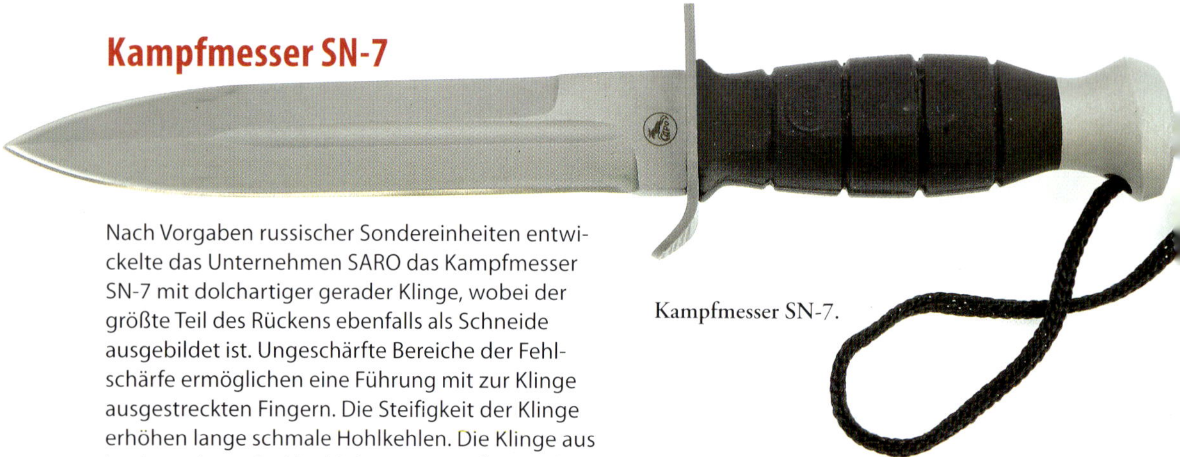

Kampfmesser SN-7.

Nach Vorgaben russischer Sondereinheiten entwickelte das Unternehmen SARO das Kampfmesser SN-7 mit dolchartiger gerader Klinge, wobei der größte Teil des Rückens ebenfalls als Schneide ausgebildet ist. Ungeschärfte Bereiche der Fehlschärfe ermöglichen eine Führung mit zur Klinge ausgestreckten Fingern. Die Steifigkeit der Klinge erhöhen lange schmale Hohlkehlen. Die Klinge aus hochwertigem Stahl erhielt eine Antireflexionsbehandlung. Der stählerne Handschutz bewahrt die Hand vor dem Abrutschen in die Klinge. Der runde, symetrische Griff mit Griffmulden verfügt über einen massiven Stahlknauf zum Schlagen und Hämmern mit Fangriemenloch.

Kampfmesser „Elf-SARO"

Das vom Unternehmen SARO nach offiziellen Vorgaben entwickelte Kampfmesser „Elf-SARO" (Elf = Elf, Elfe) soll in die Ausrüstung der motorisierten Schützenverbände und der Spezialverbände aufgenommen werden. Die einschneidige, relativ schmale Klinge mit kurzem Schor weist am Rücken einen Wellenschliff mit großen Zähnen auf. Sie besteht aus hochwertigem Stahl und erhielt eine Antireflexionsbehandlung. Der kurze Handschutz verhindert das Abrutschen der Hand in die Klinge beim Stich. Der zylindrische Griff mit breiten Rillen besteht aus gummiertem Kunststoff und verfügt über einen massiven Metallknauf zum Schlagen und Hämmern einschließlich Fangriemenloch.

Kampfmesser „Elf-SARO".

Kampfmesser „Elf“

Das Zentrale Forschungsinstitut für Feinmaschinenbau (ZNIITotschMasch) entwickelte das Modell „Elf“ als Kampf- und Überlebensmesser für die Spezialeinheiten der Hauptverwaltung Aufklärung (GRU, militärischer Nachrichtendienst). „Elf“ verfügt über eine relativ schmale, bowieartige Klinge mit Schor und wellenartiger Sägezahnung am Rücken, was die Effizienz des Messers beim Stechen erheblich erhöht. Denn Schneide und Wellenschliff erzeugen eine breite Wunde mit starker Blutung; im Vergleich zu einem reinen Sägerücken mit schräg angeordneten, spitzen Zähnen lässt es sich viel leichter herausziehen.

Die Klinge aus hochwertigem Stahl erhielt eine Antireflexbeschichtung. Die Aufgabe des Handschutzes übernehmen Vorsprünge des Griffs. Im Hohlraum des runden Griffs aus einer Aluminiumlegierung lässt sich ein Überlebenssatz (NAS) unterbringen. Für einen sicheren Halt wurde die Griffoberfläche mit einem Fischgrätenmuster versehen. Es gibt noch eine Griff-Ausführung aus glasfaserverstärktem Polyamid, die sich besser für die Verwendung bei niedrigen Temperaturen eignet. Um die Lederscheide mit Gürtelschlaufe und Befestigungsriemen ist eine hochfeste Kordel gewickelt.

Kampfmesser „Elf“ von ZNIITTotschMasch.

II. ARTILLERIE

Die russische Armee ist bekannt für ihr reiches Spektrum an Granatwerfern (Mörsern) und Rohrartillerie auf taktischer und operativer Ebene. Beispielsweise verfügen die motorisierten Schützenbataillone über 82-mm-Mörser 2B14 „Podnos" und 2B9 „Wasilek" sowie über 120-mm-Mörser 2B11 „Sani". Die artilleristische Feuerkraft der motorisierten Schützenbrigaden basiert auf dem Mehrfachraketenwerfer RS30 9K51 „Grad" und den 152 mm selbstfahrenden Artilleriegeschützen (Panzerhaubitzen) 2S19 „Msta-S" oder gezogenen 2A65 „Msta-B". Selbstständige Artilleriebrigaden sind mit 100-mm-Panzerabwehrkanonen 2A29 „Rapira" und 125 mm 2A45M „Sprut-B", den weitreichenden 152-mm-Geschützen 2A36 „Giatsint-B" und 2S5 „Giatsint-S", 2S7 „Pion" und den 240-mm-Mörsern auf Selbstfahrlafette 2S4 „Tjulpan" bestückt.

Die rückwärtigen Truppen und Stützpunkte zur Lagerung von Waffen und militärischer Ausrüstung verfügen über eine bedeutende Anzahl von 122-mm-Panzerhaubitzen 2S1 „Gwosdika" und 152-mm-Panzerhaubitzen „Akazija".

Die genannten Waffen erschienen erstmals allerdings schon vor über zwei bis drei Jahrzehnten und beruhen in ihrer Entwicklung auf den taktischen und technischen Anforderungen der 1960er-Jahre. Im Laufe der Zeit traten eklatante Mängel der russischen Artillerie zutage, wie z. B. unzureichende

120-mm-Mörser 2B11 in Feuerstellung. Pressedienst Burewestnik

Ziel- und Zielaufklärungsmittel, mangelnder Automatisierungsgrad und rückständige Feuerleitung einschließlich veralteter Technik.

Im Westen herrscht vielfach die Auffassung, die russischen Streitkräfte hätten wie zu Sowjetzeiten aus dem Vollen schöpfen können. Vielfach steckte man die zur Verfügung stehenden Mittel zwar in die Entwicklung neuer Waffen, in erster Linie Raketen, doch bei Artillerie und Geschützen sah es eher düster aus. Im Vordergrund stand die Aufgabe, die höchstmögliche Effizienz mit vorhandenen Waffen zu gewährleisten, auch mit veralteten, die modernen Anforderungen nicht mehr genügten. Gleichzeitig wurden einzelne Geschütztypen modernisiert, die für die Aufrechterhaltung der Kampffähigkeit der Truppe unerlässlich waren und sind. Die Modernisierung ermöglichte es, die Lebensdauer der bei der Truppe und in Depots vorhandenen Geschütze zu verlängern – auf Kosten der Entwicklung und Produktion neuer Artilleriesysteme.

Das Verteidigungsministerium ergriff Maßnahmen, um das wissenschaftliche und technische Potenzial von Unternehmen und Organisationen der Verteidigungsindustrie zu erhalten. Dank verbesserter Finanzierung der Streitkräfte lief so eine umfassende und ausgewogene Entwicklung von Artilleriewaffen an.

Die Konflikte in Syrien und Ukraine erwiesen, dass die Rohrartillerie nach wie vor, und dank moderner Geschosse und Feuerleitsysteme vielleicht noch mehr als in früheren Zeiten, einen wesentlichen Beitrag zum Erfolg militärischer Operationen leistet. Gemessen an dem beim Gegner verursachten Schäden konnten die russischen Luft- und Raketenstreitkräfte etwa 55 Prozent des Gesamterfolges verbuchen; etwa 40 Prozent entfielen auf die Rohrartillerie und der Rest auf andere Waffensysteme und -gattungen, einschließlich der Panzertruppe. Rohrartillerie zerschlug feindliche Bereitstellungen, Truppenansammlungen und befestigte Punkte, die in einigen Fällen nicht effektiv von Flugzeugen bekämpft werden konnten. (Und dies galt bzw. gilt in gleichem Maße für die Gegenseite, zumindest was die ukrainischen Streitkräfte angeht).

Die Aufgabe der Rohrartillerie als Unterstützungswaffe ist und bleibt die Vernichtung feindlicher Kräfte auf dem Gefechtsfeld durch indirektes Feuer. Dabei spielen Zielaufklärung und Feuerleitung eine ebenso große Rolle wie Waffensysteme und Waffenwirkung. Die russische Artillerie strebt daher, was die Forschungs- und Entwicklungsarbeit an neuen Systemen angeht, vor allem nach:

- Verbesserung der Wirkmittel (Waffen und Munition);
- Schaffung moderner automatisierter Feuerleitsysteme;
- Engere Vernetzung von Aufklärungs- und Wirkmitteln auf Grundlage automatisierter Feuerleit- und Zielmittel und Schaffung verbesserter Aufklärungs- und Feuerleitsysteme.

Diese Ansätze verfolgen letztlich das Ziel, die taktische Artillerie aufgelockerter einsetzen zu können und sie deutlich beweglicher zu gestalten, vor allem was ihre Anpassungsfähigkeit an verschiedene Einsatzszenarien und die Zusammenarbeit mit anderen Truppengattungen betrifft (Gefecht der verbundenen Waffen).

Ein Beispiel für ein modernes Geschütz, das diesem Konzept nahe kommt, liefert die 2015 erstmals der Öffentlichkeit vorgestellte 152-mm-Panzerhaubitze 2S35 „Koalizija-SW" mit unbemanntem Drehturm auf Fahrgestell T-90. Ihre Besatzung, zugleich Bedienung, besteht nur noch aus zwei im Bug- oder Fahrerabteil untergebrachten Personen. Darin sind neben der Fahr- und Lenkeinheit Anlagen zur Zielauswahl, automatisierten Feuerleitung und Navigation untergebracht. Jeder Arbeitsplatz verfügt über ein Display, das sämtliche Funktionen zum Führen des Feuerkampfes anzeigt, steuert und mit anderen Panzerhaubitzen bzw. Führungsstellen vernetzt. Ein Bordrechner liefert die entsprechenden Informationen und überträgt sie auf das Waffenmodul. Zur Ausstattung gehört auch eine Satellitennavigationsanlage. Die Panzerhaubitze 2S35 „Koalizija-SW" wird, evtl. nach weiteren Kampfwertsteigerungen, die Grundlage der Artilleriebrigaden der russischen Streitkräfte bilden.

Die Erfahrungen aus lokalen Konflikten bestätigten die Bedeutung des Granatwerfers als Hauptmittel der Feuerunterstützung der Infanterie auf dem Gefechtsfeld, insbesondere in schwer zugänglichem oder bebautem Gelände. Die einzigartige Verbindung aus Einfachheit, hoher Effizienz und niedrigen Kosten hat diese Waffe, die in Russland zur Artillerie zählt, zur vielleicht beliebtesten Unterstützungswaffe der russischen Infanterie gemacht, die schon während des 2. Weltkriegs verschwenderisch mit Granatwerfern aller Kaliber ausgestattet war.

100-mm-Panzerabwehrkanone 2A29 (MT-12) „Rapira“ geschleppt von einem Kamas 63501 (8 x8).

In den letzten Jahren wurde der schwere 120-mm-Mörser 2B11 „Sani“ modernisiert und löste die anderen 120-mm-Werfer ab. Die Russen exportieren ihn auch in eine Reihe von Ländern.

Der Granatwerfer 2B11 verschießt herkömmliche Wurfgranaten auf bis zu 7100 m Entfernung. Dank der leistungsgesteigerten, hochpräzisen „Gran“-Munition erhöhte sich die Schussweite auf 9 km. Die vom Zentralforschungsinstitut „Burewestnik" entwickelte verbesserte, kreisförmige Bodenplatte erübrigt die bislang notwendigen Vorbereitungsarbeiten auf Böden unterschiedlicher Härte, einschließlich gefrorenem Untergrund. Die Einführung einer Ladesicherung erhöhte den Gefechtswert ebenso wie ein neuer Richtaufsatz mit Kollimator, dessen Werte, einmal eingestellt, sich auf die anderen Mörser der Batterie übertragen lassen. Der Richtaufsatz lässt sich mit einer Nachtbeleuchtung versehen. Die Verlastung des 2B11 auf Rad- (URAL-43206) und Kettenfahrzeuge (MT-LB) erhöhte Mobilität und Sicherheit der Besatzung nebst Munition.

Für das Kaliber 82 mm haben „Burewestnik“-Konstrukteure einen tragbaren Mörser 2B24 entwickelt, dessen Kampfwert in- und ausländische Gegenstücke übertrifft. Insbesondere wurde die Schussweite im Vergleich zu 2B14-1 um das 1,5-fache gesteigert. Der 2B24-Mörser ist in erster Linie zur Bekämpfung von gegnerischen Soldaten mit Schutzausrüstung sowie von Stellungen bestimmt, die sich in offenem Gelände, in Gräben und Schluchten, an Hinterhängen sowie in dicht bewachsenem Terrain (Wald) befinden. Er verschießt neben der herkömmlichen Munition auch die neue Splittergranate SO-26 erhöhter Wirkung.

Dank Verwendung moderner Materialien ließ sich das Gewicht des 2B24 verringern. Er zeichnet sich durch hohe Beweglichkeit, Zuverlässigkeit, Einfachheit und Bediensicherheit aus. Zudem weist er eine Reihe von Merkmalen auf, die ihn von der auf dem Weltmarkt erhältlichen Konkurrenz unterscheiden – an erster Stelle Schussweite, geringes Gewicht und schnelle Zerlegbarkeit. Für die Gebirgsbrigaden wurde der Komplex 2K32 mit Verlastung des Granatwerfers 2B24 auf den gepanzerten Kettentransporter MT-LB geschaffen. Er lässt sich sowohl vom Fahrzeug als auch vom Boden einsetzen.

Die Weiterentwicklung von 82-mm-Granatwerfern geht in Richtung weiterer Gewichtsverringerung (30–35 kg) unter Erhöhung der Schussweite. Für Spezialverbände wurde der schallgedämpftte 2B25 mit deutlich reduziertem Abschussknall und Mündungsfeuer geschaffen. Sein geringes Gewicht und die Abmessungen ermöglichen es einer Einzelperson, den Granatwerfer mitzuführen, selbst bei Luftlandungen am Fallschirm.

Granatwerfer und Rohrgeschütze sind jedoch nur ein Teil der russischen Artillerie. Sie werden im ersten, Mehrfachraketenwerfer sowie taktische Kurzstreckenraketen in nachfolgenden Abschnitten vorgestellt.

Automatischer 82-mm-Mörser 2B9M „Wassiljok“

Der automatische 82-mm-Mörser 2B9M „Wassiljok“ (Kornblume) wurde bereits 1970 von den sowjetischen Streitkräften eingeführt und fand im Afghanistankrieg breite Verwendung. Er zählt zur Ausrüstung motorisierter Schützenbataillone, und zwar in einem der drei Granatwerferzüge je Bataillon (zu je drei Mörsern).

Im Gegensatz zu den meisten anderen russischen Granatwerfern handelt es sich beim 2B9M um einen Hinterlader, der nach händischem Ladevorgang automatisch feuert und so mit 4-Schuss-Magazinen eine theoretische Feuergeschwindigkeit von bis zu 170 S/min erreicht. Praktisch liegt diese bei gut eingespielter, vierköpfiger Bedienung bei bis zu 120 S/min. Der Rückstoßlader lädt automatisch über den Rohrrücklauf, lässt sich aber auch mit Einzelgranaten über die Mündung „füttern“.

Als Visier dient der optische Richtaufsatz PAM-1 an der Oberlafette, die sowohl Steil- als auch Flachfeuer im Winkel von –1° bis +85° mit Schwenkbereich 60° erlaubt. Die Oberlafette nimmt Rohr und Rückholvorrichtung mit Höhen- und Seitentrieben auf. Die Unterlafette verfügt über eine zweiholmige Spreizlafette und eine mittige Bodenplatte, auf der die Waffe in Feuerstellung abgesenkt und angehoben wird, wobei die Räder keine Bodenberührung

Automatischer 82-mm-Mörser 2B9M „Wassiljok“ in Feuerstellung.

Technische Angaben	
Kaliber, mm	82
Anfangsgeschwindigkeit, m/s	272
Gewicht in Feuerstellung, kg	632
Feuergeschwindigkeit, S/min	100–120
Schussweite, km	4,27
Geschossgewicht, kg	3,1

Automatischer 82-mm-Mörser 2B9M „Wassiljok“ bereit zum Feuern.

mehr haben. Den Übergang von der Marsch- in die Feuerstellung (oder umgekehrt) bewältigt eine gut ausgebildete Bedienung in 1,5 Minuten. Dank

seines mit 632 kg relativ geringen Gewichts lässt sich der Mörser auf günstigem Untergrund im Mannschaftszug bewegen, etwa zum Stellungswechsel. Zum Marsch wird der Mörser in der Regel auf sein Transportfahrzeug 2F54 auf Lkw-Chassis GAS-66-05 verfrachtet (der 2B9M-Mörser und das 2F54-Fahrzeug sind Bestandteile des Mörserkomplexes 2K21).

Die zulässige Höchstgeschwindigkeit auf befestigten Straßen liegt bei 60 km/h, im Gelände bei 20 km/h. Das Schleppen des Mörsers als Anhängelast ist ebenfalls möglich, jedoch nur über kurze Strecken erlaubt.

Der „Wassiljok" verschießt Munition des Typs SWO1, bestehend aus einer Granate 0-832DU, G-832DU oder 4D2 und einer Treibladung. Die Höchstschussweite einer 3,1 kg schweren Splittergranate beträgt 4270 m, die minimale 770 m.

Automatischer 82-mm-Mörser 2B9M „Wassiljok" in Marschlage.

120-mm-Mörser 2B11 „Sani"

Der 120-mm-Mörser 2B11 „Sani" (Schlitten) stellt das Granatwerfer-Hauptmodell der russischen Streitkräfte dar. Zwei der drei Granatwerferzüge der Mörserbatterie der meisten motorisierten Schützenbataillone sind mit diesem Typ bewaffnet (je Zug vier 2B11). Der Granatwerfer ist zur Bekämpfung von lebenden Kräften, militärischer Ausrüstung und Feldbefestigungen bestimmt und ist Teil des Mörserkomplexes 2S12 „Sani", der neben dem Mörser 2B11 das Fahrgestell 2L81 und das Transportfahrzeug 2F510 umschließt.

Der Granatwerfer ist – wie andere Mörser – nach dem klassischen Schema Rohr, Zweibeinfafette, Bodenplatte und Visiereinrichtung aufgebaut.

Das glatte Rohr verfügt über einen aufgeschraubten Verschluss nebst Verschlussring. An der Rohrmündung ist eine Ladesicherung gegen Doppelladung angebracht. Der Verschluss ist mit einer Zündvorrichtung ausgestattet, die es ermöglicht, die Wurfgranate durch Hinabgleiten im Rohr über Auftreffen auf den Schlagbolzen oder über eine Abzugsleine abzufeuern.

Die stoßgedämpfte Zweibeinlafette nimmt die Seiten- und Höhenrichttriebe, den Richtsatz MPM-44M mit Kollimator K-1 und Beleuchungsatz

Laden eines 120-mm-Mörsers 2B11 mit einer lasergelenkten „Gran"-Wurfgranate. Pressedienst IDB

„Lutsch"-PM2M, sowie die Nivelliereinrichtung und eine Schelle zum Verbinden mit dem Mörserrohr auf. Der Höhenrichtbereich beträgt +45° bis +80° und der Seitenrichtbereich 10° (bei neuer Zweibeinlafette bis zu 52 °).

Das Radfahrwerk 2L81 dient zum Bewegen des Mörsers durch die Bedienung (Stellungswechsel) und zum Schleppen über kurze Entfernungen (5–10 km) hinter einem Kfz.

Ansonsten wird der Granatwerfer auf die Ladefläche des Transportfahrzeugs 2F510 auf Basis des allradgetriebenen Lkw GAS 66-15 verlastet, die auch Munition, Bedienung und eine Reihe Ersatz- und Zubehörteile aufnimmt. Das Be- und Entladen erfolgt über die geöffnete Heckklappe und zwei Schienen. Im Schlepp beträgt die zulässige Höchstgeschwindigkeit 60 km/h (Gelände und unbefestigte Straßen 20 km/h), ansonsten wird sie von Straße, Terrain, Fahrer und der PS-Zahl des Tranportfahrzeugs bestimmt.

Der 2B11 „Sani" verschießt sämtliche 120-mm-Munition in- und ausländischer Produktion, wobei die Schussweite durch die Zahl der über dem Leitwerk angebrachten Treibladungen bestimmt wird. Die Höchstschussweite beträgt 7100 m, die Mindestschussweite 480 m. Die Feuergeschwindigkeit ohne Nachrichten liegt bei 15 S/min pro Minute, in der Praxis gibt man sich mit bis zu 10 S/min zufrieden.

Technische Angaben Gesamtkomplex	
Gesamtgewicht, kg mit Munition, Ersatzteilen und Bedienung	6000
ohne Bedienung, Fahrer und Munition	4116
Abmessungen, mm Höhe	2520
Länge	5920
Breite	2322
Munitionssatz, Granaten.	48
Bedienung (ohne Fahrer), Personen	5
Übergang Marsch- in Feuerstellung (oder zurück), min	max. 3

Technische Angaben Mörser 2B11	
Kaliber, mm	120
Anfangsgeschwindigkeit, m/s	325
Gewicht in Feuerstellung, kg	210
Feuergeschwindigkeit, S/min	bis 15
Schussweite, km	7,1-9
Geschossgewicht, kg	15,9

120-mm-Mörser 2B11 „Sani" in Marschlage.

Das für 120-mm-Granatwerfer entwickelte, lasergelenkte Waffensystem KM-8 „Gran-M1" (Spezialmunition plus Feuerleitanlage) sorgt für eine hohe Ersttreffer-Wahrscheinlichkeit und ermöglicht die Bekämpfung stationärer wie beweglicher Ziele auf Entfernungen bis zu 9000 m.

Auf der Internationalen Waffenaustellung „Armija-2018" präsentierte das Unternehmen „Burewestnik" den modernisierten gezogenen Komplex 2S12A „Sani" mit 120-mm-Mörser 2B11 auf Lkw der Motowos-M-Familie (Ural -43206-0651), entwickelt vom Automobilwerk Ural mit gepanzerter 2-Personen-Kabine und elektrischer Winde zum Verlasten des Granatwerfers, dem man zudem eine neue Bodenplatte mit Scharnier spendierte, die eine schnellere Feuerbereitschaft erlaubt.

Nach Angaben des Pressedienstes des Südlichen Militärbezirks wurden 2018 die ersten 20 modernisierten Sani-Mörser 2S12A „Sani" bei einem motorisierten Schützenverband des Bezirks Rostow in Dienst gestellt.

82-mm-Mörser 2B14 „Podnos"

Den 82-mm-Mörser 2B14 „Podnos" (Tablett) führten die sowjetischen Streitkräfte bereits 1983 ein. In den Granatwerferbatterien einiger mot.-Schützenbataillone sind zwei Züge mit diesem Typ bewaffnet (je drei Mörser). Auch dieser Granatwerfer gehört zu einem Komplex, der außer der Waffe 2B14-1 selbst das Transportfahrzeug 2I27 (auf Fahrgestell UAS-469) umfasst.

Der Mörser basiert auf dem klassischen Schema (ohne Rückstoßvorrichtungen) mit glattem Rohr, Zweibeinlafette, einer runden gestanzten Bodenplatte und der Visiereinrichtung. Er zeichnet sich durch sein relativ geringes Gewicht aus. Dank neuer hochfester Stähle und geänderter Bodenplatte ist er mit 39 kg in Feuerstellung etwa anderthalbmal leichter als seine ergrauten Vorgänger Modell 1937 und 1941 (vorgestellt in *Die Waffen der Roten Armee: Infanterie – Artillerie,* Motorbuch Verlag 2020). Zu den weiteren Merkmalen des 2B14-1 „Podnos" zählt die aus leidvoller Erfahrung eingebaute Ladesicherung an der Rohrmündung. Die Höhen- und Seitentriebe am Zweibein ermöglichen einen Höhenrichtbereich von +45° bis +85° und einen Seitenrichtbereich von 8°. Er verschießt die gleiche Splitter- und Nebelmunition wie seine Vorgänger Modell 1937 und 1941. Die Höchstschussweite einer 3,1 kg schweren Spreng/Splittergranate beträgt 4270 m, die minimale 80 m. Die maximale Schussfolge liegt bei einer eingefuchsten Bedienung bei 24 S/min.

82-mm-Mörser 2B14-1 „Podnos" in Feuerstellung.

Der Mörser 2B14-1 „Podnos" lässt sich für den Transport auf dem Gefechtsfeld in Traglasten zerlegen. mil.ru

Zum Transport über längere Strecken wird der Mörser zusammen mit Bedienung und Bereitschaftsmunition (120 Granaten) auf die Ladefläche eines Lkw (4 x 4 oder 6 x 6) oder ins Truppenabteil eines Schützenpanzers verlastet. Auf dem Gefechtsfeld bewegt ihn die Bedienung in Traglasten. Weiters gibt es eine selbstfahrende Version auf Fahrgestell des Kettentransporters MT-LB.

Technische Angaben	
Kaliber, mm	82
Gewicht in Feuerstellung, kg	39
Feuergeschwindigkeit, S/min	24
Schussweite, km	4,27
Geschossgewicht, kg	3,1

120-mm-Vielzweckgeschütz 2B16 „Nona-K“

Das von ZNIITotschMasch und dem Motowilichinski-Werk entwickelte, 1986 eingeführte Geschütz „Nona-K“ (Nona = Eigenname, „K“ steht für *Koleso,* Rad) mit gezogenem Rohr stellt eine Vielzweckwaffe dar, die Eigenschaften einer Kanone, Panzerabwehrkanone und Haubitze mit denen eines Granatwerfers verbindet. Das Rohr verfügt über 40 Züge und eine Mehrkammer-Mündungsbremse, die bis zu 30 % der Rückstoßenergie absorbiert.

„Nona-K“ kann ein breites Spektrum an 120-mm-Munition verschießen; außer sämtlichen Mörsergranaten des Kalibers auch Sprenggranaten und eigens entwickelte panzerbrechende Streumunition. Die Sprenggranaten OF-49 und OF-51 sind gleich aufgebaut, nur dass OF-49 eine Stahlhülse und eine Ladung von 4,9 kg A-IX-2-Sprengstoff besitzt und OF-51 eine gusseiserne Hülse und 3,8 kg A-IX-2. In Bezug auf ihre Wirkungs kommen diese Granaten 152-mm-Haubitzgeschossen nahe. Gegen weiter entfernte Ziele kommt das Raketengeschoss OF-50 zum Einsatz. Sein Miniaturstrahltriebwerk schaltet 10–13 Sekunden nach Verlassen der Mündung ein und verleiht dem Projektil bis zu 13 km Reichweite. Das 13,2 kg schwere Streugeschoss 3WBK14 beinhaltet Hohlladungen und dient zur Bekämpfung von Feindpanzern bis auf 1000 m Entfernung. Bei Auftreffwinkel 90° durchschlagen die Hohlladungen bis zu 650 mm Panzerstahl.

Technische Angaben	
Kaliber, mm	120
Rohrlänge, Kaliber	24,2
Bedienung, Personen	5
Gewicht in Feuerstellung, kg	1200
Anfangsgeschwindigkeit Sprenggeschoss, m/s	367 oder 331
Masse Sprengeschoss, kg	17,3 oder 16,3
Höchstschussweite, km Sprenggeschoss Raketengeschoss	 8,85 oder 7,15 12,8
Feuergeschwindigkeit, S/min	8–10
Höhenrichtbereich, Grad	–10 bis +80
Seitenrichtbereich, Grad	60

120-mm-Vielzweckgeschütz 2B16 „Nona-K“.
Foto: Pressedienst

120-mm-Vielzweckgeschütz 2B16 „Nona-K" in Feuerstellung. panoramio.com

Zur Bekämpfung leicht gepanzerter Fahrzeuge und wichtiger Kleinziele dient das lasergelenkte Geschoss Kitolow-2 (das Ziel wird mit einem Laser angerichtet). Es wiegt 25 kg einschließlich der 5,5-kg-Ladung. Sein steuerbares Pulverraketentriebwerk beschert ihm nicht nur eine Höchstschussweite von 12,8 km, sondern auch eine hohe Trefferwahrscheinlichkeit.

Zurück zur Granatwerfer-Munition. „Nona-K" „verdaut" nicht nur sämtliche russische Mörsergranaten Kaliber 120–122 mm (einschließlich der bereits während des 2. Weltkriegs eingesetzten Granattypen), sondern auch ausländische Munition, beispielsweise Granaten des französischen 120-mm-Mörsers RT-61. Von der sowjetrussischen Munition werden am häufigsten die Sprenggranaten OF-834BSch, OF-34, OF-36, die Nebelgranate 3D5, die Leuchtgranaten S-843 und 2S9 und die Brandgranate 3-S-2 verwendet, deren Geschossgewichte zwischen 16 und 16,3 kg liegen. Daher sind die ballistischen Daten ungefähr gleich, was einer Schussweite von 430 bis 7150 m und einer Mündungsgeschwindigkeit von 119 bis 331 m/s entspricht. Die Geschosse werden im Flug durch ihr Leitwerk flossenstabilisiert.

Die Streuwirkung der Splitter- und Sprenggranaten erstreckt sich über eine Fläche von über 2700 Quadratmetern. Das Brandgeschoss 3-S-2 enthält sechs Brandsätze, die mindestens eine Minute lang brennen. Die Nebelgranate 3D5 erzeugt, je nach Windverhältnissen, eine etwa 10 m hohe und über

200 m breite Nebelwand, die mindestens 3,5 Minuten lang anhält. Die Feuergeschwindigkeit beträgt 8–10 S/min; die Bedienung besteht aus fünf Mann.

Außer der gezogenen Ausführung mit Zweiradlafette gibt es die selbstfahrenden Versionen 2S9 „Nona-S", 2S23 „Nona-SWK" und 2S31 „Wena".

Die Lafette besteht aus der Ober- und Unterlafette. Die Oberlafette enthält die Richtmittel; der Höhenrichtbereich liegt bei −10° bis +80°, der Seitenrichtbereich bei 60°. Außerdem einen Schutzschild, der die Bedieung frontal vor Handwaffengeschossen und Splittern schützt. Die Unterlafette – eine zweiholmige Spreizlafette – spreizt sich beim Beziehen der Feuerstellung selbsttätig auf; mittels einer Winde lassen sich die Holme wieder in Marschstellung bringen. Als Schießbettung dient eine Bodenplatte, auf die das Geschütz mittels hydraulischer Hebevorrichtung gesetzt wird (Räder haben keinen Bodenkontakt mehr). Zum Stellungswechsel bewegt die Bedienung das Geschütz auf kleinen Rädern an den Holmenden.

Das übliche Zugfahrzeug des 2B16- Geschützes bildet der zweiachsige Lkw GAS-66 (4 x 4), aufgrund seines relativ geringen Gewichtes lässt es sich auch vom Geländewagen UAS-469 ziehen. Beim Übergang in die Marschlage wird das Rohr auf die abgeflachten Holme gelegt. In dieser Stellung passt es auch in die Frachträume von Transporthubschraubern und -flugzeugen und lässt sich sogar mit dem Fallschirm abwerfen.

120-mm-Vielzweckgeschütz 2B16 „Nona-K" beim Einrichten einer Feuerstellung. panoramio.com

120-mm-Mörser 2B23 „Nona-M1“

Der jüngste Granatwerfer-Zuwachs der russischen Streitkräfte stellt der von ZNIITotschMasch entwickelte, halbautomatische 120-mm-Hinterladermörser 2B23 „Nona-M1“ mit gezogenem Rohr dar („Nona“ ist die Abkürzung von *Nowoe Orudnie Nasemnoi Artilleri*, was soviel wie „Neues Bodenartilleriegeschütz“ bedeutet. Nach anderen Angaben soll es sich um den Vornamen der Ehefrau des Konstrukteurs handeln). „Jüngst“ ist relativ, denn den vom Motowilichinski-Werk gefertigen „Nona-M1“ stellte das russische Heer offiziell bereits 2007 in Dienst. Er sollte den Mörserbatterien motorisierter Schützenbataillone sowie den Luftlandeverbänden zugehen, denn der „Nona-M1“ lässt sich mittels einer speziellen Abwurfvorrichtung auch am Fallschirm absetzen.

Zu den Merkmalen des „Nona-M1“ zählt die automatische Entriegelung des Rohres nach dem Schuss, so dass über den geöffneten Verschluss ohne Verzögerung nachgeladen werden kann. Er besteht aus den Hauptbaugruppen

- Rohr;
- Rahmen mit Verschluss;
- Radlafette;
- Bodenplatte;
- Visiereinrichtung MPM-44M.

Das gezogene Rohr weist an der Mündung eine Vorrichtung zum Befestigen des Mörsers an einem Zugfahrzeug auf. Außerdem lässt sich an der Lafette pfiffiger Weise die Breite der Radspur verstellen und der Granatwerfer so an die Spur unterschiedlicher Zugfahrzeuge anpassen.

Der Höhenrichtbereich liegt bei +42° bis +85° und der Seitenrichtbereich bei 16°. Als Munition stehen 120-mm-Granaten zur Verfügung, deren Spreng- und Splitterwirkung mit 152–155-mm-Haubitzgeschossen vergleichbar ist. Wie schon der „Nona-K“ verdaut auch der „Nona-M1“ 120-mm-Mörsergranaten in- und ausländischer Produktion sowie die übrige Munition des „Nona-K“. Hinzu kam eine Reihe neuer Geschosse, darunter das Lenkgeschoss KM-8 „Gran-M1“, das aufgrund seiner Treffgenauigkeit den Munitionsverbrauch stark einschränkt. Zur Bekämpfung weit entfernter Ziele stehen die Reichweiten-gesteigerten Geschosse mit Raketenantrieb 3WOF-55 und 3WOF-75 sowie das thermobarische Geschoss 3WOF-119 mit besonders hoher Zerstörungskraft zur Verfügung.

Technische Angaben	
Kaliber, mm	120
Rohrlänge, mm	2800
Bedienung, Personen	5
Gewicht in Feuerstellung, kg	420
Gewicht in Marschstellung, kg	514
Geschossgewicht, kg	16,1-19,8
Schussweite, km	
herkömmliche Geschosse	0,9–8,8
Geschosse mit Raketenantrieb	0,7–12,8
Feuergeschwindigkeit, S/min	8–10
Höhenrichtbereich, Grad	+42 bis +85
Seitenrichtbereich, Grad	16

120-mm-Mörser „Nona-M1“ auf Lafette.
Foto: Motowilichinski-Werk

120-mm-Mörser „Nona-M1“ in Feuerstellung. Foto: Motowilichinski-Werk

82-mm-Mörser 2B24 „Dewa"

Der vom der Forschungsabteilung des Unternehmens „Burewestnik" entwickelte 82-mm-Mörser 2B24 „Dewa" (Jungfer, Jungfrau) ging den Truppen des Innenministeriums der Russischen Föderation ab 2011 zu. Bei den Bodentruppen, den Luftstreitkräften und der Marineinfanterie sollte er den 82-mm-Granatwerfer 2B14 ersetzen.

Der 2B24 ist Bestandteil des selbstfahrenden Mörserkomplexes 2K32 „Dewa", zu dem außer der Waffe das Trägerfahrzeug auf Basis des gepanzerten Kettentransporters MT-LB und der Montagesatz 2F510-2 gehören, mit dem der Mörser ins Fahrzeug eingebaut wird.

Auf der internationalen Austellung „Armija-2015", die im Juni 2015 in Kubinka bei Moskau stattfand, wurde eine Variante auf dem Fahrgestell des 6 x 4-Geländefahrzeugs RM-500 vorgestellt, das auch einen „abgesessenen" Einsatz des Granatwerfers erlaubt.

Beim 2B24 „Dewa" handelt es sich um eine modernisierte Version des unter Punkt 2-3 bereits vorgestellten Musters 2B14 „Podnos" mit glattem Rohr, Zweibeinlafette, Bodenplatte und Richtaufsatz. Der 2B24 erhielt eine andere Bodenplatte und ein verlängeres Rohr, das in Verbindung mit der eigens für diesen Mörser entwickelten Granate 3-0-26 die Höchstschussweite auf 6000 m steigerte. Den unteren Rohrabschnitt versah man mit einer feinen Riffelung zur Kühlung der Waffe. An der Rohrmündung befindet sich die unverzichtbare Ladesicherung gegen doppeltes Laden.

Die neukonstruierte Bodenplatte mit Erdspornen ermöglicht das Feuern auf jeglichem Untergrund – ob hart oder weich, morastig oder felsig. Dank der

Der selbstfahrende Mörserkomplex 2K32 umfasst einen gepanzerten Kettentransporter MT-LB als Trägerfahrzeug und einen 82-mm-Mörser 2B24 „Dewa". Foto: Burewestnik

82-mm-Mörser 2B24 „Dewa“ mit unterschiedlicher Munition. Foto: Burewestnik

ebenfalls neuen Gelenkverbindung zwischen Rohr und Bodenplatte lässt sich die Waffe allein durch Anheben des Zweibeins rundum schwenken und damit der Seitenrichtbereich von nur 8° schnell vergrößern. Der Höhenrichtbereich blieb mit +45° bis +85° unverändert.

Das Zweibein erhielt ferner einen geschützten Richtaufsatz mit chrombeschichteten Teilen zur Verlängerung der Lebensdauer. Die neue Optik verbesserte außerdem die Schussgenauigkeit.

Der 2K32 „Dewa“ verschießt alle gängigen 82-mm-Splittergranaten sowie Nebel-, Leucht- und Propagandageschosse. Der Munitionssatz des Trägerfahrzeugs 2K32 beträgt 84 Granaten.

Technische Angaben	
Kaliber, mm	82
Gewicht in Feuerstellung, kg	45
Feuergeschwindigkeit, S/min	20
Schussweite mit Granate 3-0-26, km	6
Geschossgewicht, kg	3,1

Mörser 2B24 „Dewa“ auf Geländefahrzeug RM-500. Foto: Burewestnik

Schallgedämpfter 82-mm-Mörser 2B25 „Gall"

Für Sonderverbände entwickelte das Unternehmen „Burewestnik" den schallgedämpften 82-mm-Mörser 2B25 „Gall" (Gallier, Kelte) für verdeckte Einsätze, bei denen es vor allem auf Geräusch- und Lichttarnung ankommt. Denn der „Gall" unterdrückt den Mündungsblitz und verwandelt den Mündungsknall, wie es heißt, in eine Art Händeklatschen, das in einigen Dutzend Metern Entfernung kaum mehr hörbar ist. Außerdem wiegt die Waffe in Feuerstellung lediglich 13 kg und die Länge des Rohrs liegt deutlich unter einem Meter, lässt sich also ohne Weiteres am Mann tragen.

Der ganze Komplex 2B25 „Gall" umfasst den 82-mm-Mörser 2B25, Spezialmunition des Typs 2WO35 und einen Zubehörsatz. Der Mörser wurde 2011 auf der Messe MILEX-2011 in Minsk erstmals der Öffentlichkeit vorgestellt. Er ist nach dem klas-

Technische Angaben	
Kaliber, mm	82
Gewicht in Feuerstellung, kg	13
Feuergeschwindigkeit, S/min	15
Höchstschussweite, km	1,2
Mindestschussweite, km	0,1

82-mm-Mörser 2B25 und seine spezielle Munition. Foto: Burewestnik

sischen Schema aufgebaut und besteht aus Rohr, Zweibeinlafette, Bodenplatte und Richtaufsatz. Konstruktionstechnisch handelt es sich allerdings um einen so genannten Zapfenmörser, dessen Granaten über einen hohlen Schaft verfügen, mit dem sie auf den Zapfen des Werfers gesetzt werden. Beim Zünden der Treibladung nimmt daher nicht, wie sonst üblich, das Rohr, sondern der Hohlraum im Geschoss den Druck der Treibgase auf, die das Geschoss in Bewegung setzen – simpel erklärt.

Das kurze glatte Rohr ist mit der Zündvorrichtung und einem Stoßdämpfer ausgestattet. Die Bodenplatte (wahrscheinlich aus Aluminium) dient als Schießbettung und überträgt die Rückstoßkräfte auf den Boden. Bei weichem Untergrund lässt sich die Fläche der Bodenplatte mit der im Zubehörsatz enthaltenen so genannten „Plattform" weiter vergrößern. Die Zweibeinlafette mit Höhen- und Seitenrichttrieben nimmt den Richtaufsatz auf. Der Höhenrichtbereich liegt bei +45 °bis +85°, der Seitenrichtbereich bei 8°.

Die Spezialmunition 2WO35 und die Auslegung des „Gall" als Zapfenwerfer tragen ganz wesentlich zur Schall- und Feuerdämpfung beim Schießen bei. Wie bereits geschildert, wird das Geschoss nicht direkt durch Pulvergase aus dem Rohr gedrückt, sondern diese bewegen einen im hohlen Schaft der Granate befindlichen Stopfen an der Basis der Treibladung, den sie nach der Zündung in den Hohlraum im Schaft der Granate drücken, so dass er wie ein Kolben wirkt. So werden die Treibgase sozusagen im Heck der Granate eingeschlossen und können beim Verlassen des Rohrs weder den typischen Mündungsknall noch –blitz erzeugen.

Zum Transport des Mörsers samt Zubehör dient ein kofferähnlicher Behälter, der sich im Rucksack und auch im Sprungepäck von Fallschirmjägern unterbringen lässt.

100-mm-Panzerabwehrkanone 2A29 (MT-12) „Rapira"

Ja, es gibt sie noch bei den Russen, die überall sonst fast ausgestorbene, klassische gezogene Panzerabwehrkanone. In Gestalt der vor über einem halben Jahrhundert, anno 1970, eingeführten 100-mm-Panzerabwehrkanone MT-12 „Rapira" (Rapier, Stoßdegen) mit GRAU-Index 2A29 stellte sie jahrzehntelang die Hauptwaffe der Panzerabwehr-Artillerie-Bataillone dar. Sie steht noch immer in Verwendung, wenn auch bei aktiven Verbänden mittlerweile weitgehend durch Panzerabwehr-Lenkraketen ersetzt. Nichtsdestoweniger stellt sie mit ihrer hohen Rasanz und leistungsfähiger Munition auch für moderne Kampf und –Schützenpanzer noch immer eine gefährliche Gegnerin dar. Zudem lässt sie sich artilleristisch gegen Weichziele und Feldbefestigungen einsetzen.

Ein hervorstechendes Merkmal der „Rapira" ist ihr 100-mm-Glattrohr mit einer Länge von 60 Kalibern, was 6,2 m entspricht. Der Verzicht auf Züge und Felder ermöglichte stärkere Treibladungen und damit höhere Mündungsgeschwindigkeiten, vor allem mit Unterkalibergeschossen. Auch die Mündungsgeschwindigkeit von Hohlladungsgranaten (HEAT)

100-mm-Pak MT-12 „Rapira" in Feuerstellung.

125-mm-Panzerabwehrkanone 2A45M „Sprut-B"

Die stärkste Panzerabwehrkanone der Welt stellt die in den 1980er-Jahren vom OKB-9 entwickelte russische 125-mm-Kanone 2A45M „Sprut-B" (Kraken) dar. Dabei setzte man eine 125-mm-Panzerkanone D-81 (2A46) auf die Dreiholm-Lafette der 122-mm-Haubitze D-30, die Rundumfeuer ermöglicht. Die Lafette erhielt überdies einen Hilfsantrieb mit Motor MeMS-967A, der den Übergang von der Marsch- in die Feuerstellung und umgekehrt wesentlich vereinfachte und auch die Beweglichkeit auf dem Gefechtsfeld (Stellungswechsel) sicherstellte.

Lenkvorrichtung und Fahrersitz befinden sich an der Oberlafette links des Rohres. Mit dem Hilfsantrieb erreicht das Geschütz auf trockenen unbefestigten Straßen 10 km/h. Der Kraftstoffvorrat reicht für 50 km.

Ansonsten wird die Pak an einen Lkw Ural-4320 (6 x 6) oder einen gepanzerten Kettenschlepper MT-LBU gehängt. Auf befestigten Straßen beträgt die zulässige Höchstgeschwindigkeit 80 km/h. Wie die D-30-Haubitze wird die Pak „Sprut-B" mit dem Rohr angehängt (Schleppdeichsel unter der Mündungsbremse).

Die „Sprut-B" verschießt die getrennte Munition der Panzerkanone D-81, und zwar Hohlladungs-, Hartkern-, Unterkaliber- und Sprenggranaten. Die Reichweite im direkten Richten auf ein 2 m hohes Ziel beträgt mit dem Unterkalibergeschoss über 2000 m.

Die Granate WOF-36 mit 23 kg schwerem Sprenggeschoss OF-26 und 3,4-kg-Sprengstoff A-IX-2 hat eine Splitterwirkung über 300 qm, die Höchstschussweite beträgt 12.200 m.

Überdies lassen sich mittels 9S53-Laserlenkanlage Geschosse des Typs SUBK14 verschießen, die aus der Panzerabwehr-Lenkrakete 9M119 in Form einer Sprenggranate und einer Ausstoßladung bestehen. Die 17,2 kg schwere Rakete verfügt über eine halbautomatische Laserlenkung und kann auf Entfernungen von 10 bis 4000 m eingesetzt werden; der Panzerdurchschlag hinter Zusatzpanzerung beträgt bis zu 770 mm.

Die „Sprut-B" erreicht eine Feuergeschwindigkeit von 6–8 S/min. Pro Stunde darf sie nicht mehr als 100 Schuss abgeben. Sie ist mit verschiedenen Visiervorrichtungen ausgestattet. Tagsüber wird bei direktem Feuer das optische Visier OP4M-48A und nachts die Optik 1PN53-1 verwendet. Für indirektes Feuer wird die Vorrichtung 2S33 in Verbindung mit dem optischen Panorama-Visier PG-1M verwendet.

125-mm-Panzerabwehrkananone 2A45M „Sprut-B".

125-mm-Pak 2A45M „Sprut-B“ mit niederer Rohrerhöhung für direktes Feuer. Foto: Werk Nr. 9

Die 125-mm-Pak 2A45M „Sprut-B“ kann sich mit Hilfsantrieb auch ohne Zugfahrzeug bewegen. Foto: Werk Nr. 9

Technische Angaben	
Kaliber, mm	125
Rohrlänge, Kaliber	ca. 51
Bedienung	7
Gewicht in Feuerstellung, t	6,575
Mündungsgeschwindigkeit, m/s:	
Unterkaliber	1700
Hohlladung	905
Spreng/Splitter	850
Masse des Sprengeschosses, kg	23
Höchstschussweite, km	12,2
Feuergeschwindigkeit, S/min	6–8
Höhenrichtbereich, Grad	– 6 bis +25
Seitenrichtbereich, Grad	360

152-mm-Haubitze 2A65 „Msta-B"

Die Hauptwaffe einzelner russischer Artilleriebrigaden stellt die 1986 eingeführte 152-mm-Haubitze 2A65 „Msta-B" dar (benannt nach dem westrussischen Fluss Msta). Für eine Haubitze besitzt die „Msta-B" ein ungewöhnlich langes Rohr von 53 Kalibern (7,2 m, weshalb man sie als Kanonenhaubitze bezeichnen kann) mit großer Reichweite und einer Rohrerhöhung von bis zu 70°.

Ein Schutzschild an der Oberlafette schützt die Bedienung vor Handwaffengeschossen und Granatsplittern. Zudem nimmt die Oberlafette die Wiege mit Rohr und halbautomatischem Keilverschluss, die hydropneumatische Rückstoßbremse, die Vorholeinrichtung und die Richtoptik auf. An der Unterlafette befinden sich nach Vorbild der Kanonenhaubitze D-20 eine Bettungsplatte zum hydraulischen Absenken des Geschützes in Feuerstellung sowie die beiden Spreizholme mit Rollen, mit denen es sich seitlich schwenken lässt, ohne den Spreizwinkel der Holme zu verändern. Der Höhenrichtbereich beträgt –3,5° bis +70°. Um die Feuergeschwindigkeit zu erhöhen und einer Ermüdung der Kanoniere vorzubeugen, ist die Waffe mit zwei hydraulischen Ansetzern für Kartuschen und Granaten ausgestattet.

Wird die Waffe wieder in Marschlage überführt, hebt sich die Bettung und wird an Rohr und Lafette befestigt, die Holme werden zusammengelegt und mit der Schleppvorrichtung des Zugfahrzeugs verbunden; üblicher Weise ein 6 x 6-Lkw Ural 4320. Die gefederte Achse der „Msta" ermöglicht das Ziehen auf befestigten Straßen mit bis zu 80 km/h und mit bis zu 20 km/h im Gelände.

Das Geschütz kann die gesamte Munitionspalette der 152-mm-Haubitzen D-20 und 2S3 verschießen. Die Höchstschussweite einer 43,56 kg Spreng/Splittergranate beträgt 24.700 m. Ebenso lädt die „Msta" Raketengeschosse OF-61 (Schussweite 28.500 m), Streumunition 3023 mit 42 Hohlladungsgeschossen, Radarstörgeschosse 3NSO, Spezialmunition 3WDS8 sowie 3WOW64-Granaten mit lasergelenkten Projektilen 3OF-39 „Krasnopol". Die Feuergeschwindigkeit liegt bei 8 S/min.

Zur Feuerleitung von „Msta-B"-Batterien und -Bataillonen wurden die Komplexe „Falket" und „Kapustnik" entwickelt.

152-mm-Haubitze 2A65 „Msta-B". Als Bettung in Schießlage dient der vorn zu sehende, hochgeklappte Schießpilz.

Technische Angaben	
Kaliber, mm	152,4
Rohrlänge, Kaliber	53
Bedienung	6
Gewicht in Feuerstellung, t	7
Mündungsgeschwindigkeit, m/s	828
Geschossgewicht, kg	43,56
Höchstschussweite, km	
Spreng/Splitter-Geschoss	24.7
Reichweitengesteigertes Geschoss	28.5
Feuergeschwindigkeit, S/min	8
Höhenrichtbereich, Grad	–3 bis +70
Seitenrichtbereich, Grad	50

152-mm-Haubitze 2A65 Msta-B in Gefechtslage und unten in Marschlage mit zusammengeklappten Holmen. Foto: Motowilichinski-Werk

122-mm-Panzerhaubitze 2S1 „Gwosdika“

Das Dekret Nr. 609-201 des Ministerrats der UdSSR vom 4. Juli 1967 gab beim Forschungsinstitut 100 den Startschuss zur Entwicklung einer 122-mm-Haubitze mit Eigenantrieb. Vorstudien zeigten, dass die beste Option eine 122-mm-Haubitze D-30 auf Fahrgestell des gepanzerten amphibischen Truppentransporters MT-LB war. Das Traktorenwerk Charkow als Hersteller des MT-LB übernahm nun federführend die Entwicklung der neuen Panzerhaubitze, die im August 1967 in den Truppenversuch ging und am 14. September 1970 vom sowjetischen Heer als 2S1 „Gwosdika“ (Nelke) übernommen und ab 1972 in Serie gefertigt wurde. In Folge ging die Panzerhaubitze Artillerieverbänden motorisierter Schützenregimenter sowie Schützen- und Panzerdivisionen zu. Überdies erhielten sie die Länder des Warschauer Pakts sowie Algerien, Angola, Irak, Libyen, Syrien, Jugoslawien und weitere Staaten.

Der Fahrerraum (links) und der Motor-/Getrieberaum (rechts) liegen im Bug, der Kampfraum mit Turm im mittleren und hinteren Teil. Die Besatzung/Bedienung besteht aus vier Soldaten: Fahrer im

122-mm-Panzerhaubitze 2S1 „Gwosdika“.

Wannenbug, Kommandant, Richtkanonier und Ladekanonier im Turm. Die Panzerung aus geschweißten 20-mm-Stahlblechen bietet Schutz vor Kleinwaffengeschossen und Granatsplittern. Zur Ausstattung gehören Bord- und Sprechfunk sowie eine Feuerlöschanlage. Einer der drei vom Fahrer verwendeten Winkelspiegel lässt sich durch ein Nachtsichtgerät ersetzen. Die Bewaffnung bildet eine 122-mm-Haubitze D-32 (2A31), eine Modifikation der gezogenen mittleren 122-mm-Feldhaubitze D-30. Dank des um 360° schwenkbaren Drehturms kann die Waffe in alle Richtungen feuern; der Höhenrichtbereich liegt bei – 3°/+70°. Beim „geschlossenen" Schießen mit dem kraftunterstützten Lader und Verwendung der Bereitschaftsmunition in Turm und Wanne beträgt die Feuerrate 4 bis 5 Schuss in der Minute, ansonsten 1,5 bis 2 Schuss pro Minute (also bei Zuführung der Munition von außen durch die geöffneten Heckklappen). Die Höchstschussweite beträgt 15,2 km.

Die „Gwosika" verschießt die gesamte Munitionspalette der gezogenen Haubitze D-30: Spreng/Splitter-, Hohlladungs-, Nebel-, Leucht- und Propagandagranaten sowie Schrapnellgeschosse mit pfeilförmigen Projektilen. Die Kampfbeladung besteht aus 40 Schuss (35 Spreng- und 5 Hohlladungsgranaten) im Turm und im Heck. Leere Hülsen werden durch eine Luke in der rechten Turmwand ausgeworfen.

Als Zielmittel im indirekten und direkten Richten dient das Periskopvisier PG-2 (10P40). Die schwenkbare Kommandantenkuppel verfügt über prismatische Beobachtungsgeräte.

Die Panzerhaubitze 2S1 erhielt mit dem Kettenlaufwerk SATs2S1 ein modifiziertes Fahrgestell des

Technische Angaben	
Besatzung	4
Gefechtsgewicht, t	15,7
Abmessungen, mm	
Länge	7260
Breite	2850
Höhe	2730
Kaliber, mm	122
Kampfbeladung, Granaten	40
Geschossgewicht, kg	14,08–21,76
Höchstschussweite, km	15,2
Feuergeschwindigkeit, S/min	4–5
Motorleistung, PS	240
Höchstgeschwindigkeit, km/h	60
Fahrbereich, km	500

122-mm-Panzerhaubitze 2S1 „Gwosdika", Bugansicht.

122-mm-Panzerhaubitze 2S1 „Gwosdika", Heckansicht.

gepanzerten Transporters MT-LB. Im Motorraum ist ein Achtzylinder-V-Dieselmotor JaMS-238W mit einer Leistung von 240 PS verbaut einschließlich mechanischem Sechsganggetriebe.

Das Laufwerk besteht je Seite aus sieben gummibeschichteten Laufrollen aus einer hochfesten Aluminiumlegierung plus Antriebsrad vorn und Leitrad hinten – und natürlich der Stahlkette. Die Achsen sind drehstabgefedert. Vor der ersten und letzten Laufrolle befinden sich hydraulische Teleskopstoßdämpfer. Die Höchstgeschwindigkeit auf befestigten Straßen liegt bei 60 km/h. Die Geländegängigkeit entspricht in etwa dem des leichteren MT-LB. Die „Gwosdika" überwindet Steigungen bis 35°, bis zu 0,6 m hohe senkrechte Hindernissen und bis zu 2,40 m breite Gräben. Der Antrieb im Wasser erfolgt über die Ketten, wobei das Fahrzeug bis zu 4,5 km schnell wird. Die Panzerhaubitze ist außerdem lufttransportfähig und findet Platz in den Frachtkabinen mittelgroßer Tansportflugzeuge (An-12, IL-76, S-130).

Die 122-mm-„Gwosdika" erlebte zahlreiche Einsätze im Afghanistankrieg und in weiteren Konflikten außerhalb der UdSSR. Nach Meinung von Fachleuten handelt es sich um ein leistungsfähiges, vielseitig einsetzbares Geschütz mit ausreichendem Schutz der Besatzung gegen Handwaffengeschosse und Splitter, nicht jedoch gegen größere Geschosse. Außerdem gab es hin und wieder Probleme mit Fahrwerk und Getriebe.

Panzerhaubitzen „Gwosdika" beim Anlanden durch ein Landungsboot.

152-mm-Panzerhaubitze 2S3 „Akazija"

Aufgrund eines Dekrets des Ministerrats der UdSSR vom 4. Juli 1967 nahm das OKB-9 „Uralmasch" die Entwicklung einer 152-mm-Haubitze mit Eigenantrieb in Angriff. Ende 1968 lagen die ersten beiden Prototypen vor und nach einer Truppenerprobung begann „Uralmasch" 1971 mit der Serienfertigung – noch bevor die Streitkräfte die Waffe 1973 offiziell einführten. Sie erhielt den GRAU-Index 2S3, den klangvollen Namen „Akazija" (Akazie) und ging den Panzerartillerie-Regimentern der Panzer- und motorisierten Schützendivisionen zu.

Der Aufbau der „Akazija" entspricht prinzipiell der 2S1 „Gwosdika", ebenso die Einteilung der vierköpfigen Besatzung. Rumpf und Drehturm sind aus gewalzten Panzerstahlblechen geschweißt (Wanne 20 mm, Turm 15 mm). Wie bei der 2S1 bietet die Panzerung nur Schutz gegen Kleinwaffengeschosse und Granatsplitter sowie am Boden gegen leichte Panzerminen. Die im Turm gelagerte 152-mm-Haubitze D-22 (2A33) mit Rohrlänge L/27 und halbautomatischem Keilverschluss stellt eine Modifikation der 152-mm-Kanonenhaubitze D-20 dar, erhielt aber einen Rauchabsauger zur Entfernung von Pulvergasen, die sonst die Turmbesatzung in Mitleidenschaft zögen. Ballistik und Munition der D-22 entsprechen ansonsten der D-20. Die Höchstschussweite beträgt 17,3 km. Bei Verwendung der Bereitschaftsmunition beträgt die Feuerrate 4 S/min, ansonsten bei „Außenförderung" 3,5 bzw. 2,6 S/min. Als Munition steht die gesamte 152-mm-Palette der Kanonenhaubitze D-20 zur Verfügung: Spreng-, Leucht-, Nebel- und Hohlladungsgranaten, dazu lasergelenkte Anti-Panzer-Projektile „Krasnopol", Granaten mit chemischen Kampfstoffen oder Atomsprengkopf. Die Kampfbeladung besteht aus 40 Granaten plus Kartuschen – 36 mit Spreng/Splittergeschossen OF-540 (43,56 kg, Sprengstoffanteil 5,86 kg) und 4 Hohlladungsgeschossen BP-540. Für das Schießen mit Spreng/

152-mm-Panzerhaubitze 2S3 „Akazija" auf dem Marsch.

152-mm-Panzerhaubitze 2S3 „Akazija".

Splittergranaten sind eine volle und sechs reduzierte Ladungen vorgesehen. Die Höchstschussweite liegt bei 17.410 m: beim Hohlladungsgeschoss, das bis zu 250 mm Panzerstahl durchdringt, 3000 m. Bei den nach 1975 hergestellten „Akazien" wurden die Munitionsbehälter durch ein halbautomatisches Trommelmagazin ersetzt, das nun eine erhöhte Kampfbeladung von 46 Schuss einschließlich Kartuschen aufnahm. Diese Fahrzeuge erhielten die Bezeichnung 2S3M. Als Zusatzbewaffnung gegen Erd- und Luftziele erhielt die Panzerhaubitze ein 7,62-mm-MG PKT auf die Kommandantenkuppel.

Zur weitern Ausstattung gehören die ABC-Schutzanlange, die automatische Feuerlöschanlage, die Bordsprechanlage sowie die Funkanlage R-123M, und nicht zuletzt ein Infrarot-Nachtsichtgerät. 1987 wurde die „Akazija" als Ausführung 2S3M1 mit einer modernen rechnergestützten Führungsanlage, dem Visier SP-538 und dem Laserlenkgeschoss „Krasnopol" kampfwertgesteigert.

Da die „Akazija" das torsionsgefederte Kettenlaufwerk (6 Doppellaufrollen, 4 Stützrollen, Antriebsrad und Leitrad) des Flugabwehr-Raketensystems „Krug" nutzt, erreicht sie bis zu 60 km/h auf der Straße und meistert dank guter Geländegängigkeit Steigungen bis zu 30°, senkrechte Hindernisse bis zu 0,7 m Höhe und bis zu 3 m breite Gräben. Ohne Vorbereitung durchwatet sie bis zu 1 m tiefe Gewässer. Der spezifische Bodendruck liegt bei lediglich 0,6 kg/qm. Der Zwölfzylinder-Dieselmotor W-59 leistet 520 PS. Beim Getriebe handelt es sich um ein mechanisches Planetengetriebe. Die 2S3 ist luftverlastbar, in ein Transportflugzeug An-22 passen zwei „Akazien"

Die 2S3 ging, wie erwähnt, den Panzerartillerie-Regimentern der Panzer- und motorisierten Schützendivisionen zu. Eine 2S3-Abteilung bestand in der Regel aus drei Batterien zu je sechs Geschützen (insgesamt 18), einige Abteilungen jedoch aus vier Batterien (24 Geschütze).

1963 einigten sich die NATO-Staaten auf das Kaliber 155 mm für neu zu entwickelnde Haubitzen, die eine Höchstschussweite von 30 km erreichen sollten. Diese Schussweite übertraf jene der sowjetischen Panzerartillerie fast um das Doppelte, weshalb man in Moskau auf die Entwicklung einer Panzerhaubitze mit größerer Schussweite drängte. Diese lag in der 1989 angenommenen 152-mm-Panzerhaubitze 2S19 „Msta-S" vor.

Technische Angaben	
Besatzung	4
Gefechtsgewicht, t	27,5
Abmessungen, mm	
Länge mit Geschütz	7765
Länge Fahrgestell	6970
Breite	3250
Höhe	2615
Kaliber, mm	
Haubitze	152
Maschinengewehr	7,62
Kampfbeladung, S	
Haubitze	40/46
Maschinengewehr	1000
Granatgewicht, kg	43,56
Höchstschussweite, km	17,3
Feuergeschwindigkeit, S/min	3
Motorleistung, PS	520
Höchstgeschwindigkeit, km/h	60
Fahrbereich, km	500

Die bereits 1973 eingeführte 152-mm-Panzerhaubitze „Akazija" gehört noch immer zum Bestand der russischen Artillerie.

Eine Batterie 152-mm-Panzerhaubitzen 2S3 „Akazija".

152-mm-Selbstfahrlafette 2S5 „Giatsint-S“

Einige selbstständige russische Artilleriebrigaden sind noch immer mit der 152-mm-Panzerhaubitze 2A37 „Giatsint“ (Hyazinthe) bewaffnet. Weitreichende Geschütze dieses Typs wurden entwickelt, um taktische nukleare Angriffsmittel, Kommandozentren, Truppenansammlungen und andere Schwerpunktziele zu zerschlagen. Die gezogene Ausführung 2A36 „Giastsint-B“ (*Buksirujemaja* = gezogen, geschleppt) wurde oben unter Punkt 2-9 bereits vorgestellt. Parallel zu ihr entstand die selbstfahrende Haubitze 2S5 mit Geschütz 2A37 „Giatsint-S“ beim Swerdlowsker Werk für Transporttechnik. Das Wissenschaftliche Forschungsinstitut für Maschinenbau entwickelte die gemeinsame Munition.

Die Entwicklung der „Giatsint-S“ begann 1970, im Frühjahr 1971 lagen zwei Versuchsmuster vor, die von September 1971 bis März 1972 ihre Schieß- und Truppenerprobung durchliefen. 1976 führte die Sowjetarmee die Selbstfahrlafette unter dem Namen „Giatsint-S“ (GRAU-Index 2S5) ein. Im selben Jahr begann auch ihr bis Anfang der 1990er-Jahre anhaltender Serienbau, der nach schätzungsweise 1200 Einheiten endete. Nach Berichten verfügte die russische Heeresartillerie 2020 noch über 950 „Giatsint-S“ und die Küstenartillerie der Marine über weitere 48.

Aufgrund der großen Schussweite der 2S5 verzichtete man auf eine ähnlich geschützte Unterbringung von Waffe und Bedienung wie bei einer Panzerhaubitze. In Fahrtrichtung rechts im Bug befindet sich der Motorraum, links der Fahrersitz. Der Kommandantensitz ist hinter dem Fahrerrabteil angeordnet und der mittlere Teil dient zur Unterbringung der restlichen drei Besatzungsmitglieder nebst Munition. Dennoch bietet der aus gewalzten Panzerplatten geschweißte Rumpf der Besatzung, so sie sich im Fahrzeug befindet, Schutz vor Kleinwaffengeschossen, Granatsplittern und Minen. Die 30 mm dicke, schräge Frontpanzerplatte schützt zudem vor Projektilen aus kleinkalibrigen Maschinenkanonen und schweren MG. In Feuerstellung befinden sich die Besatzungsmitglieder jedoch außerhalb des Fahrzeugs, ein kleiner Schild bietet nur dem Richtkanonier einen gewissen Schutz.

152-mm-Selbstfahrlafette 2S5 „Giatsint-S“.

Die offen im Heck des Fahrzeugs untergebrachte 152-mm-Kanone 2A37 „Giatsint-S" enspricht weitgehend der gezogenen Schwester 2A36. Sie besitzt ein einteiliges Rohr, dessen Länge einschließlich der geschlitzten Mündungsbremse 54 Kaliber misst. Der horizontale Keilverschluss arbeitet halbautomatisch, die Rückstoßbremse hydropneumatisch und die Vorhol- bzw. Ausgleichsvorrichtung pneumatisch. Der Höhenrichtbereich beträgt –2,5° bis +58°; der Seitenrichtbereich 30°.

Die Zieleinrichtungen der Waffe bestehen aus einem mechanischen Visier D726-45 mit PG-1M-Panorama und einem optischen Visier ORTschM-91A.

Den Ladevorgang übernehmen ein hydraulischer Aufzug/Zuführer und ein automatischer Ansetzer. Die Feuergeschwindigkeit liegt bei 5–6 Schuss pro Minute.

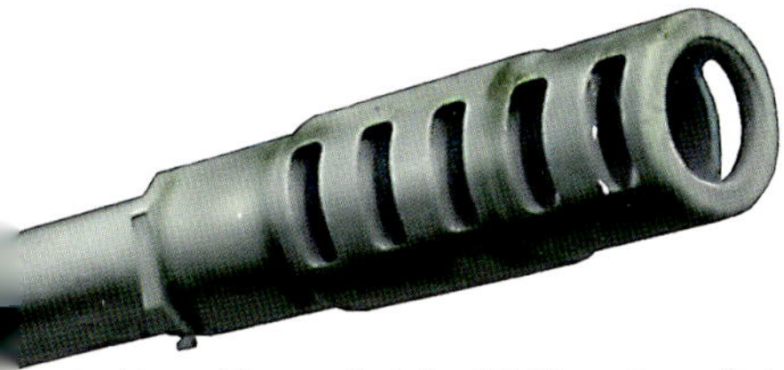

In Marschlage wird das Waffenrohr auf einer klappbaren Stütze horizontal fixiert und die Bodenstütze am Heck angehoben. Der Übergang von der Marsch- in die Feuerstellung und umgekehrt vollzieht sich in ca. 3 Minuten.

Die „Giatsint-S" verschießt die gleiche Munitionspalette wie ihre Schwester „Giatsint-B" (siehe 2-9) auf die gleichen Entfernungen; ballistisch gibt es also keine Unterschiede. Zu den neuen Munitionsorten,

152-mm-Selbstfahrlafette „Giatsint-S" beim Feuern.

die für beide Kanonen entwickelt wurden und werden, zählen Streugeschosse mit Splittersubmunition, Tochtermunition mit Zielsensoren sowie aktive und passive Funkstörgeschosse. Die Erstmunitionsausstattung von 60 Schuss unterteilt sich in 30 Geschosse als Kampfsatz im Fahrzeug und weitere 30 in einem speziellen Transportfahrzeug.

Die Hilfsbewaffnung besteht aus einem 7,62-mm-MG PKT an der Kommandantenluke.

Als Fahrwerk erhielt die „Giatsint-S" das gleiche, vom Flugabwehr-Raketensystem „Krug" spendierte Kettenfahrwerk wie die kalibergleiche Panzerhaubitze 2S3 „Akazija" (siehe 2-14) mit flüssigkeitsgekühlten V-59-Zwölfzylinder-Dieselmotor zu 520 PS nebst Planetengetriebe. Damit erreicht sie bis zu 60 km/h auf der Straße und steht der „Akazija" in Geländegängigkeit nicht nach; ohne Vorbereitung durchwatet die „Giatsint-S" zudem bis zu 1 m tiefe Gewässer.

Die modernisierte Ausführung 2S5M erhielt die neue Feuerleitanlage 1W514-1 „Mechanisator-M" und eine verbesserte Waffe.

Technische Angaben	
Bedienung	5–6
Gefechtsgewicht, t	28.2
Kaliber, mm	
Kanone	152,4
Maschinengewehr	7,62
Kampfbeladung, S	
Kanone	30
Maschinengewehr	1500
Granatgewicht, kg	46
Höchstschussweite, km	
Spreng/Splitter -Geschoss	28,4
Raketengeschoss	33,0
Feuergeschwindigkeit, S/min	5–6
Motorleistung, PS 520	520
Höchstgeschwindigkeit, km/h	60
Fahrbereich, km	500

120-mm-Selbstfahrlafette 2S9 „Nona-S"

In den späten 1970er-Jahren wurde für die Regimentsartillerie und die Luftlandetruppen die 120-mm-Selbstfahrlafette 2S9 „Nona-S" entwickelt. Letztere forderten einen luftverlastbaren Panzermörser, den sie offiziell 1981 bekamen und 1985 erstmals bei einer Parade auf dem Roten Platz in Moskau vorführten. Dabei hatte die Waffe ihre Feuertaufe längst hinter sich: diese erfolgte bereits 1979 in Afghanistan. Etwa 1000 „Nona-S" wurden gebaut, von denen sich (Stand 2000) rund 790 bei den Luftlandetruppen und 75 bei der Marineinfanterie befanden.

Die „Nona-S" setzt sich aus dem unter den Punkten 2-4 und 2-5 vorgestellten Vielzweckgeschütz und dem Fahrgestell des schwimmfähigen Schützenpanzers BTR-D (Objekt 926; Weiterentwicklung des luftverlastbaren BMD-1) zusammen. Im Bug befinden sich Fahrer und Kommandant. Ersterer beobachtet über drei Prismenspiegel, Letzterer über zwei Winkelspiegel und ein Panzerperiskop. Der mittlere Teil beherbergt den Kampfraum mit Drehturm, Geschütz sowie Richt- und Ladekanonier. Der Motor befindet sich im Heck und ist durch eine Schottwand vom Kampfraum getrennt. Wanne und Turm sind aus hochfesten Aluminium-Panzerblechen geschweißt, welche die Besatzung vor Handwaffengeschossen, Granatsplittern und Minen schützen.

Die 2S9 „Nona-S" war das erste gepanzerte Fahrzeug, auf dem das 120-mm-Vielzweckgeschütz 2A51 installiert wurde – eine Mischung aus Granatwerfer und Kanonenhaubitze, die patronierte Munition verschießt. Das im Turm montierte 120-mm-Geschütz mit Rohrlänge L/24,2 und halbautomatischem Keilverschluss kann sowohl Granatwerfermunition als auch spezielle Kanonenmunition verschießen. Ein Rauchabsauger verhindert das Eindringen von Pulvergasen in den Kampfraum. Eine hydraulische Rückstoßbremse und ein Federausgleicher zähmen den Rückstoß. Das Höhenrichten von –4° bis +80° erfolgt manuell, das Seitenrichten durch Schwenken des Turms bis 70°.

Die Kampfbeladung besteht aus 25 Spreng- und Hohlladungsgranaten. Die Höchstschussweite der

120-mm-Selbstfahrlafette 2S9 „Nona-S" bei einer Parade. Im Hintergrund Fallschirmjäger.
Vitaly V. KuzminCC BY-SA 4.0

Spreng/Splittergranate beträgt 8,85 km, der Splitterwurfgranate bei 7,15 km und des Raketen-Splittergeschosses bei 12,8 km. Die Mindestschussweiten der Spreng/Splitter- und der Splittergranate liegen bei 1,7 km bzw. 0,45 km. Die Hohlladung durchschlägt auf 1000 m bei senkrechtem Auftreffen über 650 mm Panzerstahl. Die maximale Feuergeschwindigkeit beträgt 10 S/min.

Der 240 PS leistende, flüssigkeitsgekühlte Sechszylinder-V-Diesel 5D20 des BTR-D verleiht dem Panzermörser eine Höchstgeschwindigkeit von 60 km/h. Motor, Getriebe und Kupplungen sind zu einer Antriebseinheit zusammengefasst. Im Gelände überwindet er Steigungen von 32–35°, bis zu 70 cm hohe senkrechte Hindernisse und bis zu 2 m breite Gräben. Beim Schwimmen sorgen zwei Wasserstrahlantriebe für Geschwindigkeiten bis 10 km/h. Er findet Platz in den Frachtkabinen von Transportflugzeugen und -hubschraubern.

Berichten zufolge verfügten die russischen Luftstreitkräfte 2020 über ungefähr 750 Panzermörser 2S9 „Nona-S", von denen sich etwa 250 Einheiten bei der Truppe und der Rest in Lagern befanden.

Die Einsatzerfahrungen mit der „Nona-S" in Afghanistan führten Ende der 1980er-Jahre zur Weiterentwicklung zur „Nona-SWK" auf Radfahrgestell für die mot-Schützenverbände, die der Truppe ab 1990 zuging. Ein weiter entwickeltes Geschütz „Wena" auf Fahrgestell BMD-3 wurde in den 1990er-Jahren geschaffen.

Technische Angaben	
Besatzung	4
Gefechtsgewicht, t	8,5
Abmessungen, mm	
Länge mit Geschütz	6020
Länge Fahrgestell	5885
Breite	2630
Höhe	2300
Kaliber, mm	120
Kampfbeladung, S	25
Geschossgewicht, kg	17,3
Höchstschussweite, km	
Spreng/Splitter	8,85
Mörsersprengranate	7,15
Raketengeschoss	12,80
Feuergeschwindigkeit, S/min	8–10
Motorleistung, PS	240
Höchstgeschwindigkeit, km/h	60
Fahrbereich, km	500

120-mm-Selbstfahrlafette 2S9 „Nona-S" auf Fahrgestell des schwimmfähigen Schützenpanzers BTR-D.

120-mm-Selbstfahrlafette 2S9 „Nona-S" mit aparten Tarnanstrich auf einer Ausstellung.

Die 120-mm-Selbstfahrlafette „Nona-S" beim Durchschwimmen eines Gewässers.

152-mm-Panzerhaubitze 2S19, 2S19M1 und 2S19M2 „Msta-S"

Motorisierte Schützenbrigaden des russischen Heeres verfügen über ein bis zwei Abteilungen von 152-mm-Panzerhaubitzen 2S19 „Msta-S". In der Regel ist die Abteilung/Bataillon mit 18 solcher Geschütze bestückt. Zum Zeitpunkt ihrer Einführung 1989 war die „Msta-S" die beste ihrer Klasse und stellt noch heute eine der leistungsfähigsten Panzerhaubitzen der Welt dar.

Die Bedeutung, die das Verteidigungsministerium der UdSSR diesem Geschütz beimaß, belegt die Tatsache, dass es für seine Serienfertigung in Sterlitamak an der Wolga ein eigenes Werk bauen ließ (die ersten Lose wurden noch bei Uraltransmasch in Swerdlowsk gefertigt). Die „Msta-S" erhielt keine „blumige" Bezeichnung mehr wie ihre Vorgängerinnen „Gwostika" und „Akazija", sondern wurde – aus welchem Grund auch immer – auf den Namen des westrussischen Flusses Msta getauft. Ihr Aufbau entsprach grundsätzlich den Vorgängerinnen, wobei man bei der Konstruktion großen Wert auf die Verwendung von Teilen und Baugruppen bereits eingeführter Militärtechnik legte, was die Entwicklungs- und Bauzeiten verkürzte. Die im Turm installierte 152-mm-Haubitze 2A64 entsprach im Wesentlichen der gezogenen Feldhaubitze 2A65 „Msta-B" (siehe 2-12) und unterschied sich hauptsächlich durch den Rauchabsauger. Auch im Turm ist neben dem indirekten auch direktes Feuer möglich. Neben der Waffe sind im 360°-Drehturm (Höhenrichtbereich –3°/+ 65°) eine Feuerleitanlage 2E46, ein Ladeautomat, ein Generator sowie die Funkanlage untergebracht. Die Feuerleitanlage setzt sich aus einem ballistischen Rechner, Geräten zur topographische Einmessung und Orientierung sowie einer Satellitennavigationsanlage zusammen. Dank automatischer Munitionszufuhr erreicht die „Msta-S" eine Feuergeschwindigkeit von bis zu 8 S/min bei Verwendung der Bereitschaftsmunition und von bis zu 7 S/min bei externer Zuführung. In Turm und Wanne aus geschweißten Panzerstahlblechen können bis zu 50 Einheitsgranaten mitgeführt werden. Das Geschoss-Spektrum beinhaltet die Spreng-/Splittergranate OF-45 (43,56

152-mm-Panzerhaubitzen 2S19 „Msta-S" bei einer Parade auf dem Roten Platz. pravda.ru

152-mm-Panzerhaubitze 2S19 „Msta-S“.

kg), das Raketengeschoss OF-61 (42,86 kg), die Streugranate 3023 mit 42 Hohlladungen (42,80 kg), das Radarstörgeschoss 3NSO sowie Spezialmunition 3WDC8. Außerdem verschießt die Haubitze lasergelenkte Geschosse 3OF-39 „Krasnopol“ (50 kg) und „Krasnopol-M“ sowie die gesamte 152-mm-Palette der Haubitzen D-20 und 2S3 „Akazija“. Die Höchstschussweite mit der Sprenggranate OF-45 beträgt 24.700 m und mit Raketengeschoss OF-61 28.900 m. Während einer Schießvorführung in Abu Dhabi traf ein lasergelenktes „Krasnopol“-Geschoss ein sich bewegendes Panzerziel auf 12.000 m.

Die Sekundärbewaffnung besteht aus einem 12,7-mm-Maschinengewehr NSWT neben der Kommandantenkuppel. Vorn am Turm sind zwei Nebelwurfgeräte angebracht.

Technische Angaben	
Besatzung	5–7
Gefechtsgewicht, t	42
Abmessungen, mm	
Länge mit Rohr	11.917
Breite	2630
Höhe	2985
Kaliber, mm	
Haubitze	152.4
Maschinengewehr	12.7
Kampfbeladung, S	
Haubitze	50
Maschinengewehr	300
Geschossgewicht, kg	42,86–43,56
Höchstschussweite, km	
Sprenggranate	24,7
Raketengeschoss	28,9
Feuergeschwindigkeit, S/min	7–8
Motorleistung, PS	840
Höchstgeschwindigkeit, km/h	60
Fahrbereich, km	500

Das „Msta-S“-Laufwerk wurde mit geringen Änderungen vom Kampfpanzer T-72 bzw. T-80 übernommen. Auf jeder Seite befinden sich sechs gummigepolsterte Lauf- und fünf Stützrollen; Antriebsrad hinten, Leitrad vorn. Die Achsen sind Torsionsstab-gefedert, die Aufhängung der Laufrollen ist unabhängig. Einstellbare Teleskopstoßdämpfer sitzen hinter der ersten, zweiten und sechsten Laufrolle. Durch deren Blockierung beim Schuss ist eine effektive Dämpfung der entstehenden Schwingungen gewährleistet, wodurch auf sonstige Boden-Abstützungen verzichtet werden konnte. Die stählernen Gleisketten von „Msta-S“ und T-80 sind austauschbar.

Im hinteren Motor-Getriebe-Abteil sorgt ein flüssigkeitsgekühlter 12-Zylinder-Mehrstoffmotor V-84A, der in der Regel mit Diesel betankt wird, für eine Leistung von 840 PS (einige Fahrzeuge erhielten den V-46-6 zu 780 PS). Damit erreicht die Haubitze auf der Straße eine Höchstgeschwindigkeit von 60 km/h. In Sachen Geländegängigkeit unterscheidet sie sich praktisch nicht von den Kampfpanzern T-72 und T-80 und bewältigt Steigungen bis 30°, senkrechte Hindernisse bis zu 0,85 m Höhe und Gräben bis zu 2,8 m Breite. Ohne Vorbereitung durchwatet sie bis zu 1,2 m tiefe Gewässer. Unten am Bug befindet sich ein Räumschild, mit dem die Haubitze ihre Feuerstellung vorbereiten oder sonstige Erdarbeiten durchführen kann.

152-mm-Panzerhaubitze 2S19 „Msta-S“ auf einem Übungsplatz. wikipedia.org

152-mm-Panzerhaubitzen 2S19M1 „Msta-S“ beim Feuern. eurasian-defence.ru

Ausführung 2S19M1 „Msta-S“
Der gefechtsmäßige Einsatz von 2S19-Haubitzen zeigte, dass jedes Fahrzeug mit einer integrierten automatischen Navigations- und Feuerleitanlage (ASUNO) ausgestattet sein sollte. Eine solche rechnergestützte Anlage mit der Bezeichnung „Uspech-S“ (Erfolg, Gelingen) wurde 2011 erstellt und machte die 2S19 zur kampfwertgesteigerten 2S19M1. „Uspech-S“ navigiert auf dem Marsch und in Feuerstellung mittels GPS und GLONASS selbsttätig, nimmt Zielkoordinaten entgegen, wertet sie aus, speichert sie und berechnet die Schusswerte für das indirekte Schießen. Dies ermöglicht eine weitgehende Unabhängigkeit von Tageszeit und Wetter und eine um 30–50 % schnellere Herstellung der Feuerbereitschaft. Die Zuweisung der Zieldaten verkürzte sich um das Fünffache und die Ersttrefferwahrscheinlichkeit stieg. Des Weiteren ermöglicht die Anlage die Vernetzung des Geschützes mit anderen Geschützen der Batterie und sie bleibt bestehen, selbst wenn ein Geschütz ausfällt.

Die kampfwertgesteigerte Panzerhaubitze 2S19M1 „Msta-S" wird seit 2001 von Uraltransmasch in Serie gefertigt; ältere Fahrzeuge 2S9 wurden bei einer Generalüberholung nachgerüstet.

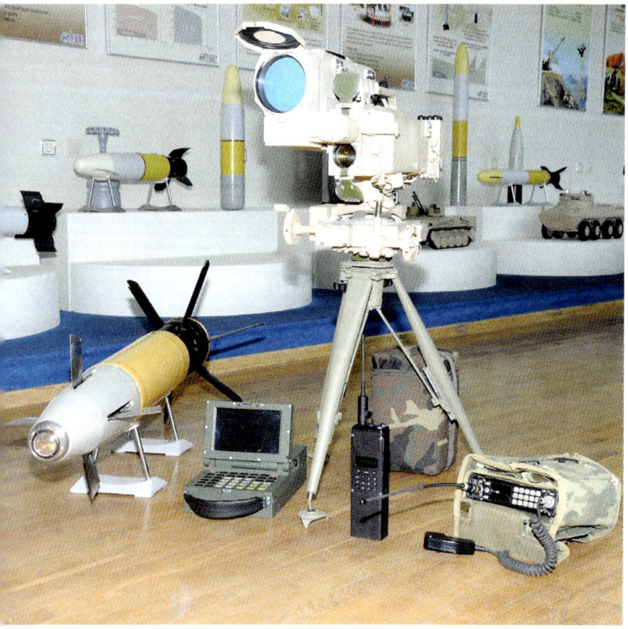

Zum Munitionsspektrum der „Msta-S“ gehören lasergelenkte „Krasnopol“-Geschosse. Foto: IDB

Ausführung 2S19M2 „Msta-S“
Auf der IX . Internationalen Ausstellung für Waffen, Militärausrüstung und Munition EXPO-2013 in Moskau wurde erstmals die grundlegend modernisierte 152-mm-Panzerhaubitze 2S19M2 „Msta-S“ präsentiert. Sie wird bei „Uralwagonsawod“ gebaut. Im Herbst 2014 gab der Pressedienst des Unter-

152-mm-Panzerhaubitze 2S19M1 „Msta-S“ beim Feuern. Man beachte das Geschoss! livejournal.com

152-mm-Panzerhaubitze 2S19M2 „Msta-S“ bei einer Vorführung auf der Waffen-Expo 2013 in Nischni Tagil. wikipedia.org

Panzerhaubitze 2S19M2 „Msta-S“ auf einer Parade.

nehmens die vorzeitige Erfüllung eines Dreijahresvertrags über die Lieferung von 108 Fahrzeugen (6 Bataillonssätze) bekannt.

Ein wesentliches Merkmal stellt die Erhöhung der Feuergeschwindigkeit auf 10 S/min dar. Die Waffe kann schnelles Streu- oder Wirkungsfeuer in Schussgruppen schießen, wobei mehrere nacheinander abgefeuerte Projektile unterschiedlicher Ballistik entlang unterschiedlicher Flugbahnen gleichzeitig am oder im Ziel einschlagen. So lässt sich das Ziel gleichzeitig mit sechs Granaten abdecken.

Die Haubitze 2S19M2 ist mit einer automatischen Navigations- und Feuerleitanlage ausgestattet. Diese verfügt über einen Komplex digitaler elektronischer Karten, deren Verwendung die Orientierung vor Ort unter schwierigen geografischen, meteorologischen und geografischen Verhältnisse erheblich beschleunigt.

152-mm-Panzerhaubitze 2S19M2 „Msta-S“ mit erhöhter Feuergeschwindigkeit.

Wichtig für die Überlebensfähigkeit ist das System „Nakidka“ (Regenmantel), das im übertragenen Sinn einen elektronischen Schutzmantel darstellt, der die Aufklärung der Panzerhaubitze mit optischen Tag- und Nachtsichtgeräten (Wärmebildgeräten, Infrarot) erschwert und die Entdeckungswahrscheinlichkeit um 30 % verringert. Im rein thermischen Bereich wird die Wahrscheinlichkeit, sie durch Zielsuchköpfe zu erfassen, sogar um das Zwei- bis Dreifache reduziert. „Nakidka“ verringerte darüber hinaus die Aufklärbarkeit durch Feindradar um das Sechsfache!

Im Zuge der Verbesserungsmaßnahmen konnten neben der Elektronik auch der Panzerschutz sowie der Fahrbereich von 500 auf 600 km verbessert werden. Alles in allem kann die 2S19M2 zu jeder Tages- und Jahreszeit, bei Temperaturen von –50° C bis +50° C, auf bis zu 3000 m Meereshöhe und einer relativen Luftfeuchtigkeit von 98 % ihren Auftrag erfüllen.

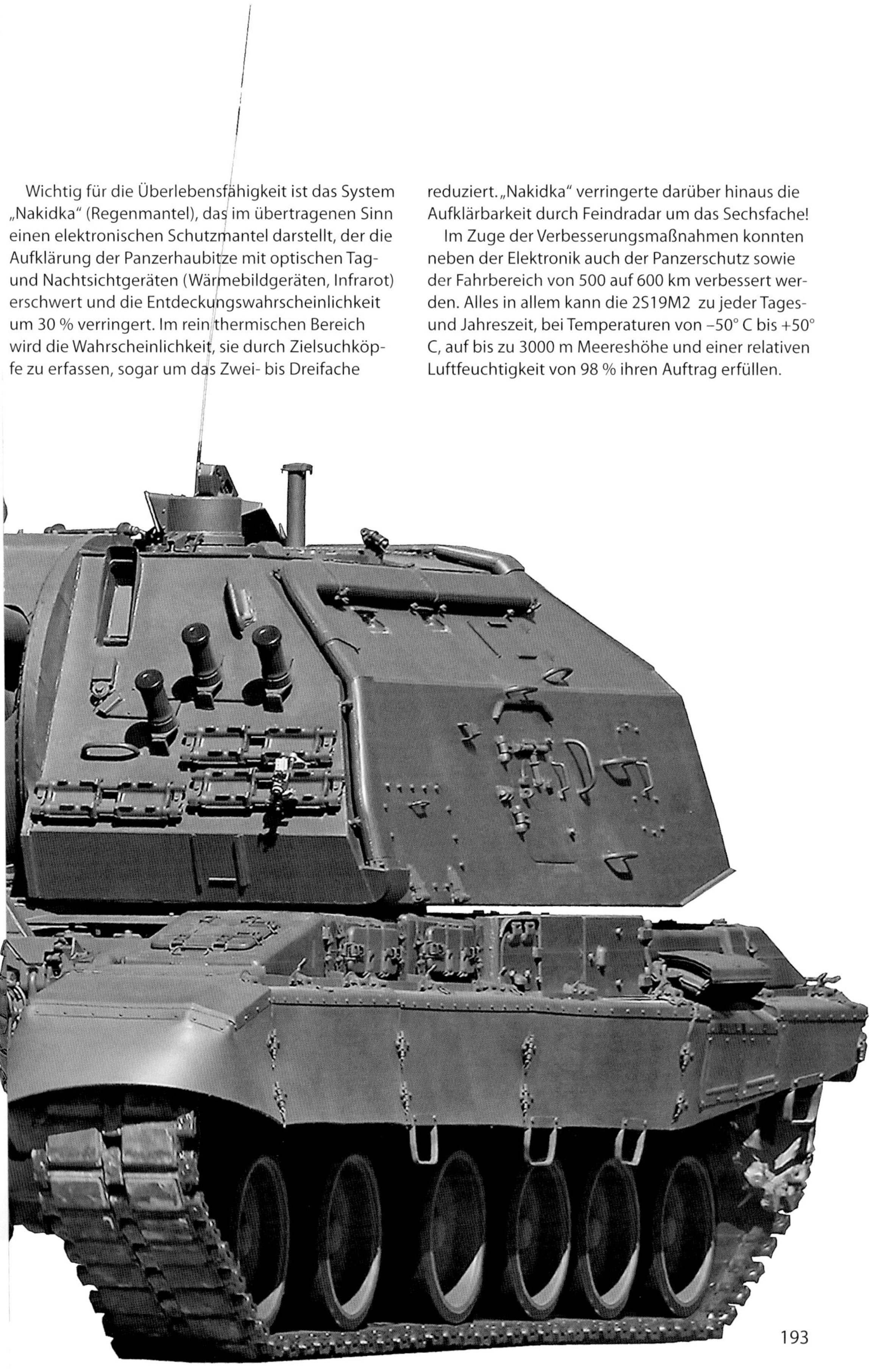

120-mm-Selbstfahrlafette 2S23 „Nona-SWK" auf Fahrgestell des Radschützenpanzers BTR-80.. static.oper.ru

BTR-80-Plattform bietet mehr Beweglichkeit und Zuverlässigkeit als das „Nona-S"-Kettenfahrgestell, insbesonders beim Marsch über längere Strecken. Und sie kostet 1,5–2 mal weniger.

Das selbstfahrende Geschütz 2S23 ist wie folgt aufgebaut: Vorn links in der Wanne befindet sich der Fahrer. Die mittlere Wanne beherbergt den Kampfraum mit Drehturm und Waffe, einschließlich Führungs-, Beobachtungs- und Zielgeräten. Dies ist der Arbeitsplatz von Kommandant, Richt- und Ladekanonier. Hier befinden sich auch die Staufächer für Munition. Im Heck ist der Motor untergebracht. Wanne und Turm sind aus gewalzten Panzerstahlblechen geschweißt, die vor Handwaffengeschossen, Granat- und Minensplittern schützen (die Frontpanzerung hält 12,7-mm-Projektilen stand.)

Das im Drehturm untergebrachte 120-mm-Vielzweckgeschütz 2A60 stellt eine Variante der in der Ausführung „Nona-S" verbauten Waffe 2A51 dar. Zur 2A60-Kanone mit gezogenem Rohr L/24,2 und halbautomatischem Verschluss gehören die Wiege, die Rückstoßbrems- sowie die Richt- und Zielanlage. Eine pneumatische Ladehilfe erleichtert dem rechts sitzenden Ladekanonier die Arbeit. Ein Rauchabsauger verhindert, dass Pulvergase aus dem Rohr nach Öffnen des Verschlusses in den Kampfraum gelangen und der Bedienung zusetzen.

Der Richtkanonier sitzt links der Waffe auf einem verstellbaren Sitz mit klappbarer Rückenlehne. Der Höhenrichtbereich beträgt –4° bis +80°; der Seitenrichtbereich 70°.

Hinter dem Richtschützen in der Kommandantenkuppel befindet sich der Geschützführer und Kommandant des Fahrzeugs. Ihm steht ein beheizbarer Prismenwinkelspiegel TNPO-115 zur Überwachung des Gefechtsfeldes zur Verfügung.

Aufgrund des großen Volumens des Kampfraums und der gelungenen Anordnung der Ausrüstung lassen sich hier 30 Schuss sowie zwei Metallkisten mit zusätzlicher Munition unterbringen. Beim Schießen mit von außen zugeführter Munition wird eine Hilfsladevorrichtung verwendet, die in der verstauten Position außen an der Wanne neben der rechten Seitentür angebracht ist.

Die „Nona-SWK" verschießt dasselbe Munitionsspektrum wie die gezogene Ausführung „Nona-K" (siehe 2-4) und die selbstfahrende Variante „Nona-S" (siehe 2-16) und braucht deshalb hier nicht mehr beschrieben zu werden. Die Feuergeschwindigkeit liegt bei durchschnittlich 8–10 S/min.

Als Zusatzbewaffnung dient ein 7,62-mm-MG an der Kommandantenkuppel, das sich innerhalb des Fahrzeugs mit der Fernsteuerung TKN-3A auf Boden- und Luftziele richten lässt. Auf beiden Turmseiten sind sechs Nebelwerfer 902B „Tutscha" (Wolke) mit Nebelwurfkörpern 3D6 installiert. Zur weiteren Ausstattung des Fahrzeugs gehören die vier AKS-74-Sturmgewehre der Besatzung, zwei tragbare „Igla-1"-Fliegerfäuste („Igla" = Nadel), 15 Handgranaten F-1

Technische Angaben	
Besatzung	4
Gefechtsgewicht, t	etwa 14,5
Abmessungen, mm	
Länge	7500
Breite	2900
Höhe	2750
Kaliber, mm	
Geschütz	120
Maschinengewehr	7.,2
Kampfbeladung, S	
Geschütz	30
Maschinengewehr	500
Geschossgewicht, kg	17,3
Höchstschussweite, km	
Spreng/Splittergranate	8,85
Mörser-Sprenggranate	7,15
Raketengeschoss	12,80
Feuergeschwindigkeit, S/min	8-10
Motorleistung, PS	260
Höchstgeschwindigkeit, km/h	80
Fahrbereich, km	500

120-mm-Selbstfahrlafette 2S23 „Nona-SWK".
Vitaly V. KuzminCC BY-SA 4.0

und 20 Raketensignalpatronen 30 mm.

Wie beim BTR-80 kann wahlweise ein 260-PS-Diesel Kamas-7403 oder ein 240-PS-Diesel JaMS-238M2 eingebaut werden. Ein mechanisches Getriebe überträgt das Drehmoment des Motors auf die acht Räder des Laufwerks. Die Räder der ersten beiden Achsen sind lenkbar. Alle Räder verfügen über eine unabhängige Torsionsstabaufhängung mit teleskopierbaren, doppelt wirkenden Stoßdämpfern. Über die zentrale Reifendruck-Regelanlage kann der Fahrer, je nach Gelände und Untergrund, den passenden Reifendruck einstellen, so dass die Geländegängigkeit des Radpanzers einem Kettenfahrzeug kaum nachsteht. Die kugelsicheren Reifen des Typs KI-80 oder KI-126 halten einiges aus und können auch nach mehreren Treffern noch einige hundert Kilometer fahren.

Auf befestigten Straßen entwickelt „Nona-SWK" eine Höchstgeschwindigkeit von 80 km/h. Im Gelände überwindet sie Hänge bis zu 30°, bis zu 50 cm hohe senkrechte Hindernisse und bis zu 2 m breite Gräben. Ihr Wasserstrahlantrieb bringt sie beim Schwimmen auf bis zu 10 km/h. In Transportflugzeugen entsprechender Größe ist sie luftverlastbar.

125-mm-Luftlandepanzer 2S25 „Sprut-SD"

Feindliche Panzer stellen eine große Bedrohung für Luftlandetruppen dar, sowohl während der Landephase als auch im Gefecht. Aus diesem Grund machte das Kommando der Luftlandetruppen der Russischen Föderation auf die selbstfahrende Panzerabwehrkanone 2S25 „Sprut-SD" (Kraken) aufmerksam, die das Wolgograder Traktorenwerk Anfang der 1990er-Jahre entwickelte. Es handelt sich um die vom Werk Nr. 9 entwickelte 125-mm-Glattrohrkanone 2A75 auf verlängertem Fahrgestell des Luftlandepanzers BMD-3.

In den frühen 2000er-Jahren wurde eine Serie von 24 Fahrzeuge produziert, aber weitere Auslieferungen ausgesetzt, nachdem am 9. Mai 2011 ausgerechnet bei der notorischen Parade auf dem Roten Platz einige Fahrzeuge aufgrund von Kraftstofflecks peinlicher Weise in Flammen aufgegangen waren.

Natürlich forderte das Kommando der Luftlandetruppen die Behebung der Konstruktionsmängel des Fahrzeugs und dessen Modernisierung. Den entsprechenden Vertrag unterzeichneten das Verteidigungsministerium und das Wolgograder Traktorenwerk Ende 2013. Die Firma begann im Herbst 2014 mit dem Bau eines Prototypen, der im Juni 2015 auf der Ausstellung „Armija 2015" erstmals öffentlich präsentiert wurde. Das Fahrzeug mit dreiköpfiger Besatzung erhielt die Bezeichnung 2S25M „Sprut-SDM1".

Der Luftlande-Waffenträger entsprich im Aufbau prinzipiell einem herkömmlichen Panzer mit Drehturm: Motor hinten, Kampfraum mit Turm in der Mitte und Fahrer vorn. Wanne und Turm bestehen

Die auf das verlängerte Fahrgestell des Luftlandepanzers BMD-3 gesetzte 125-mm-Glattrohr-Pak 2A75M machte diesen zum 125-mm-Luftlandepanzer 2S25 „Sprut-SD". upload.wikimedia.org

aus geschweißten Panzerplatten unterschiedlicher Stärke.

Die 125-mm-Glattrohrkanone 2A75M verleiht dem Fahrzeug eine Feuerkraft, die der des russischen Kampfpanzers T-90MS ebenbürtig ist. Sie verschießt die getrennte Munition der unter Punkt 2-11 beschriebenen Pak 2A45M „Sprut-B". Wie die 125-mm-Kanonen aller modernen russischen Kampfpanzer kann sie mittels einer speziellen Lenkvorrichtung auch Panzerabwehrraketen verschießen. Die Einsatzschussweite liegt bei 5000 m.

Die Kampfbeladung besteht aus 40 Schuss, von denen sich 22 im Ladeautomat befinden. Dieser ermöglichte die Erhöhung der Feuergeschwindigkeit auf 7 S/min. Die Feuerkraft wurde auch durch eine neue optoelektronische Feuerleit-/Zielanlage mit einer in einer vertikalen Ebene stabilisierten Sichtlinie und eigener Stromversorgung deutlich erhöht. Sie umfasst die Richtanlage „Sosna-U" des Richtkanoniers, die als eine der besten der Welt gilt, mit Bild- und Wärmebild-Displays, sowie das Panorama-Visier PKP des Kommandanten mit ähnlicher Ausstattung. Beide Richtanlagen können Ziele automatisch verfolgen. Im Falle einer Beschädigung des Hauptvisiers gibt es ein Ersatzvisier.

Als Zweitbewaffnung stehen der Ausführung 2S25M zwei 7,62-mm-MG PKTM zur Verfügung – eines koaxial zur Kanone, das andere ferngesteuert an der Kommandantenkuppel.

In Bezug auf Baugruppen und Fahrwerk ist das Fahrzeug weitgehend mit dem neuen Luftlandepanzer BMD-4M vereinheitlicht. Der UTD-29-Dieselmotor entwickelt bis zu 500 PS und verleiht dem Fahrzeug eine Spitzengeschwindigkeit von 70 km/h an Land und 7 km/h im Wasser.

Technische Angaben	
Besatzung	3
Gefechtsgewicht, t	18
Kaliber, mm	
Geschütz	125
Maschinengewehre	7,62
Kampfbeladung	
Geschütz	40
Maschinengewehr	2000
Geschossgewicht, kg	23
Feuergeschwindigkeit, S/min	7
Motorleistung, PS	500
Höchstgeschwindigkeit, km/h	70
Fahrbereich, km	500

Verladen eines 125-mm-Luftlandepanzers „Sprut-SD" in ein Transportflugzeug Il-76. army-news.ru

„Sprut-SD" bei einer Übung:

„Sprut-SD" beim Feuern im direkten Richten. Die Feuerkraft der Kanone entspricht der des Kampfpanzers T-90MS. i.ytimg.com

Der schwimmfähige Luftlandepanzer „Sprut-SD" beim Überwinden eines Wasserhindernisses.

120-mm-Selbstfahrlafette 2S31 „Wena"

In den späten 1990er-Jahren entwickelten ZNI-ITotschMasch und das Motowilichinski-Werk das selbstfahrende 120-mm-Geschütz 2S31 „Wena" (Wien) auf Kettenfahrgestell zur Feuerunterstützung motorisierter Schützenverbände. Der erste Prototyp lag 1996 vor, 1997 wurde die Waffe erstmals auf der IDEX-97 in den Vereinigten Arabischen Emiraten vorgeführt, wo sie mit ihrer Treffgenauigkeit und Feuerkraft einen starken Eindruck hinterließ.

Nach ausführlicher militärischer Erprobung stellte das Motowilichinski-Werk 2004 auftragsgemäß ein Los von zehn Fahrzeugen her, aber das Verteidigungsministerium beschloss, die Waffe erst 2010 in Dienst zu stellen. Auch Aserbaidschan bestellte 16 Einheiten.

Die selbstfahrende Waffe, die sich auch als Panzermörser bezeichnen lässt, ist auf einem modifizierten Fahrgestell des Kettenschützenpanzers BMP-3 aufgebaut. Dies bestimmte den Aufbau mit Motorraum im Heck, Fahrabteil mittig im Bug und Kampfraum mit Drehtturm in der Mitte. Die Besatzung besteht aus vier Personen, von denen sich Kommandant/Geschützführer mit Richt- und Ladekanonier im Kampfraum befinden. Die geschweißten Aluminium-Panzerplatten schützen die Besatzung vor Kleinwaffengeschossen und Granat- wie Minensplittern.

Als Waffe kam das 120-mm-Vielzweckgeschütz 2A80 zum Einbau, eine Weiterentwicklung des Modells 2A51 der 2S9 „Nona-S" (siehe 2-16). Es besteht aus einem gezogenen Rohr mit halbautomatischem Verschluss, Wiege, Rückstoßbremse und Richtanlagen. Ein Servoantrieb erleichtet das Höhenrichten. Das neue Geschütz sticht durch sein verlängertes Rohr hervor, das die Schussweite erheblich steigerte – bei Verwendung der gleichen Munition wie bei der 2A51. Ein Rauchabsauger verhindert das

120-mm-Selbstfahrlafette 2S31 „Wena". Foto: Motowilichinski-Werk

Eindringen von Pulvergasen in den Kampfraum. Der Höhenrichtbereich liegt bei –4° bis +80°, der Seitenrichtbereich bei 360°.

Die 2S31 „Wena" erhielt eine moderne rechnergestützte Feuerleitanlage mit:

- Datenabgleich zwischen Geschütz und Feuerleitung (Batterie);
- Bereitstellen von Schießkoordinaten für unabhängig erkundete Ziele oder gemäß den Koordinaten der Batterie-Feuerleitung;
- Anpassung der Einstellungen nach dem ersten Schuss;
- Speicherung der Koordinaten von über 30 Zielen;
- Überwachung der Waffenanlage.

120-mm-Selbstfahrlafette 2S31 „Wena". 2dorogi.ru

Die automatisierte Richtanlage ist mit dem Bordrechner verbunden, ebenso wie die Navigationsanlage. Diese rechnergestützten Anlagen ermöglichen Stellungswechsel unter sofortiger Weiterführung des Feuerkampfes auf dasselbe Ziel ohne Neueinstellung der Zielwerte – der Computer berechnet sie automatisch. Desgleichen ist Streufeuer mit 3-Schuss-Salven innerhalb von 10 Sekunden zum Eindecken des Ziels unter verschiedenen Höhenrichtwerten möglich.

Die Selbstfahrlafette 2S31 „Wena" verwendet die gleiche 120-mm-Munition wie alle Ableger des Vielzweckgeschützes 2A51, darunter die Spreng/Splittergranaten OF-49 und OF-51, deren Wirkung sich mit Haubitzgranaten des Kalibers 152 und 155 mm vergleichen lässt. Nicht zu vergessen das Raketengeschoss OF-50 und ein Hohlladungsprojektil, das auf bis zu 1000 m noch 650 mm Panzerstahl durchschlägt. Des Weiteren kann sämtliche Mörsermunition des Kalibers 120 mm aus russicher und ausländischer Produktion verschossen werden. Einen Neuzugang stellt das lasergelenkte Geschoss „Kitolow-2M" dar.

Die Kampfbeladung besteht aus 70 Schuss. Über eine rechtsseitig angeordnete Panzerkuke kann die Munitonszufuhr auch von außerhalb des Kampfraums erfolgen.

Die Hilfsbewaffnung besteht aus einem 7,62-mm-Maschinengewehr PKT an der Kommandantenluke; auch eine Nebelwurfanlage durfte nicht fehlen. Für die Überlebensfähigkeit auf dem Gefechtsfeld sorgt die optoelektronische, abstandsaktive Schutzanlage TSchU-2 „Schtora-1" gegen drahtgelenkte Panzerabwehrraketen und lasergelenkte Waffen.

Der flüssigkeitsgekühlte Zehnzylinder-V-Dieselmotor UTD-29 zu 500 PS verleiht dem Fahrzeug eine Höchstgeschwindigkeit von 70 km/h. Zwei Wasserstrahlantriebe sorgen für bis zu 10 km/h beim Schwimmen. Im Gelände überwindet es Steigungen von bis zu 30°, bis zu 80 cm hohe vertikale Hindernisse und bis zu 2,5 m breite Gräben.

Technische Angaben	
Besatzung	4
Gefechtsgewicht, t	etwa 19,5
Kaliber, mm	
Geschütz 120	
Maschinengewehr	7,62
Kampfbeladung, S	
Geschütz	70
Maschinengewehr	500
Granatgewicht, kg	17,3
Höchstschussweite, km	
Spreng/Splittergeschoss	13
Mörsergranate	7,2
Feuergeschwindigkeit, S/min	8–10
Motorleistung, PS	500
Höchstgeschwindigkeit, km/h	70
Fahrbereich, km	600

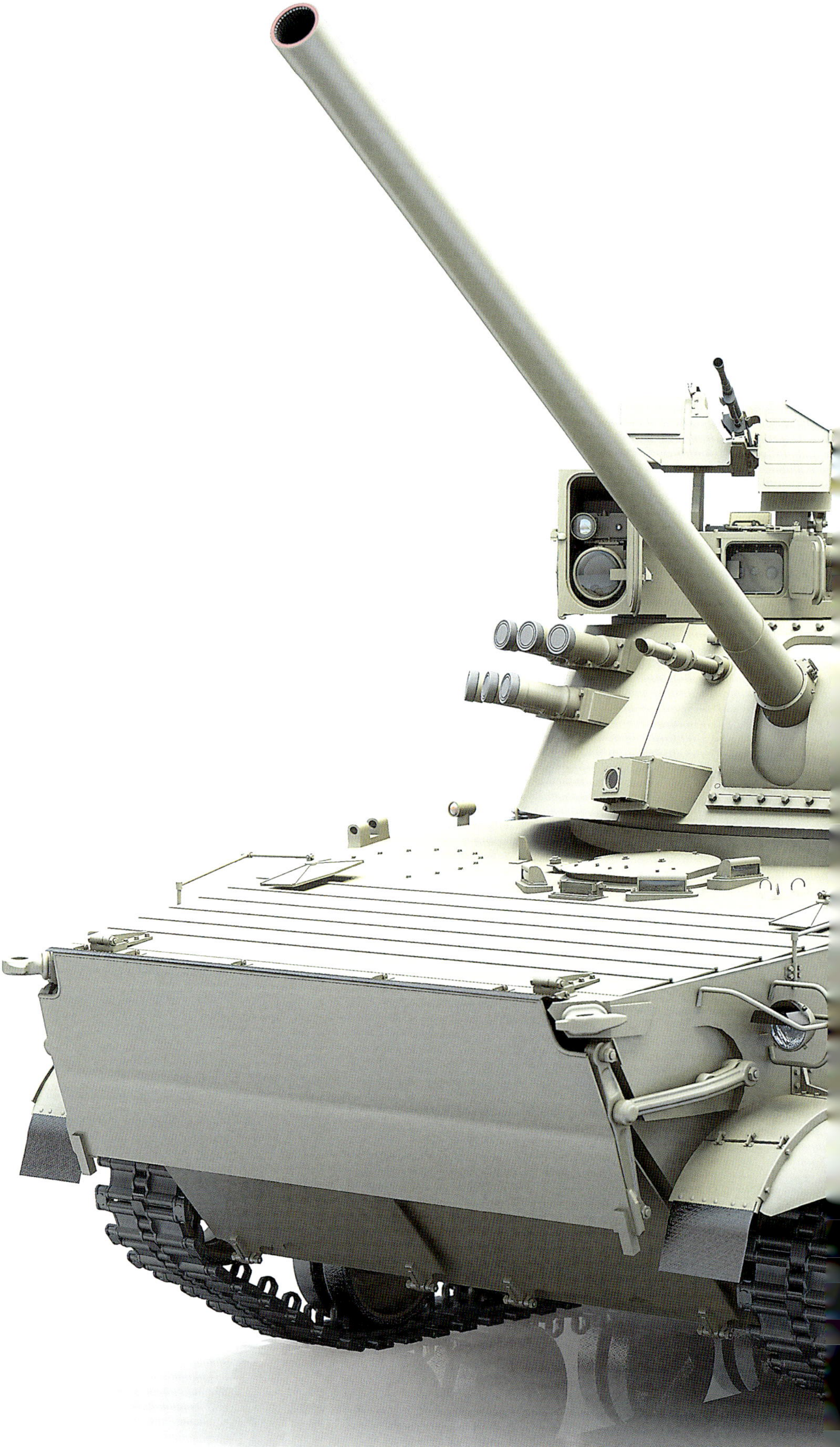

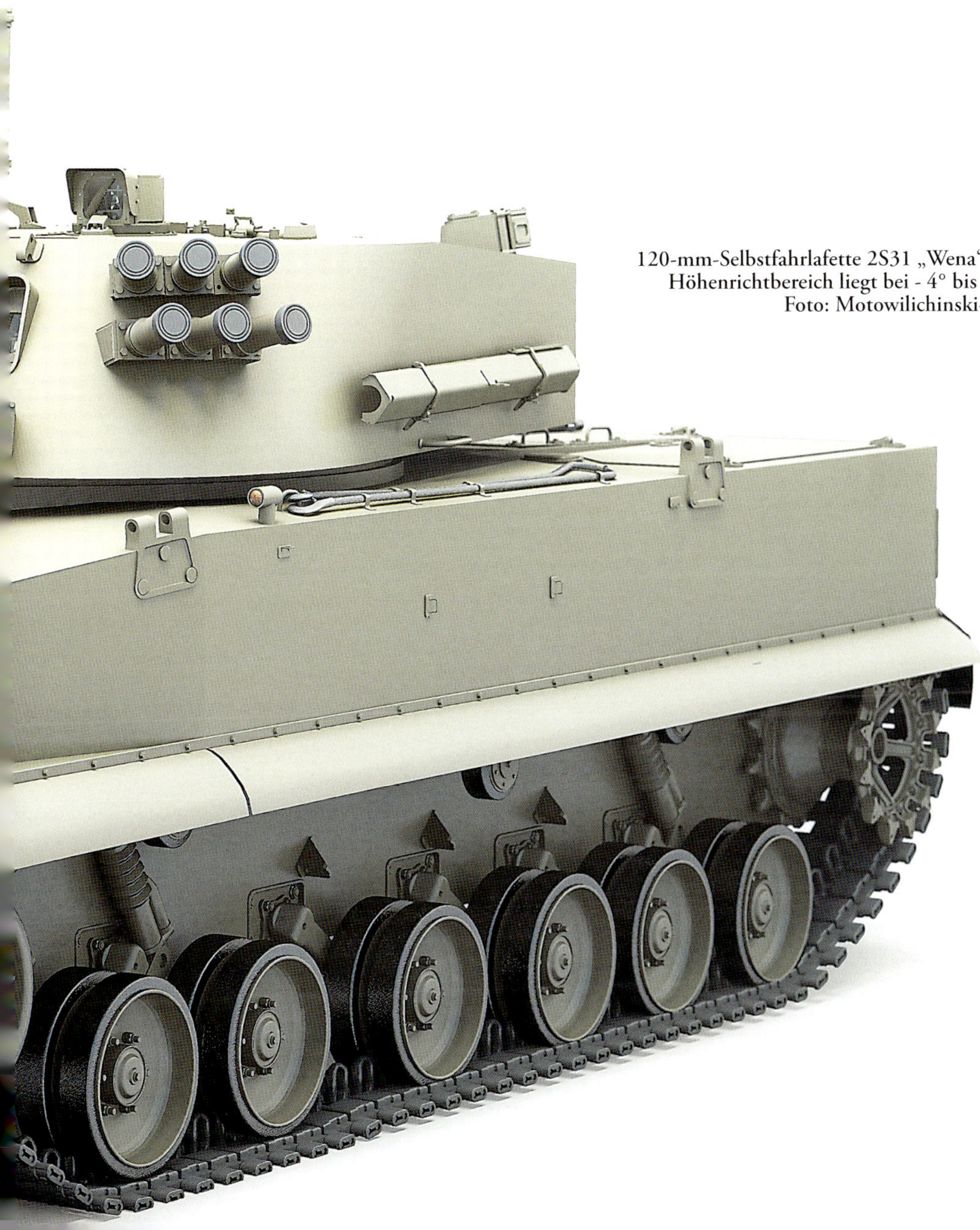

120-mm-Selbstfahrlafette 2S31 „Wena“. Der Höhenrichtbereich liegt bei - 4° bis +80°. Foto: Motowilichinski-Werk

120-mm-Selbstfahrlafette 2S42 „Lotos"

Für die russischen Luftlandetruppen entwickelte ZNIITotschMasch das Selbstfahrgeschütz „Lotos" (Lotosblume). Ein Modell der Waffe wurde erstmals auf dem Forum „Armija-2017" präsentiert. Laut russischen Medienberichten handelt es sich um eine Weiterentwicklung des Projekts „Zauralez-D", das in zwei Versionen mit 120- und 152-mm-Geschütz erprobt worden war. Die Waffe sollte als Kampfmodul entstehen, das sich für verschiedene Rad- und Kettenfahrgestelle eignete. Die Verwendung einer 120-mm-Waffe hätte die Verwendung vorhandener Geschütze und Baugruppen ermöglicht; eine schwere 152-mm-Kanone den Luftlandeverbänden völlig neue Möglichkeiten eröffnet.

Technische Angaben	
Besatzung	4
Gefechtsgewicht, t	18
Kaliber, mm	
Geschütz	120
Maschinengewehr	7,62
Kampfbeladung, S	
Geschütz	40
Maschinengewehr	2000
Granatgewicht, kg	17,3
Feuergeschwindigkeit, S/min	6–8
Motorleistung, PS	450
Höchstgeschwindigkeit, km/h	70
Fahrbereich, km	500

Der Waffenträger „Lotos" ging einen ähnlichen Weg unter Verwendung moderner Ausrüstungsteile. Dazu gehört das Fahrgestell des in Serie gebauten Luftlandepanzers BMD-4M, das einen neuen, größeren und fast mittig angeordneten Drehturm erhielt. Von der vierköpfigen Besatzung der 2S42 „Lotos" befinden sich zwei im Turm, die anderen beiden gestaffelt hintereinander im Wannenbug. Im „Lotos"-Turm ist ein 120-mm-Glattrohrgeschütz auf Basis des Vielzweckgeschützes 2A51 der 2S9 „Nona-S" (siehe 2-16) verbaut. Wie das alte kann auch das neue Geschütz verschiedene Munitionen verschießen und den Aufgabenbereich einer Kanone, einer Haubitze und eines Granatwerfers abdecken. Es erhielt jedoch ein längeres Rohr mit Mündungsbremse und weitere signifikante Verbesserungen zur Leistungssteigerung, wozu die Erhöhung der Schussweite auf bis zu 13 km zählt. Die Herstellung der Feuerbereitschaft

120-mm-Selbstfahrlafette 2S42 „Lotos", Geschütz gezurrt in Marschlage.

120-mm-Selbstfahrlafette 2S42 „Lotos" demonstriert Ihre Rohrerhöhung.

läuft so automatisiert wie möglich ab, was zu einer Feuergeschwindigkeit von bis zu 6–8 S/min führte. Der geräumige Turm ermöglichte eine Erhöhung der Kampfbeladung von 20 Schuss bei der „Nona-S" auf jetzt 40 Schuss. Dazu gehört auch ein verbessertes 120-mm-Geschoss, dessen Wirkung fast einer 152-mm-Artilleriegranate entspricht. Ansonsten verschießt die 2S42 „Lotos" das ganze Munitionsspektrum der 2S9 „Nona-S". Eine fortschrittliche Feuerleitanlage erweitert die taktischen Möglichkeiten, insbesondere im Zusammenwirken mit dem parallel entwickelten Feuerleitfahrzeug „Sawet-D". Als Zweitbewaffnung dient ein fernbedientes 7,62-mm-Maschinengewehr PKT. Die Panzerung von Wanne und Turm bietet Schutz vor Handwaffengeschossen und Granatsplittern.

Zum Schutz vor Lenkwaffen verfügt „Lotos" über eine optisch-elektronische „Rundumverteidigung". So sind an den Seiten Sensoren zum Auffassen anfliegender Lenkraketen und lasergelenkter Geschosse installiert. Sprechen die Sensoren an, verschießt das Geschütz automatisch Raketengeschosse mit aerosolbildenden AOB-5-Gefechtsköpfen. Letztere erzeugen einen Vorhang, der Infrarot- und Laserstrahlung blockiert. Ein wichtiges Merkmal ist die Fähigkeit, Strahlung aus allen Richtungen zu erkennen und abzublocken.

Motorraum und Fahrgestell des Selbstfahrers entsprechend weitgehend dem BMD-4M, dessen Laufwerk aufgrund der notwendigen Wannenverlängerung und des erhöhten Gesamtgewichts um zwei auf sieben Laufrollen je Seite erweitert wurde. Auf befestigten Straßen erreicht „Lotos" eine Höchstgeschwindigkeit von bis zu 70 km/h und im Gelände von bis zu 40 km/h. Der Fahrbereich beträgt 500 km. „Lotos" findet im Frachtraum mittlerer Transportflugzeuge Platz und kann an Lastenfallschirmen abgesetzt werden. Zum Zeitpunkt der Manuskripterstellung war 2S42 „Lotos" bei den russischen Streitkräften offiziell noch nicht eingeführt.

120-mm-Panzerhaubitze 2S34 „Chosta"

Zur Steigerung der Leistungsfähigkeit der Bataillonsartillerie beschloss das Verteidigungsministerium 2003 eine Kampfwertsteigerung der veralteten, in einer Stückzahl von mehreren Tausend gefertigten 122-mm-Panzerhaubitze 2S1 „Gwosdika". Der ans Motowilichinski-Werk und das Zentrale Forschungsinstitut „Burewestnik" vergebene Modernisierungauftrag zur 2S1M beschränkte sich zunächst auf eine neue Waffe und eine neue Feuerleitanlage. Während der Arbeiten kam es jedoch zu so vielen Änderungen an der „Gwosdika", dass letztlich eine neue Panzerhaubitze namens „Chosta" (Fluss in der Region Krasnodar) mit GRAU-Index 2S34 dabei herauskam.

Im Prinzip handelt es sich bei „Chosta" um ein neu entwickeltes Kampfabteil auf modifiziertem „Gwosdika"-Fahrgestell (das wiederum auf dem modifizierten Fahrgestell des gepanzerten Kettentransporters MT-LB beruht). Im Bug befindet sich das weiter nach rechts verschobene Motor-Getriebe-Abteil, links davon der Fahrer. Der Kampfraum nimmt den mittleren und hinteren Teil der Wanne ein, der aus gewalzten, bis zu 15 mm dicken Panzerplatten besteht und den rundum schwenkbaren Drehturm aufnimmt. Anstelle der bisherigen 122-mm-Haubitze 2A31 kam – wie bei der „Wena" – ein 120-mm-Vielzweckgeschütz 2A80-1 zum Einbau. Eine große Mündungsbremse absorbiert einen erheblichen Teil des Rückstoßes. Der Höhenrichtbereich beträgt –2° bis +80°; der Seitenrichtbereich 360°.

Die Munitionspalette umfasst Spreng/Splitter-, Thermobar-, Brand- und Leuchtgeschosse sowie weitere Projektile. Zur Selbstverteidigung ist auf dem Turmdach ein 7,62-mm-MG montiert. An den vorderen Turmseiten befinden sich Nebelwurfanlagen.

Eine wesentliche Steigerung der Kampfkraft brachte die neue Feuerleitanlage (SUO). Davon gibt es zwei Ausführungen: ein automatisches Führungs- und Feuerleitsystem für Kommandofahrzeuge (ASUNO) und eine vereinfachte Version für „Chosta".

120-mm-Panzerhaubitze 2S34 „Chosta" – ein neu entwickeltes Kampfabteil auf modifiziertem „Gwosdika"-Fahrgestell.

120-mm-Panzerhaubitzen 2S34-1 „Chosta" bei einer Parade. Die Türme sind - aus welchen Gründen auch immer - mit Planen abgedeckt. Foto: Burewestnik

Die Befehlsfahrzeuge verarbeiten damit eingehende Informationen und leiten sie an die Haubitzen der Batterie weiter. Die vereinfachte Version stellt die Ausführung von Gefechtsaufträgen/Feuerbefehlen sicher und ermöglicht deren Ausführungen ohne komplexe Berechnungen der einzelnen Geschütze. Nebenbei senkt diese „Batterieausstattung" die Kosten erheblich.

Das „Chosta"-Fahrgestell stammt, wie bereits erwähnt, von der Panzerhaubitze „Gwosdika". Der 300-PS-Dieselmotor JaMS-238N leistet 300 PS und verleiht dem Fahrzeug 60 km/h Höchstgeschwindigkeit auf befestigten Straßen. Mit Kettenantrieb bewegt sich „Chosta" auch im Wasser fort und erreicht dabei 4–4,5 km/h.

Die Truppenerprobung von etwa 50 Selbstfahrlafetten enttäuschte Entwickler und Militär. Es stellte sich heraus, dass sich das bei der „Gwosdika" bewährte Fahrgestell für die „Chosta" nur bedingt eignete, da beim Schießen in der oberen Winkelgruppe instabil. Die unzureichende Stabilität wirkte sich wiederum nachteilig auf die Feuergeschwindigkeit aus – mehr als 3–4 S/min waren nicht drin. Daher sah das Verteidigungsministerium vom Kauf weiterer „Chosta"-Panzerhaubitzen ab. Möglicher Weise führt ein anderes Fahrgestell höherer Stabilität zum Weiterbau der „Chosta" in verbesserter Ausführung.

Technische Angaben	
Besatzung	4
Gefechtsgewicht, t	42
Kaliber, mm	
Geschütz	120
Maschinengewehr	7,62
Kampfbeladung, S	
Geschütz	40
Maschinengewehr	2000
Granatgewicht, kg	17,3
Feuergeschwindigkeit, S/min	3–4
Motorleistung, PS	300
Höchstgeschwindigkeit, km/h	60
Fahrbereich, km	500

152-mm-Panzerhaubitze 2S35 „Koalizija-SW"

Bei der pompösen Parade am 9. Mai 2015 in Moskau wurde dem Publikum erstmals die neueste russische 152-mm-Panzerhaubitze 2S35 „Koalizija-SW" (Koalition) vorgeführt. Sie wurde für ein breites Einsatzspektrum konzipiert, von der Unterstützung von Infanterie und Panzern auf dem Gefechtsfeld bis zur Bekämpfung wichtiger Einzelziele und Zerstörung von Bunkeranlagen. Die 2S35 „Koalizija-SW" löst die Panzerhaubitzen 2S3 „Akazija" und 2S19 „Msta-S" sowie die 152-mm-Selbstfahrlafette 2S5 „Giatsint-S" ab.

Die Entwicklung der „Koalizija-SW" vollzog sich im Rahmen des von ZNII „Burewestnik" sowie „Uraltransmasch" (ZNIIM Uralwagonsawod) vorangetriebenen gleichnamigen Projekts „Koalizija-SW", das sich mit russischen „Panzerhaubitzen der Zukunft" beschäftigte. Bei der „Koalizija-SW" handelt es sich um ein hochautomatisiertes Artilleriesystem mit den Merkmalen

- unbemannter Turm mit autonomer Waffenanlage;
- dreiköpfige Besatzung;
- Vorhandensein eines pneumatischen Lademechanismus, der das Schießen in beliebigen Winkeln in Richtung und Höhe der Waffe mit maximaler Feuergeschwindigkeit ohne Absenkung des Rohrs zum Nachladen ermöglicht;
- automatische Auswahl von Ladung und Geschoss;
- automatisches Aufmunitionieren im Zusammenwirken mit einem Munitionstransporter.

Vorn im Bug befinden sich die Plätze von Fahrer, Geschützführer/Kommandant und Richt-/Ladekanonier, im mittleren Teil das Waffenabteil mit unbemanntem Drehturm und 152-mm-Haubitze 2A88; im Wannenheck der Motorr.

Durch die Unterbringung vorn in der Wanne erhöhte sich der Schutz der Besatzung unter Feindbeschuss, während sie die Waffe ferngesteuert bedient. Das Feuerleitmodul ist mit taktischen Zielauswahl-, Ortungs- und Navigationsanlagen ausgestattet. Jeder Arbeitsplatz verfügt über einen störsicheren Komplex mit Display zur autonomen Bedienung/Steuerung aller Tätigkeiten.

Die Hauptbewaffnung stellt die neue

Technische Angaben	
Besatzung	3
Gefechtsgewicht, t	unter 48
Kaliber, mm	
Haubitze	152,4
Maschinengewehr	12,7
Kampfbeladung, S	
Haubitze	50–70
Maschinengewehr	300
Granatgewicht, kg	ca. 43
Höchstschussweite, km	
herkömmliche Spreng/Splittergranate	40
Spezialgeschoss	70
Feuergeschwindigkeit, S/min	16

152-mm-Panzerhaubitze 2S35 „Koalizija-SW".

152-mm-Haubitze 2A88 mit einer Rohrlänge von etwa 52 Kalibern dar. Sie verfügt über eine hochwirksame Mündungsbremse und einen Rauchabsauger zum Entfernen von Pulvergasen aus dem Rohr.

Interessant ist die Tatsache, dass die ursprüngliche Version der „Koalizija" mit zwei übereinander angeordneten Rohren bewaffnet war, was für eine besonders hohe Feuergeschwindigkeit sorgte. Der Lademechanismus aber war aber für den Feldgebrauch zu kompliziert und wartungsaufwändig, um eine reibungslose Funktion zu gewährleisten. Daher ließen es die Entwickler beim traditionellen einrohrigen Konzept bewenden. Dessen ungeachtet verfügt die „Koalizija-SW" mit bis zu 16 S/min über eine hohe Feuerfolge. Mit schnell hintereinander abgegebenen Schüssen kann sie ein Ziel buchstäblich eindecken.

Die Haubitze verschießt alle russischen 152-mm-Haubitzengranaten; neue Spreng/Splitter-, Nebel-, Leucht und Spezialgranaten befinden sich in Entwicklung. Bei Letzteren wurden die Erfahrungen mit lasergelenkten „Krasnopol"-Geschossen sowie ausländischer Munition berücksichtigt.

Die Wahl der Abwehrbewaffnung fiel auf ein ferngesteuertes 12,7-mm-MG „Kord". Am Turm befinden sich Nebelwurfanlagen. Als Fahrgestell dient das entsprechend modifizierte, bewährte Chassis der Panzerhaubitze „Msta-S" (siehe 2-17). Es kommt jedoch auch das Fahrgestell des Kampfpanzers „Armata" in Frage sowie ein eigens entwickeltes vierachsiges Radfahrgestell, mit dem die Waffe „Koalizija-SW-KSch" heißt. Letzteres verleiht der Panzerhaubitze eine höhere Straßengeschwindigkeit bei geringerem Kraftstoffverbrauch, während die anderen mit Kette im Gelände punkten.

152-mm-Panzerhaubitze 2S35 „Koalizija-SW“. V. Kuzmin BY-SA 4.0

203-mm-Selbstfahrlafette 2S7 „Pion“ und 2S7M „Malka“

Zur von rosigen Gemütern kreierten Blumenserie selbstfahrender Artilleriegeschütze, die seit 1967 in der Sowjetunion entwickelt wurde, zählte auch die 203-mm-Selbstfahrlafette 2S7 „Pion“ (Pfingstrose). Diese schwere Kanonenhaubitze war zur Bekämpfung wichtiger Einzelziele, von Befestigungen sowie zum Verschuss von Spezialmunition mit atomarem Gefechtskopf bestimmt.

Die Entwicklung des Geschützes wurde im März 1970 genehmigt, 1975 führten es die sowjetischen Streitkräfte als 2S7 „Pion“ ein. Es ging an Artilleriebrigaden z.b.V. (zur besonderen Verwendung) und stellte mit 46 t Gefechtsgewicht das nach 1945 gebaute schwerste in Serie gefertige konventionelle Artilleriegeschütz dar. Die kalibergleiche US-Selbstfahrlafette M110, mit der auch die Bundeswehr ausgestattet war, brachte es auf 28,4 t.

Die 203-mm-Kanonenhaubitze „Pion“ war offen im Heck des modifizierten Kettenfahrgestells eines Artillerieschleppers MT-T untergebracht. Vorn in der Wanne befand sich das Fahrerabteil, in der Mitte der Motor mit Getriebe. Von der 14-köpfigen Geschützbedienung waren sieben in der Selbstfahrlafette selbst untergebracht, der Rest in einem Begleitfahrzeug (Lkw oder MTW).

Der Verzicht auf eine Mündungsbremse und das lange Rohr verminderten die Druckbelastung der offen arbeitenden Bedienung (da der Druck nicht seitlich oder nach hinten abgeleitet wurde). Fragen wir aber nicht nach dem kolossalen Mündungsknall, der den Kanonieren nichtsdestoweniger auf die Ohren schlug.

Die Kanone arbeitete mit einem Schraubenverschluss, der automatisch schloss und öffnete, sich aber auch manuell bedienen ließ. Hinzu kam ein mechanischer Lader, der die Waffe unabhängig von Rohrerhöhung oder Seitenrichtwinkel lud. Die Ladekanoniere karrten die Munition auf einem einachsigen Wagen heran.

Über und unter dem Rohr sorgten hydraulische Rückstoßbremsen für eine Reduzierung des gewaltigen Rückstoßes; der Rohrrücklauf betrug ca. 1400 mm. Hinzu kamen der hydraulische Erdsporn am Heck, der sich bis zu 700 mm in den Boden eingrub und für eine gute Geschütz-Stabilisierung sorgte, sowie die hydraulisch absenkbare Wanne. Die arretierbaren hydraulischen Stoßdämpfer der Laufradfederungen trugen überdies zur Standsicherheit bei.

Bei niedrigen Elevationswinkeln und bei Verwendung reduzierter Ladungen konnte auch ohne Erdsporn geschossen werden. Der Höhenrichtbereich betrug 0° bis +60°, der Seitenrichtbereich 30°.

Wenig überraschend für ein derartiges Großkaliber lud die Waffe geteilte Munition mit Kartuschen/Ladungen plus Granaten. Die Hauptmunition bestand aus Spreng/Splittergeschossen OF-43 und Raketenprojektilen. Erstere wogen 100 kg mit einem Sprengstoffanteil von 17,8 kg¬. Die Höchstschuss-

203-mm-Selbstfahrlafette 2S7M „Malka“.

weite bei voller Ladung betrug 37,5 km, die Anfangsgeschwindigkeit 960 m/s. Das 103 kg schwere Raketengeschoss enthielt 13,8 kg Sprengstoff und erreichte die beeindruckende Schussweite von 47,5 km. Zusätzlich wurden für „Pion" eine Betongranate, ein Geschoss mit chemischer Ladung sowie eine Granate mit Atomsprengkopf entwickelt. (Wir schreiben hier in der Vergangenheit, aber Waffe und Geschosse stehen noch immer in Dienst; siehe unten).

Die Kampfbeladung besteht aus 8 Schuss, von denen 4 in einem Begleitfahrzeug transportiert werden. Die maximale Feuergeschwindigkeit liegt bei durchschnittlich 1,5 S/min oder

- 8 Schuss innerhalb von 5 Minuten;
- 15 Schuss innerhalb von 10 Minuten;
- 24 Schuss innerhalb von 20 Minuten;
- 30 Schuss innerhalb von 30 Minuten und
- 40 Schuss innerhalb einer Stunde.

Für die selbstfahrende 2S7 „Pion" ¬entwickelte und fertigte das Leningrader Kirow-Werk ein spezielles Kettenfahrwerk auf Grundlage des schweren Artillerieschleppers MT-T. Das Kirow-Werk übernahm auch die Endmontage der 2S7, wobei das Werk „Barrikady" die Waffe lieferte. Beim Fahrgestell handelt es sich um ein geschweißtes Kastenchassis. Für den Antrieb sorgt ein Zwölfzylinder-V-Dieselmotor W-46-1 mit Turbolader und einer Leistung von 750 PS. Zur autarken Stromversorgung aller Stromverbraucher dient ein zusätzliches 24-PS-Dieselaggregat im Motorraum. Das mechanische Kegelradgetriebe stammt vom Kampfpanzer T-72, etliche andere Baugruppen vom Kampfpanzer T-80. Das drehstabgefederte Stützrollenlaufwerk besteht aus sieben Laufrädern je Seite mit blockierbaren hydraulischen Stoßdämpfern. Das Antriebsrad befindet sich vorn, das Leitrad hinten. Zur weiteren Ausrüstung zählen eine Funk- und Bordsprechanlage sowie eine Feuerlöschanlage.

Das selbstfahrende Geschütz besitzt für seine Masse eine ausreichend hohe Beweglichkeit, was auch für das In-Feuerstellung-Gehen und den Stellungswechsel gilt: „Pion" kann im Prinzip 1–2

203-mm-Selbstfahrlafette 2S7 „Pion".

Schuss abfeuern und die Stellung wechseln, noch bevor das erste Projektil beim 47,5 km entfernten Ziel einschlägt.

Im Zuge der 1983 durchgeführten Modernisierung zur 2S7M „Malka" (Winkelmaß, Schmiege) wurden Geräte zum Empfangen und Verarbeiten von Zieldaten eingeführt, was die Feuergeschwindigkeit auf 2,5 S/min steigerte. Die Truppenerprobung 1985 verlief zufrieden stellend, so dass bald darauf die Einführung erfolgte und der Auftrag zur Serienfertigung erging. Die „Malka"-Modelle gingen an dieselben Verbände wie vorher die „Pion"-Geschütze, nämlich an die Abteilungen/Bataillone selbstständiger Artilleriebrigaden der Reserve des Oberkommandos. „Reserve" bedeutet in diesem Zusammenhang keine Rückstellung ins zweite Glied, sondern eine direkte Unterstellung unter das Oberkommando, zumal die Geschütze auch Atomgranaten verschießen können. Die meisten Abteilungen erhielten 12 Geschütze, aufgeteilt auf drei Batterien. Die Brigaden verfügen des Weiteren über Bataillone/Abteilungen mit anderen Hochleistungsgeschützen.

Laut *The Military Balance 2018* standen 2018 beim russischen Heer 60 Selbstfahrlafetten „Malka" in Dienst. Der Rest – sowohl 2S7 als auch kampfwertgesteigerte 2S7M – wurde eingelagert. Anderen Quellen zufolge ist die Anzahl der im aktiven Dienst stehenden Geschütze beider Typen viel geringer. Offenbar wurden und werden die schweren Geschütze von russischen Truppen auch in der Ukraine eingesetzt.

Technische Angaben „Pion"	
Besatzung/Bedienung	7+7
Gefechtsgewicht, t	46
Abmessungen, mm **Länge mit Rohr**	13.100
Breite	3380
Höhe	3000
Kaliber, mm	203,2
Kampfbeladung, S	8
Geschossgewicht, kg	110
Höchstschussweite, km **konventionelles Spreng/Splittergeschoss**	37,5
Raketengeschoss	47.5
Feuergeschwindigkeit, S/min	1,5
Motorleistung, PS	750
Höchstgeschwindigkeit, km/h	51
Fahrbereich, km	500

240-mm-Selbstfahrmörser 2S4 „Tjulpan"

In der Blumenserie selbstfahrender Geschütze, die in der UdSSR gemäß Dekret des Ministerrates der UdSSR vom 4. Juli 1967 entwickelt wurden, stach eines allein durch sein Kalibers hervor – ein von Uraltransmasch gebauter schwerer 240-mm-Granatwerfer, das schwerste Rohrkaliber der sowjetischen Feldartillerie.

Erste Prototypen lagen im Juni 1969 vor. Die Erprobungen mit Nachbesserungen liefen jedoch noch bis 1971 weiter, als die sowjetischen Streitkräfte die schwere Steilfeuerwaffe auf Kettenfahrgestell GM-123 als 240-mm-Selbstfahrmörser 2S4 „Tjulpan" (Tulpe) übernahmen. Vom „Tjulpan" entstanden schätzungsweise 400 Einheiten. Er ging an die Artillerieabteilungen der Reserve des Oberkommandos – also an die der sowjetischen Führung direkt unterstellten Artillerieverbände – und ersetzte bzw. ergänzte dort die gezogenen schweren Mörser M-240 desselben Kalibers.

Das offen untergebrachte Geschütz lagert in Marschposition auf dem Wannendach. Im Wannenbug rechts befindet sich der Motorraum, links davon der Fahrer. Dahinter die Panzerkabine für den Kommandanten/Geschützführer. Der mittlere Teil nimmt den Richtkanonier, die beiden Ladekanoniere sowie die Bereitschaftsmunition in Trommelmagazinen auf. Das Chassis besteht aus gewalzten Stahlpanzerplatten und bietet Schutz vor Handwaffengeschossen, Granatsplittern und Minen.

Der Geschützteil des selbstfahrenden Mörsers mit der Bezeichnung 2B8 wurde aus dem gezogenen Hinterlade-Mörser M-240 entwickelt und besitzt die gleichen ballistischen Eigenschaften. Rohrbodenstück mit Verschluss, Wiege und Bodenplatte befinden sich am Heck. In Feuerstellung wird die Bodenplatte hydraulisch abgesenkt, das Rohr in der Wiege nach hinten geschwenkt und zum Laden in die Waagrechte angehoben. Aus einem der Trommelmagazine wird nun eine rund 130 kg schwere Wurfgranate mechanisch zugeführt und mit einem Ansetzer ins Rohr geschoben. Nach Schließen des Verschlusses wird das Rohr auf die Bodenplatte am Heck abgesenkt und in Schussposition ausgerichtet. Der Höhenrichtbereich beträgt +50° bis +80°; der Seitenrichtbereich – je nach Rohrerhöhung – zwischen 20° und 82° (höchste Rohrerhöhung). Das

240-mm-Selbstfahrmörser 2S4 „Tjulpan" in Feuerstellung.

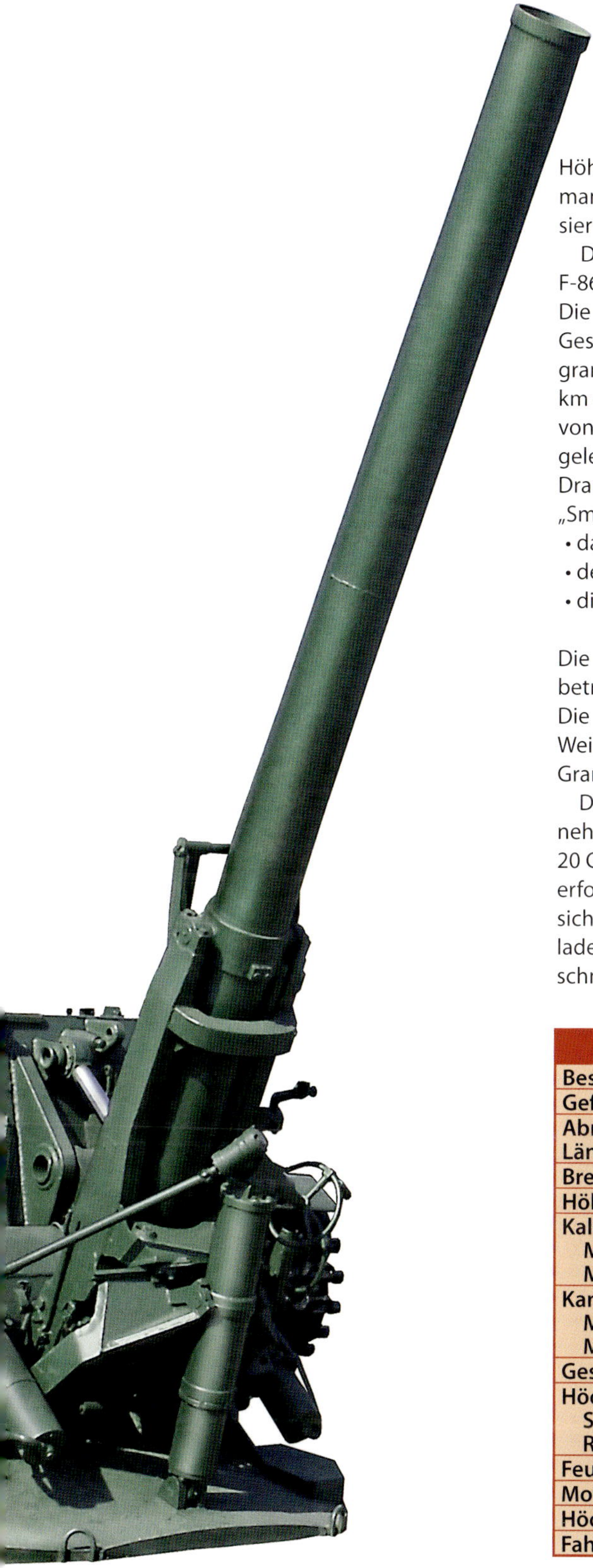

Höhenrichten erfolgt hydraulisch, das Seitenrichten manuell. Als Zieleinrichtung dient das Panoramavisier MP-46M.

Der 2B8 verschießt mit der Spreng/Splittergranate F-864 die gleiche Munition wie der Mörser M-240. Die Höchstschussweite dieses 130,7 kg schweren Geschosses beträgt 9650 m. Die Spreng/Splittergranate 3M15 mit Raketenantrieb erreicht mit 19,7 km die doppelte Schussweite. Zur Bekämpfung von geschützten Punktzielen dient das präzisionsgelenkte Geschoss 1K113 „Smeltschak" (Wagehals, Draufgänger) mit Splittergefechtskopf. Der Komplex „Smeltschak" umfasst des Weiteren

- das Lenkgeschoss 3F5 mit Suchkopf;
- den Laserentfernungsmesser 1D15 (1D22);
- die Lenkanlage 1A35.

Die Höchstschussweite einer Wurfgranate 3F5 beträgt 9200 m, die Mindestschussweite 3600 m. Die Ersttreffer-Wahrscheinlichkeit ist sehr hoch. Des Weiteren wurden für den Mörser 2B8 eine Reihe Granaten mit atomarem Gefechtskopf entwickelt.

Die beiden Trommelmagazine im Fahrzeug nehmen entweder 40 Spreng/Splittergranaten oder 20 Geschosse mit Raketenantrieb auf. Die Zufuhr erfolgt automatisch. Munition von außerhalb lässt sich über einen auf dem Fahrgestell montierten Kran laden. Die Feuergeschwindigkeit beträgt durchschnittlich 0,9–1 S/min.

Technische Angaben	
Besatzung	5
Gefechtsgewicht, t	27,5
Abmessungen, mm	
Länge	6454
Breite	3250
Höhe	3200
Kaliber, mm	
Mörser	240
Maschinengewehr	7.62
Kampfbeladung, S	
Mörser	40
Maschinengewehr	1500
Geschossgewicht, kg	130,7
Höchstschussweite, km	
Spreng/Splittergranate	9,65
Raketengeschoss	19,0
Feuergeschwindigkeit, S/min	0,9–1,0
Motorleistung, PS	520
Höchstgeschwindigkeit, km/h	62,8
Fahrbereich, km	500

240-mm-Selbstfahrmörser 2S4 „Tjulpan" bei einer öffentlichen Vorführung auf einem Übungsplatz. Im Hintergrund ein „Tor"-M2 9A332 Flugabwehrraketen-System. CC BY_SA 4.0

Als Abwehrbewaffnung gegen Luft- und Bodenziele dient ein ferngesteuertes 7,62-mm-Maschinengewehr PKT an der Kommandantenluke. Zur weiteren Ausrüstung zählen die Funk-, Feuerlösch- und die Navigationsanlage sowie Nachtsichtgeräte. Für den Antrieb des selbstfahrenden Mörsers sorgen ein flüssigkeitsgekühlter Zwölfzylinder-Dieselmotor W-59 mit 520 PS und ein mechanisches Planetengetriebe. Das Drehstab-gefederte Laufwerk besteht aus sechs doppelt gummierten Laufrollen und vier Stützrollen je Seite; Antriebsrad vorn, Leitrad hinten. Die Laufräder verfügen über hydraulische Teleskopstoßdämpfer. Auf befestigen Straßen entwickelt der 2S4 „Tjulpan" eine Höchstgeschwindigkeit von 62,8 km/h, auf unbefestigten Straßen und im Gelände von 25–30 km/h. Er überwindet Steigungen bis zu 30°, bis zu 70 cm hohe senkrechte Hindernisse und bis zu 3 m breite Gräben. Ohne Vorbereitung durchfurtet er bis zu 1 m tiefe Gewässer.

Es gibt Berichte vom Einsatz einer gemischten Batterie aus zwei gezogenen Mörsern M-240 und vier selbstfahrenden „Tjulpan" bei den Kämpfen in Afghanistan. Danach beeindruckten die schweren Granatwerfer – wen wundert`s – durch ihre enorme Zerstörungskraft, ihre moralische Wirkung sowie durch ihre relativ hohe Beweglichkeit (beide Typen). Beim „Tjulpan" traten aufgrund der hohen Umgebungstemperaturen Lecks an den Dichtungen der hydraulischen Lademechanik zutage. Ein grundsätzlicher Nachteil war die weitgehende ungeschütze Anordnung der Schläuche, Kolben und Zylinder der Hydraulik außerhalb der Wanne, die selbst durch Handwaffenfeuer beschädigt werden konnten. Ein Ausfall der Hydraulik bedeutete auch den Ausfall der Waffe.

Sicher einer der Gründe, weshalb man Mitte der 1990er-Jahre die meisten „Tjulpan" und mit ihnen einen Großteil der Kanonenhaubitzen „Pion" in Depots einlagerte. Rund 20 Jahre später mochte man im Zuge der Streitkräftereform auf die schwersten Rohrartilleriekaliber aber nicht mehr verzichten und holte sie wieder zur aktiven Truppe. In den letzten Jahren berichtete das russische Verteidigungsministerium wiederholt über Übungen und Einsätze mit diesen Waffen. Denn nur mittels „Pion" und „Tjulpan" ließen sich geschützte Gefechtsstände, unterirdische Munitionsdepots und Befestigungen aus Stahlbeton artilleristisch derart wirksam bekämpfen. Auch bei den Kämpfen um das Werk Asowstal in der Ukraine sollen sie 2022 zum Einsatz gekommen sein.

Nach den Plänen der russischen Militärführung wurden alle „Tjulpan" und „Pion" von 2017 bis 2020 modernisiert, schneller und beweglicher gemacht. Ein wichtiger Modernisierungspunkt war auch der verbesserte Schutz gegen Atomwaffen durch neue Filter- und Belüftungsanlagen. Außerdem erhielten sie moderne Funk-, Navigations- und Feuerleitanlagen und wurden weiter automatisiert, vor allem was das Herstellen der Feuerbereitschaft, die Zielauffassung und das Zusammenwirken mit anderen Systemen und Aufklärungsmitteln angeht. Das heißt, durch den Empfang genauer Zielkoordinaten über Drohnen und andere moderne Aufklärungsmittel sowie die Automatisierung der Abläufe können „Pion" und „Tjulpan" Ziele noch schneller und genauer bekämpfen. Dazu gehört auch das Zusammenwirken mit anderer Rohrartillerie, Mehrfachraketenwerfern und weiteren Waffensystemen.

240-mm-Selbstfahrmörser 2S4 „Tjulpan" in Marschlage; Ansicht vom Heck. Man beachte die kolossale Bodenplatte.

Projekt „Nabrosok“

2015 vergab das russische Verteidigungsministerium den Entwicklungsauftrag „Nabrosok“ für ein künftiges Artillerie- und Mörsersystem auf Bataillonsebene an das Zentrale Forschungsinstitut „Burewestnik“. Der Komplex umfasst drei selbstfahrende Einheiten:

- 120-mm-Selbstfahrlafette „Floksy“;
- 120-mm-Selbstfahrlafette „Magnolia“;
- 82-mm-Panzermörser „Drok“.

Diese Waffen sollen Bodenziele auf bis zu 10 km Entfernung bekämpfen können, auch auf kürzeste Distanzen, und durch hohe Beweglichkeit hervorstechen.

Die universelle Selbstfahrlafette „Floksy“ (Phlox) soll die Modelle „Nona“ und „Chosta“ ergänzen bzw. ersetzen, jedoch ein Radfahrgestell erhalten, das eine höhere Beweglichkeit gewährleistet und damit auch die Überlebensfähigkeit erhöht. „Floksy“ wurde erstmals auf dem Forum „Armija-2016“ vorgestellt. Das Fahrgestell basiert auf dem dreiachsigen „Ural-WW“ mit gepanzerter Bugkabine, in dem die Besatzung gestaffelt unterkommt. Ein fernbedientes 12,7-mm-MG „Kord“ auf dem Dach dient der Selbstverteidigung. Hinter der Kabine befindet sich ein Schwenkteller mit offen montiertem Geschütz, das eine Weiterentwicklung des 120-mm-Vielzweckgeschützes 2A80 mit höherer Präzision darstellt, aber beim Feuern die Belastung des Fahrgestells verringert. Mit seinem 120-mm-Glattrohr mit halbautomatischem Verschluss kann es sowohl Standard-Mörsergranaten als auch entsprechende Artilleriegeschosse verschießen. Dies erweitert das Spektrum der zu lösenden Aufgaben und macht „Floksy“ zum Partner von „Wena“ und „Chosta“. Die Bereitschaftsmunition besteht aus 80 Schuss, wovon 28 im Fahrzeug mitgeführt werden. „Floksy“ ist mit einer modernen Feuerleit- und Navigationsanlage ausgestattet. Eine interessante Neuerung stellen die Sensoren dar, die die Bewegung des Rohrs beim Schuss verfolgen und es danach selbsttätig exakt in die Ausgangsstellung zurückbringen. Ballistisch entspricht das „Floksy“-dem „Wena“ Geschützmit einer Höchstschussweite von 8–10 km mit herkömmlicher und 15–17 km mit Raketenmunition.

Die 120-mm-Selbstfahrlafette „Magnolia“ wurde im Rahmen des Projekts „Nabrosok“ für die Arktis-Brigaden des russischen Heeres geschaffen. Beim Trägerfahrzeug handelt es sich um ein modifiziertes Fahrgestell (Hinterwagen) des gepanzerten Mehrzweck-Kettenfahrzeugs DT-30MP „Witjas“.

Mehrzweck-Kettentransporter DT-30MP „Witjas".

Die Arktis-Brigaden der russischen Streitkräfte sollen hingegen die 120-mm-Selbstfahrlafette „Magnolia" (Magnolie) mit hoher Feuerkraft und Beweglichkeit erhalten. Erste Berichte über die „Magnolia" erschienen Ende 2017. Auf dem Forum „Armija-2019" gab Entwickler „Burewestnik" weitere Informationen heraus, nach denen es sich beim Trägerfahrzeug um ein modifiziertes Fahrgestell des gepanzerten

Selbstfahrender 82-mm-Mörser 2S41 "Drok" auf geschütztem Fahrzeug "Taifun-WDW"

Mehrzweck-Kettenfahrzeugs DT-30MP „Witjas“ handelt. Fahrzeuge der „Witjas“-Familie zeichnen sich durch ihren zweiteiligen Aufbau ähnlich des schwedischen BV 206 S „Hägglunds“ aus. Der Vorder- und der Hinterwagen sind über eine Gelenkdeichsel und Kardanwelle miteinander verbunden; d. h. auch der Hinterwagen wird angetrieben. Im Bugteil des Vorderwagens sind der Fahrer und ein Mann der Besatzung/Bedienung untergebracht; hinter Führerraum und Kabine mit autonomer Heiz- und Lüftungsanlage befindet sich der Motorraum. Der Hinterwagen dient als eigentlicher Geschützträger und nimmt drei Mann der Bedienung sowie den Drehturm mit 120-mm-Geschütz 2A80 (siehe oben) auf. Die Kampfbeladung besteht aus 80 Granaten. Da der Hinterwagen für Lasten bis zu 30 t ausgelegt ist, der Turm mit Waffe und Bedienung aber viel weniger wiegt, lassen sich dort zusätzliche Munition, Verpfegung und Ausrüstung unterbringen. Dies erhöht die Autonomie des selbstfahrenden Geschütze und damit der Artillerie der arktischen Brigaden. Das Kettenfahrzeug „Witjas“ ist für seine außerordentliche Geländegängigkeit bekannt, selbst in sumpfigem Gelände und bei hohen Schneelagen.

Dies verdankt es nicht zuletzt seinen 110 cm breiten Ketten, die einen spezifisischen Bodendruck von lediglich 0,3 kg/cm^2 auf den Untergrund ausüben (T-72 = 0,9 kg/cm^2). Darüber hinaus ist der „Witjas" noch schwimmfähig und bewegt sich im Wasser mit 4 km/h. Auf befestigten Straßen bringt er es auf eine Höchstgeschwindigkeit von 36 km/h. Der Fahrbereich von 500 km lässt sich durch den Einbau zusätzlicher Kraftstoffbehälter erhöhen.

Den Dritten im Bunde des „Nabrosok"-Projekts stellt der selbstfahrende Mörser 2S41 „Drok" (Ginster) dar. Ein Prototyp war erstmals auf dem Forum „Armija-2019" zu sehen. „Drok" soll den bei bei den Luftlandetruppen und leichten motorisierten Schützenbrigaden in Dienst stehenden tragbaren 82-mm-Granatwerfer 2B14 „Podnos" mit Transportfahrzeug 2I27 (Fahrgestell UAS-469) ergänzen bzw. ersetzen. Der „Drok" erhielt als Transportplattform das geschützte 4 x 4-Fahrzeug K4386 „Taifun-WDW", das mit lediglich 14 t Gefechtsgewicht eine hohe Geländegängigkeit aufweist und luftverlastbar ist.

Neben einer Panzerung gegen Handwaffen und Granatsplitter und einem Minenschutz ist das Fahrzeug mit einer optoelektronischen Anlage gegen feindliche Präzisionswaffen ausgestattet.

Beim Granatwerfer handelt es sich um einen modifizierten 82-mm-Mörser 2B14 „Podnos" (siehe 2-3) mit Rückstoßbremse, untergebracht in einem Drehturm. Er dient zur Bekämpfung von Zielen in 100 m bis 6000 m Entfernung. Eine moderne Feuerleitanlage berechnet die Schieß- und Zieldaten; die Bedienung der Waffe erfolgt händisch und zum Teil automatisiert. Die maximale Feuergeschwindigkeit erreicht 12 S/min. Die Kampfbeladung besteht aus 40 Wurfgranaten.

Bei Bedarf lässt sich der Granatwerfer durch die vierköpfige Bedienung auch außerhalb des Fahrzeugs einsetzen; Bodenplatte und Zweibein befinden sich im Kampfraum.

Die Zweitbewaffnung besteht aus einem 7,62-mm-Maschinengewehr PKTM in einer ferngesteuerten Waffenstation.

Selbstfahrender 120-mm-Mörser "Floksy" auf geschütztem Fahrgestell Ural-WW.

MEHRFACHRAKETENWERFER

Raketenwerfer nehmen einen wichtigen Platz bei der russischen Artillerie ein. Wir unterscheiden zwischen Mehrfachraketenwerfern als Flächenwaffen, die in diesem Abschnitt vorgestellt werden, und taktisch-operativen Lenkraketen (siehe unten). Beide verschießen sie Raketengeschosse, die bei Mehrfachraketenwerfern in der Regel ungelenkt sind. Mittlerweile gibt es auch ungelenkte Raketengeschosse, die zur Verbesserung der Schussgenauigkeit eine Art Strahlruder erhielten, um Geschossbewegungen relativ zur Nick- und Gierachse zu dämpfen.

Gegenüber Rohrgeschützen haben Raketen den Vorteil, kaum Rückstoß zu entwickeln, was wiederum den Bau einfacher, leichter und kompakter Raketenwerfer ermöglicht. Diese Waffen und Fahrzeuge sind gegenüber den gewichtigen Rohrartillerie-Selbstfahrlafetten wesentlich beweglicher, schneller und auch noch preiswerter in der Herstellung.

Die Fortschritte in der Triebwerks- und Munitionsentwicklung trugen zur Steigerung der Wirksamkeit der Raketenwerfer bei. Neben den üblichen Spreng/Splitter- und Brandgeschossen gibt es längst Mehrfach-Gefechtsköpfe mit Hohlladungen oder Splittergeschossen sowie mit Schützen- und Panzerminen.

Einen gewissen Einfluß auf die Entwicklung der Werfer übten auch geänderte Militärdoktrin der Großmächte aus. So unterscheidet man längst zwischen Konflikten niedriger und mittlerer Intensität und die Gefahr eines Atomwaffeneinsatzes rückte im Vergleich zum Drohpotenzial des Kalten Krieges sowie den Konflikten der 1950er- und 1960er-Jahren (Stichwort Korea) mehr und mehr in den Hintergrund. Dies zog andererseits eine Weiterentwicklung konventioneller Waffen nach sich, die in Bezug auf ihre Wirkung auf Flächenziele an taktische Atomwaffen heranreichten. Unter Einbindung neuer Munitionstechnologien erfüllten Mehrfachraketenwerfer unter den erdgebundenen Waffen diese Voraussetzungen vielleicht am besten.

Ein außerordentlich wirksames Argument für den Mehrfachraketenwerfer lieferte der überaus erfolgreiche Einsatz sowjetischer BM-21 „Grad" (Hagel) während des Grenzkonflikts zwischen der UdSSR und der Volksrepublik China im März 1969. Damals hatten chinesische Truppen die Insel Damanski im Grenzfluss Ussuri besetzt. Sowjetische Versuche, sie mit klassischen, von Panzern unterstützten Infanterieangriffen von dort zu vertreiben, endeten mit fast 50 Gefallenen auf sowjetischer Seite. Darüber hinaus gelang es den Chinesen, mehrere Panzer und gepanzerte Fahrzeuge abzuschießen. Zu allem Überfluss erbeuten sie einen, damals noch streng geheimen, nagelneuen Kampfpanzer T-62 mit 115-mm-Glattrohrkanone, die zu dieser Zeit eine der modernsten Panzerwaffen darstellte. Noch dazu fiel ihnen der T-62 nahezu unbeschädigt in die Hände. Eine abrupte Änderung der Lage brachte der Einsatz einer Abteilung Mehrfachraketenwerfer BM-21, deren Salven die kleine Insel einschließlich Maos Krieger buchstäblich umpflügten.

Aus dem BM-21 entwickelten sowjetische Konstrukteure die wirkungsvolleren Mehrfachraketenwerfer 9K57 „Uragan" (Orkan) und 9K58 „Smertsch" (Wirbelsturm) in den Kalibern 220 bzw. 300 mm. Derzeit ist das russische Heer vor allem noch mit Mehrfachraketenwerfern aus der Sowjetzeit bewaffnet. Jede motorisierte Schützen- und Panzerbrigade verfügt über eine Abteilung 122-mm-Mehrfachraketenwerfer BM-21 „Grad" mit drei Batterien zu sechs Fahrzeugen. Selbstständige Artilleriebrigaden sind mit schweren 200-mm-„Uragan" und 300-mm-„Smertsch"-Werfern ausgestattet.

Doch ihre Nachfolger stehen in Gestalt der Mehrfachraketenwerfer „Tornado-G", „Tornado-U" und „Tornado-S" in den Kalibern 122, 220 und 300 mm bereits in den Startlöchern bzw. bei der Truppe. Das diesen Waffen zugrunde liegende Baukastenprinzip ermöglicht es, sie je nach Auftrag auf austauschbaren Einheitsfahrgestellen unterzubringen. Zu den Merkmalen der „Tornado"-Klasse zählen moderne Navigations- und Feuerleitanlagen sowie eine weitgehende Automatisierung. Diese ermöglichen nicht nur einen völlig autonomen Einsatz, sondern verkürzen die Zeit zur Herstellen der Feuerbereitschaft und zur Zielerfassung um fast das Fünffache. Zunächst ging man von einer vollständigen Ablösung der bisherigen Mehrfachraketenwerfer durch die neuen „Tornados" bis 2020 aus, was sich aber vor allem aus finanziellen Gründen verschob.

122-mm-Mehrfachraketenwerfer 9K51 „Grad" (BM-21)

Die derzeitige Gliederung der russischen Streitkräfte sieht für jede motorisierte Schützen- und Panzerbrigade eine Abteilung (Bataillon) 122-mm-Mehrfachraketenwerfer 9K51 „Grad" (Hagel) vor. Eine Abteilung verfügt über sechs Batterien zu je sechs Geschützen.

Mehrfachraketenwerfer wie der „Grad" eignen sich insbesondere zur Bekämpfung von ungepanzerten Flächenzielen aller Art auf Entfernungen bis um die 20 km. Die Entwicklung des „Grad" begann in der UdSSR in der zweiten Hälfte der 1950er-Jahre und wurde mit seiner Übernahme in die Sowjetarmee 1963 abgeschlossen. Seine Feuertaufe erlebte der Mehrfachraketenwerfer mit dem entscheidenden Feuerschlag gegen chinesische Truppen auf der Damanski-Insel währen des sowjetisch-chinesischen Grenzkonflikts im März 1969 (siehe oben). Der Komplex „Grad" besteht aus dem

- Raketenwerfer BM-21 (GRAU-Index 2B17);
- Versorgungs- und Nachladefahrzeug (GRAU-Index 9T254);
- 122-mm-Raketen für verschiedene Zwecke.

Der Raketenwerfer BM-21 folgte dem klassischen Schema der sowjetischen „Katjuscha" oder „Stalinorgel" des 2. Weltkriegs mit der Platzierung einer schwenk- und höhenrichtbaren Raketen-Abschussvorrichtung auf einem Lkw-Chassis. Im Unterschied zu den Vorgängermodellen erhielt der „Grad" aber keine Startschienen mehr, sondern nach Vorbild deutscher Raketenwerfer des 2. Weltkriegs Startrohre, und zwar 40 an der Zahl. Die Träger-Lkw aus US-amerikanischen Hilfslieferungen, auf denen die sowjetischen Werfer des 2. Weltkriegs meist aufgebaut waren, wichen nun sowjetischen Lkw der Marken Ural, GAS und SIL. Modernisiert wurden auch Schwenk- und Höhenrichtanlage, Zielvorrichtungen, Elektrik und Funkausstattung. Die 3 m langen, glatten Führungsrohre mit Innendurchmesser 122,4 mm sind in vier Reihen zu je zehn Rohren übereinander angeordnet. Ebenfalls nach Vorbild deutscher Werfer sind die Raketen nicht mehr pfeil-, sondern drallstabilisiert, was die Treffgenauigkeit verbessert. Für den Drall sorgt eine spiralförmige Nut mit U-Profil im Rohr, in die Führungswarzen am Heck der Rakete greifen und diese beim Abschuss in Drehung versetzen. Nach Verlassen des Rohrs entfaltet sich das Leitwerk der Rakete. Gezündet wird elektrisch.

Das Rohrpaket ist zusammen mit der Richtanlage auf einer starren geschweißten Halterung der schwenkbaren Lafette befestigt. Der Höhenrichtbereich beträgt 0° bis +55°, der Seitenrichtbereich 172° (102° links vom Trägerfahrzeug und 70° rechts).

Der „Grad"- Mehrfachraketenwerfer verschießt ungelenkte 122-mm-Raketen mit verschiedenen Gefechtsköpfen. Auch deren Konstruktion unterscheidet sich deutlich von der sowjetischen Raketenmunition des 2. Weltkriegs. Auf Vorschlag des Chefkonstrukteurs A. N. Ganitschew vom Forschungsinstituts 147 wurde der Raketenkörper nicht mehr durch Fräsen aus einem Stahlrohling hergestellt, sondern durch Walzen und Ziehen aus einem Stahlblech. Dieses Verfahren findet auch bei Artilleriegranaten Verwendung. Ein weiteres Merkmal der „Grad"-Raketen ist ihr Faltleitwerk, das bis nach Verlassen des Rohres von einem Ring zusammengehalten wird und deshalb überhaupt ins Rohr passt. Die Stabilisierung im Flug erfolgt sowohl durch das entfaltete Leitwerk als auch durch Drehung um seine Längsachse (Drall). Die im Rohr erhaltene Anfangsrotation übernehmen nun die im Winkel von 1° zur Längsachse angeordneten Stabilisierungsflossen. Die Treibladung wird über Pyrozünder elektrisch gezündet; der Strom kommt vom Stromerzeuger der Feuerleitanlage. Die Zündung erfolgt entweder

Bedienung eines 122-mm-Mehrfachraketenwerfers 9K51 „Grad" beim Laden des Rohrbündels.

aus dem Führerhaus des Transportfahrzeugs oder fernbedient von außerhalb.

Der am weitesten verbreitete „Grad"-Raketentyp BM-21OF (9M22U) mit Spreng/Splittergefechtskopf misst 2,87 m und wiegt 66,4 kg, wobei 19,8 kg auf den Gefechtskopf mit seiner 6,4 kg schweren Sprengladung entfallen. Die 20,45-kg-Treibladung aus Pulver RSI-12 M verleiht der Rakete eine Geschwindigkeit von 690 m/s. Der Zünder wird 150–450 m nach Verlassen des Rohrs scharf. Die Zielwirkung hängt von der Zünderart bzw. -einstellung ab – Aufschlagzünder vorwiegend Splitter-, Verzögerungszünder hauptsächlich Sprengwirkung. Die Höchstschussweite der BM-21OF-Rakete liegt bei 20,75 km. Für das Schießen auf kürzere Entfernungen werden kleine und große Bremsringe angebracht. Die Schussweite mit kleinen Bremsringen beträgt 12 bis 15,9 km, mit großen weniger als 12 km. Die Mindestschussweite liegt bei 1600 m. Eine Salve von 40 Raketen wirkt gegen ungedeckte Personen auf einer Fläche von 1000–1600 qm, gegen ungepanzerte Fahrzeuge auf einer Fläche von 840 qm. Der „Grad" kann sowohl Salven als auch Einzelschüsse abgeben. Eine 40er-Salve dauert 20 Sekunden. Das Schießen kann im Temperaturbereich von –40° C bis +50° C durchgeführt werden.

Aufgrund der gleichmäßigen Abfolge der Raketenstarts wird das Schaukeln des Werfers beim Salvenschuss minimiert. Insofern konnte auf die Installation hydraulischer Stützen am Fahrgestell verzichtet werden. Als Trägerfahrzeug des BM-21 dient vor allem der Dreiachs-Lkw Ural-375D mit Achtzylinder-V-Vergasermotor SIL-375, der seine maximale Leistung von 180 PS bei 3200 U/min entwickelt und über eine Zweischeiben-Trockenkupplung und ein synchronisiertes Fünfganggetriebe verfügt. Die Reifendruck-Regelanlage beschert dem Ural-37D zusammen mit dem Allradantrieb eine hohe Beweglichkeit auch auf weichem Untergrund wie Sand, Schlamm und Schnee. Ohne Vorbereitung durchwatet er bis zu 1,5 m tiefe Gewässer. Auf befestigten Straßen entwickelt er 75 km/h Höchstgeschwindigkeit.

Eine Reihe BM-21 wurde auch auf die Fahrgestelle der Lkw Ural-4320 und SIL-131 gesetzt.

Die Fertigungszahlen des BM-21 in der UdSSR sind beeindruckend: Allein das Motowilichinski-Werk stellte etwa 3000 Stück und mehr als 3 Millionen Raketen her. Als weitere Hersteller des BM-21 und seiner Abarten traten China, Ägypten, Irak, Iran, Rumänien und Südafrika in Erscheinung. Derzeit steht der BM-21 „Grad" weltweit bei den Streitkräften von über 30 Ländern in Dienst. Anfang 1994 verfügten

Technische Angaben	
Kaliber, mm	122
Startrohre	40
Bedienung	6
Gewicht in Feuerstellung, t	13,7
Geschossgewicht, kg	66,4
Schussweite, km	
maximal	20,75
mindestens	5 (1,6)
Dauer einer Salve, s	20
Nachladezeit, min	7
Motorleistung, PS	180
Höchstgeschwindigkeit, km/h	75
Fahrbereich, km	750

die Streitkräfte der Russischen Föderation über 4500 BM-21-Mehrfachraketenwerfer, von denen etwa 4000 eingelagert waren. Zwischenzeitlich traten vielfach kampfwertgesteigerte Muster an ihre Stelle.

122-mm-Mehrfachraketenwerfer 9K51 „Grad“ (BM-21).

122-mm-Mehrfachraketenwerfer 9K51M „Tornado-G“ (BM-21-1)

Technische Angaben Ural-4320	
Kaliber, mm	122
Startrohre	40
Bedienung	3
Gefechtsgewicht, t	ca. 14
Raketengewicht, kg	66,4
Schussweite, km	20–40
Nachladezeit, min	240
Höchstgeschwindigkeit, km/h	60
Fahrbereich, km	650

Zu Beginn der 2020er-Jahre verfügten die russischen Bodentruppen über die drei Mehrfachraketenwerfer-Typen „Grad“, „Uragan“ und „Smertsch“. Diese in die Jahre gekommenen Muster löst der Mehrfachraketenwerfer „Tornado“ in drei Ausführungen ab: 122 mm „Tornado-G“ (G = „Grad“, Hagel), 220 mm „Tornado-U“ (U = „Uragan“, Orkan) und 300 mm „Tornado-S“ (S = „Smertsch“; Wirbelsturm). Sie verschießen die für „Grad“, „Uragan“ und „Smertsch“ geschaffene Muntion sowie neue Raketen mit bis zu 2,5-facher Schussweite und noch wirksameren Sprengköpfen.

In der Fachliteratur stand zu lesen, dass der Mehrfachraketenwerfer „Tornado“ auf modularer Basis das Einheitsfahrgestell des 8 x 8-Lkw BAS-6950 erhalten sollte, also wahlweise alle drei „Tornado“-Arten aufnimmt, was logistisch und finanziell erhebliche Vorteile bringt.

Nach den Plänen des russischen Verteidigungsministeriums sollte der „Tornado“ die Systeme „Grad“, „Uragan“ und „Smertsch“ bis 2020 längst abgelöst haben, was bisher aber nicht vollständig umgesetzt wurde.

Die größten Fortschritte machte bislang der vom Unternehmen „Splaw“ gebaute 122-Mehrfachraketenwerfer „Tornado-G“, der öffentlich erstmals im September 2011 auf dem Schießplatz Kapustin Jar vorgeführt wurde. Anfang April 2012 gab der Leiter des Pressedienstes des Südlichen Militärbezirks bekannt, dass die Bezirkstruppen die ersten 20 Mehrfachraketenwerfer dieses Typs erhalten haben. Insgesamt sah man 2012 die Lieferung von 36 „Tornado-G“ vor und weiterer in den Folgejahren.

Der Mehrfachraketenwerfer 9K51M „Tornado-G“ umfasst:

- Trägerfahrzeug 2B17-1;
- Versorgungs- und Nachladefahrzeug;
- 122-mm-Raketen alter und neuer Ausführung.

Wie oben erwähnt, sollte „Tornado-G“ das Fahrgestell des vierachsigen Lkw BAS-6950 erhalten. Da

122-mm-Mehrfachraketenwerfer 9K51M „Tornado-G“ (BM-21-1). Foto: Motowilichinski-Werk

122-mm-Mehrfachraketenwerfer 9K51M „Tornado-G“ auf Fahrgestell Ural-4320. Foto: Motowilichinski-Werk

die Kosten für dieses Fahrgestell sehr hoch sind, griff man auf das bewährte Dreiachs-Fahrgestell des Ural-4320 zurück, der schon dem BM-21-1 „Grad-M“ als Trägerfahrzeug dient und mit der automatischen Feuerleitanlage „Uspech-R" sowie einer Satellitennavigationsanlage ausgestattet wurde, mit folgenden Vorteilen:

- Vereinfachte Navigation;
- Bestimmung von Zielkoordinaten;
- Bestimmung der aktuellen Koordinaten auf dem Marsch mit Anzeige des Ortes und der Marschroute mittels elektronischen Karte auf einem Bildschirm;
- Vollautomatisieres Richten, Feuervorbereitung und Feuern, ohne dass die Bedienung die geschützte Kabine verlassen muss;
- automatisierte Zündereinstellung;

Nach den ursprünglichen Plänen sollte der „Tornado-G“ zwei Startrohrpakete für je 15 Raketen erhalten. Die Version auf Ural-4320-Chassis erhielt hingegen 40 Werferrohre. Um einem Verziehen des Rohrpakets durch starke Erwärmung/Abkühlung vorzubeugen, bekam es eine isolierende Ummantelung.

Der „Tornado-G“ verschießt 122-mm-Raketen alter wie neuer Ausführung auf bis zu 40 km. Aufgrund der weiter reichenden, präziseren Munition und der verbesserten Ziel-, Navigations- und Feuerleitanlagen dürfte der „Tornado-G“ dem alten Mehrfachraketenwerfer „Grad“ leistungsmäßig 2,5- bis 3-fach überlegen sein.

122-mm-Mehrfachraketenwerfer 9K51M „Tornado-G“ beim Feuern. eurasian-defence.ru

220-mm-Mehrfachraketenwerfer 9K57 „Uragan" (BM-27)

Der 220-mm-Mehrfachraketenwerfer 9K57 „Uragan" (Orkan) kann als Unterstützungswaffe eine Vielzahl von Kampfaufgaben erfüllen, vom Vernichten von Weichzielen und gepanzerten Fahrzeugen bis zur Zerstörung von Kommandoposten und befestigten militärischen Einrichtungen auf 10 bis 35 km Entfernung. Die sowjetischen Streitkräfte führten den „Uragan" bereits 1975 ein. Der Komplex besteht aus

- Trägerfahrzeug 9P140;
- Versorgungs- und Nachladefahrzeug 9T452;
- Raketen;
- Wartungssatz 9F383;
- automatisierte Feuerleitanlage 1W126 „Kapustnik-B";
- Übungsgerät 9F817;
- Fahrzeug für topografische Vermessung 1T12-2M;
- meteorologischer Peilanlage 1B44.

220-mm-Mehrfachraketenwerfer 9K57 „Uragan" (BM-27) auf Fahrgestell SIL-135 LM.

Das Trägerfahrzeug 9P140 ist auf dem Fahrgestell des vierachsigen Lkw SIL-135 LM aufgebaut.

Der Geschützteil umfasst ein Paket von 16 Startrohren, die Schwenklafette mit Richt- und Zielanlage sowie Elektrik und Hydraulik zu deren Antrieb. Der Höhenrichtbereich beträgt +5° bis +55°, der Seitenrichtbereich 60°. Zwei hydraulische Stützen am Heck stabilisieren das Fahrgestell beim Feuern.

Die Startrohre des BM-27 „Uragan" entsprechen prinzipiell denen des BM-21 „Grad". Das Innenprofil ist glatt bis auf die spiralförmige Führungsnut, die den Raketen über ihre Führungswarzen den Anfangsdrall verleiht. Das Faltleitwerk entfaltet sich nach Verlassen des Rohrs und seine leicht schräg angeordneten Flossen sorgen für die weitere Drallstabilsierung im Flug. Es handelt sich um ungelenkte 220-mm-Feststoffraketen mit Spreng/Splitter-Gefechtsköpfen. Außerdem gibt es Streu-, Brand-, chemische sowie Aerosol-Sprengköpfe. Der „Uragan" kann Einzel- wie Salvenfeuer abgeben. Eine Vollsalve mit 16 Raketen dauert 20 Sekunden; sie deckt eine Fläche von 430.000 qm ab. Die Höchstschussweite beträgt 34 km, die Mindestschussweite 8,5 km.

220-mm-Mehrfachraketenwerfer 9K57 „Uragan".

Das Laden erfolgt mit Hilfe eines Munitionstransporters mit Kran ebenfalls auf SIL-135 LM, der ein Paket mit 16 Raketen trägt. Der Nachladevorgang ist mechanisiert und dauert etwa 15 Minuten.

Als Besonderheit befindet sich die Motoranlage des vierachsigen SIL-135 LM hinter der viersitzigen Fahrerkabine. Sie besteht aus zwei Achtzylinder-V-Vergasermotoren SIL-375, die bei 3200 U/min maximal je 180 PS entwickeln. Dies schlägt sich auf befestigten Straßen in einer Höchstgeschwindigkeit von 70 km/h nieder. Das allradgetriebene, rund 20 t schwere Fahrzeug (einschließlich Waffenanlage) trumpft durch gute Geländegängigkeit; ohne Vorbe-

reitung durchfurtet es bis zu 1,2 m tiefe Gewässer.

Gemäß den Plänen des russischen Verteidigungsministeriums wird der Mehrfachraketenwerfer „Uragan" in absehbarer Zeit durch den neuen „Tornado-U" vollständig ersetzt. Noch ist es aber noch nicht so weit, und so setzten die russischen Truppen bei der „Spezialoperation" in der Ukraine 2022 den alten „Uragan" weiter ein.

Technische Angaben	
Kaliber, mm	220
Startrohre	16
Besatzung	4
Gefechtsgewicht, t	20,2
Abmessungen, mm	
Länge	11.500
Breite	3100
Höhe bei abgesenktem Werfer	2700
Raketengewicht, kg	280,4
Schussweite, km	
Maximal	34
Mindestens	8,5
Dauer der Salve, s	20
Nachladezeit, min	15
Motorleistung, PS	2 x 180
Höchstgeschwindigkeit, km/h	70
Fahrbereich, km	500

220-mm-Mehrfachraketenwerfer 9K57 „Uragan" beim Feuern.

300-mm-Mehrfachraketenwerfer 9K58 „Smertsch“ (BM-30)

Der 300 mm 9K58 „Smertsch“ (Wirbelwind) stellt den schwersten Mehrfachraketenwerfer der russischen Streitkräfte dar. Es wurde entwickelt, um Weichziele, gepanzerte wie ungepanzerte Fahrzeuge, Stellungen jeglicher Art, Bunker, Gefechtsstände und Befestigungsanlagen sowie Infrastruktur auf Entfernungen von 20 bis 70 km zu zerschlagen.

Das System wurde Anfang der 1980er-Jahre vom Unternehmen „Splaw“ entwickelt und 1987 von der sowjetischen Artillerie übernommen. Der Komplex besteht aus

- Trägerfahrzeug 9A52 oder 9A52-2;
- Versorgungs- und Nachladefahrzeug 9T234 oder 9T234-2;
- 300-mm-Raketen;
- Übungsgerät;
- eine Reihe spezieller Wartungs- und Werkzeugsätze;
- automatisierte Feuerleitanlage;
- Fahrzeug für topografische Vermessung;
- meteorologische Peilanlage.

Die Hauptelemente stellen die Werferanlage und das schwere vierachsige Trägerfahrzeug MAS-79111 (9A52) oder MAS-543M (9A52-2) dar. Interessanter Weise erschien 2005 eine Version des 9A52-2T auf Fahrgestell des tschechischen Vierachs-Lkw Tatra-816 und später eine Variante auf Fahrgestell des fünfachsigen Lkw Kamas. Des Weiteren trat eine leichte, sechsrohrige Ausführung 9A52-4 auf vierachsigem Kamas-63501 in Erscheinung.

Ansonsten entspricht das Trägerfahrzeug 9A52-2 dem traditionellen Aufbau eines schweren Mehrfachraketenwerfers mit Geschützteil im Heck, Fahrerkabine vorn (in Fahrtrichtung links), dahinter der Motor und die Mannschaftskabine mit Funk- und Feuerleitanlage.

Das 8 x 8-Radfahrwerk des MAS-79111 oder MAS-543M gewährleistet eine hohe Geländegängigkeit; es meistert Steigungen bis zu 30° und durchfurtet

Die Version 9A52-4 auf Tatra T 815-6 (10 x 10) stellte eine leichtere Ausführung des „Smertsch“ dar.
Foto: Motowilichinski-Werk

bis zu 1 m tiefe Gewässer ohne Vorbereitung. Auf befestigten Straßen entwickelt das Fahrzeug eine Höchstgeschwindigkeit von 60 km/h; der Fahrbereich beträgt 850 km.

Die Geschützeinheit umfasst ein Paket von 12 Startrohren, die Lafette mit Schwenk- und Höhenrichtanlage, Richtanlage, Ausgleichsmechanismen, elektrischer Antriebseinheit zum Schwenken und Höhenrichten sowie Zusatzausrüstung.

Der Aufbau der Rohre entspricht prinzipiell denen der anderen hier vorgestellten Mehrfachraketenwerfer. Der Höhenrichtbereich beträgt 0° bis +55°; der Seitenrichtbereich 60° (30° links und rechts der Längsachse). Zwischen der dritten und vierten Achse befinden sich hydraulische Stützen zur Stabilisierung des Werfers beim Feuern.

Die von „Splaw" entwickelten Raketengeschosse des „Smertsch" bieten gegenüber ausländischen Mehrfachraketenwerfern eine zwei- bis dreifach höhere Treffgenauigkeit. Dies liegt in erster Linie an ihrer Lenk-/Messeinheit zur Korrektur der Flugbahn. Die ermittelten Korrekturen werden an vier kleine Raketentriebwerke hinter dem Leitwerk übertragen, deren Düsen die Kursberichtigungen ausführen. Die Drallstabilisierung übernehmen ansonsten Rohr und

300-mm-Mehrfachraketenwerfer 9K58 „Smertsch" (BM-30) mit sechs Rohren auf Fahrgestell Kamas 63501.

300-mm-Mehrfachraketenwerfer 9K58 „Smertsch“, Heckansicht. yandex.ru

„Totschka-U“ ausgerüsteten Brigaden. Eine „Smertsch“-Salve deckt eine Fläche von 672.000 qm ab.

Die hohe Effektivität des schweren Mehrfachraketenwerfers stellt das vom Tomsker Produktionsverband „Kontur“ entwickelte und gebaute automatisierte Feuerleitsystem „Vivarium“ sicher. Das System kombiniert mehrere Kommandofahrzeuge, die dem

Kommandeur der Mehrfachraketenwerfer-Brigade und den ihm unterstellten Abteilungskommandeuren (bis zu drei Abteilungen) und Batteriechefs (bis zu 18 Batterien) zur Verfügung stehen. Jedes Kommandofahrzeug auf Fahrgestell KAMAS-4310 verfügt über einen Digitalrechner, Displays, Drucker, Kommunikations- und Verschlüsselungsgeräte sowie über eine autarke Energieversorgung. „Vivarium“ ermöglicht den Informationsaustausch mit höheren, untergeordneten und interagierenden Führungsstellen, löst die Probleme der Planung von konzentriertem Feuer und Streufeuer, bereitet Schießdaten vor, sammelt und analysiert Informationen über das Gefecht oder den Marsch der verschiedenen Raketenwerferbatterien.

Aufgrund des erheblichen Verschleißes, der sich nach vielen Dienstjahren bei den meisten Waffensystemen einstellt, will das russische Verteidigungsministerium den Mehrfachraketenwerfer 9K58

Leitwerk, wie bei den anderen Typen beschrieben. Die Streuung der Raketen bei einer Vollsalve liegt bei 0,21 % – was immer das heißen mag.

Die 300-mm-„Smertsch“-Raketen verfügen über ein Feststoff-Raketentriebwerk, sind 6 m lang und wiegen 800 kg. Der 280 kg schwere Gefechtskopf trägt entweder Einzel- oder Streugeschosse. Das Einzelgeschoss enthält 92,5 kg Sprengstoff und wird zum Beschuss von Hartzielen (Befestigungen, Gefechtsstände usw.) verwendet. Das Streugeschoss enthält 72 je 2 kg schwere Splitterprojektile zur Bekämpfung von Weich- und ungepanzerten Zielen. Des Weiteren stehen u. a. 300-mm-Geschosse mit Aerosol-Sprengkopf sowie Brand-Submunition zur Verfügung.

Der „Smertsch“ gibt Einzel- wie Salvenfeuer ab. Eine Vollesalve dauert 38 Sekunden. Die Zündung erfolgt entweder aus dem Cockpit des Fahrzeugs oder mittels Fernbedienung von außerhalb. Die Wirkung einer Vollsalve von drei „Smertsch“" entspricht dem Feuer zweier mit taktischen Raketen 9K79

Technische Angaben	
Kaliber, mm	300
Startrohre	12
Besatzung	4
Gefechtsgewicht, t	43,7
Abmessungen, mm	
Länge	12.400
Breite	3100
Höhe bei abgesenktem Werfer	3100
Raketengewicht, kg	800
Schussweite, km	
Maximal	70
Mindestens	20
Dauer der Salve, s	38
Nachladezeit, min	36
Motorleistung, PS	525
Höchstgeschwindigkeit, km/h	60
Fahrbereich, km	850

300-mm-Mehrfachraketenwerfer 9K58 „Smertsch“ (BM-30) mit 12 Abschussrohren auf MAS-Fahrgestell.

„Smertsch“ durch den neuen 9K515 „Tornado-S“ ersetzen. Dieser nutzt das vierachsige Fahrgestell BAS-6950 und nimmt 12 Werferrohre in zwei Sechserpaketen auf. Er ist das Ergebnis einer tiefgreifenden Modernisierung des „Smertsch“ im Laufe der Jahre. Im Vergleich mit dem Vorgänger zeigt der „Tornado-S“ verbesserte Leistungsmerkmale, insbesondere eine deutlich gesteigerte Schussweite und Treffgenauigkeit. Sein Hauptvorteil liegt in der Verwendung grundlegend neuer 300-mm-Lenkflugkörper mit bis zu 120 km Reichweite:

- 9M549 mit Splitter-Tochtermunition
- 9M544 mit Hohlladungsgefechtsköpfen

Die Treffgenauigkeit der „Tornado-S“-Raketen liegt 15–20-mal höher als beim „Smertsch“. „Tornado-S“ ist nicht nur zur Bekämpfung von Flächen-, sondern auch von Einzelzielen in der Lage, zumal jede Rakete mit individuellen Ziel- und Flugdaten gefüttert werden kann. Hinzu kommt eine brandneue automatische Feuerleitanlage. „Tornado-S“ wurde gefechtsmäßig erstmals im Ukrainekrieg eingesetzt und nahm mit 9M544-Raketen (Streu-Gefechtskopf mit Splitter- und panzerbrechender Wirkung) ukrainische Stellungen in der Region Donezk unter genau liegendes Feuer, was einem russischen Vorstoß zum Durchbruch verhalf.

220-mm-Mehrfachraketenwerfer TOS-1 „Burattino“

Bestimmte Abteilungen russischer ABC-Waffen-Brigaden sind mit dem 220-mm-Mehrfachraketenwerfer TOS-1 „Burattino“ (Pinoccio) ausgerüstet, der Raketen mit Flamm- und thermobarischen Gefechtsköpfen verschießt. Er dient er zur Bekämpfung von Weichzielen in und außerhalb von Gebäuden sowie ungepanzerter und leicht gepanzerter Fahrzeuge im Rahmen der taktischen Unterstützung von Infanterie- und Panzerverbänden. Im Unterschied zu anderen russischen Mehrfachraketenwerfern verwendet er jedoch die genannten Munitionen und ist auf dem Kettenfahrgestell des T-72 aufgebaut.

Das TOS (*Tjaschelaja Ognemetnaja Sistema;* Schweres Flammenwerfersystem) wurde 1971–1979 beim Omsker Konstruktionsbüro für Verkehrstechnik (KBTM) entwickelt. Erste Prototypen erschienen 1978–1979. 1980 bestand die Waffe die Erprobung und wurde 1985 eingeführt. Die ersten Serienmuster mit 24 Startrohren hießen schlicht TOS, während die folgende Ausführung TOS-1 „Burattino“ auf Fahrgestell T-72A dreißig Werferrohre erhielt. TOS-1 erlebte seine Feuertaufe in Afghanistan bei den Gefechten im Panschir-Tal und im zweiten Tschetschenienkrieg beim Kampf um Grosny, wo er auch beim Räumen großer Minenfelder half. Das TOS-1-Systems besteht aus

- Kettenfahrgestell mit Werfer;
- Versorgungs- und Nachladefahrzeug;
- Raketen MO.1.01.04.

220-mm-Mehrfachraketenwerfer TOS-1 „Burattino“ beim Feuern. army-news.ru

Der 220-mm-Mehrfachraketenwerfer TOS-1 „Burattino“ auf Fahrgestell T-72A verschießt Raketen mit Flamm- und thermobarischen Gefechtsköpfen. kyiv.osp-ua.info

Höhen- und Seitenrichten erfolgen über die Feuerleitanlage mittels Hilfsmotoren, wozu die Bedienung ihren geschützten Platz in der Wanne nicht verlassen muss. Zur Feuerleitanlage gehören:

- Zieleinrichtung;
- Laser-Entfernungsmesser;
- ballistischer Rechner;
- Positionssensor.

Im Fahrgestell T-72A sitzt der Fahrer vorn und die Bedienung einschließlich Geschützführer im mittleren Teil. Ihre Kabine verfügt über ein abnehmbares Dach mit Luke und Sichtgeräten.

TOS-1 kann Einzelschüsse, Doppelschüsse aus zwei Rohren und Salven (mit Intervallen von einer Viertelsekunde) abfeuern.

Das Versorgungs- und Nachladefahrzeug auf Fahrgestell des Lkw KrAS-255B bringt neue Munition heran und belädt bzw. entlädt den Werfer mittels Kran. Jedem Werfer sind zwei solcher Fahrzeuge zugeordnet.

Die 3725 mm langen und 217 kg schweren ungelenkten 220-mm-Feststoffraketen bestehen aus dem Antriebsteil mit Leitwerk und aus dem Gefechtskopf mit Ladung und Zünder. Die thermobarische Ladung besteht aus einem Gemisch von Flüssigkeiten (z. B. Propylnitrat) und Leichtmetallen (Magnesiumpulver). Während des Fluges wird die Mischung über die Drehung der Raketen um ihre Längsachse zusätzlich feingemischt, was ihre Wirkung erhöht. Zur Munitionspalette zählen auch Flammgeschosse.

Bei der Zündung zerstört eine spezielle Sprengladung zuerst die Gefechtskopfhülle und verteilt das thermobare Gemisch in der Bodenluftschicht. Erst dann wird das Gemisch aktiviert und verbrennt explosionsartig, wodurch eine starke Stoßwelle und sehr große Hitze entstehen.

Die Schussweite beträgt lediglich 3500 m, mit neueren Raketen 6000 m.

Da das Fahrgestell vom T-72A stammt, steht TOS-1 den mit diesem Kampfpanzer ausgerüsteten Verbänden in Geländebeweglichkeit und Geschwindigkeit nicht nach, was das Zusammenwirken erheblich vereinfacht.

Technische Angaben	
Kaliber, mm	220
Startrohre	30
Besatzung	3
Gefechtsgewicht, t	42
Abmessungen, mm	
Länge	6860
Breite	3460
Raketenggewicht, kg	173
Schussweite, km	
Maximal	3,5
Mindestens	0,4
Motorleistung, PS	840
Höchstgeschwindigkeit, km/h	60
Fahrbereich, km	550

220-mm-Mehrfachraketenwerfer TOS-1A „Solnzepjok"

220-mm-Mehrfachraketenwerfer TOS-1A „Solnzepjok" mit 24 Abschussrohren auf Fahrgestell T-90. Foto: Omsktransmasch

Für die russischen Streitkräfte entwickelte das Omsker Konstruktionsbüro für Verkehrstechnik (KBTM) 2001 aus dem TOS-1 den kampfwertgesteigerten neuen 220-mm-Mehrfachraketenwerfer TOS-1A „Solnzepjok" (Sonnenhitze).

Das System wurde am 4. April 2001 eingeführt. In den russischen Streitkräften ging es den RChBS-Verbänden (ABC) zu, da es thermobare und Flamm-Munition verschießt. Nach russischer Militärgliederung gibt es je Bezirk drei solcher Brigaden und je Armee zwei Regimenter sowie eine selbstständige Flammenwerferabteilung. TOS-1A verstärkt die bereits mit TOS-1 ausgerüsteteten Flammenwerferabteilungen der RChBS-Brigaden.

Das TOS-1A-System umfasst:

- Werfer BM-1 auf Fahrgestell T-90 (1 Fahrzeug);
- Versorgungs- und Nachladefahrzeug TSM-T auf Fahrgestell T-90 (2 Fahrzeuge);
- ungelenkte Raketen MO.1.01.04 und MO.1.01.04M.

Der Werfer BM-1 verfügt über ein Paket aus 24 Startrohren, angeordnet in drei Reihen zu 8 Rohren übereinander. Die Verringerung der Werferrohr-Zahl im Vergleich zum TOS-1 erklärt sich durch den Umstand, dass das Paket einen verstärkten Panzerschutz gegen feindliche Waffenwirkung, aber auch zur Ver-

Technische Angaben	
Kaliber, mm	220
Startrohre	24
Bedienung	3
Gefechtsgewicht, t	44,3
Länge	6680
Breite	3460
Höhe bei abgesenktem Werfer	3100
Raketengewicht, kg	217
Schussweite, km	
Maximal	6
Mindestens	0,4
Motorleistung, PS	840
Höchstgeschwindigkeit, km/h	60
Fahrbereich, km	500

220-mm-Mehrfachraketenwerfer TOS-1A „Solnzepjok", dahinter ein Versorgungs- und Nachladefahrzeug. TSM-T, ebenfalls auf Fahrgestell T-90. Der Werfer an sich läuft unter der Bezeichnung BM-1. Foto: Omsktransmasch

Versorgungs- und Nachladefahrzeug TSM-T auf einem Versuchsgelände. Foto: Omsktransmasch

meidung von Unfällen bei Kollisionen mit anderen Fahrzeugen erhielt, wobei die Raketen explodieren können (offenbar gab es einschlägige Erfahrungen und vorsichtshalber werden beim 30-rohrigen TOS-1 die äußeren Rohre auf dem Marsch nicht geladen). Andererseits wollte man das Gefechtsgewicht, das bei 24 panzergeschützten Rohren schon bei über 44 t liegt (TOS-1: 42 t), nicht unnötig erhöhen. Kurzum: Erhöhung des Panzerschutzes zu Lasten der Rohrzahl, wobei der Kampfwert unter Erhöhung der Sicherheit nur unwesentlich abnahm – wenn überhaupt. Denn der Werfer BM-1 erhielt kampfwertgesteigerte Raketen und eine verbesserte Feuerleitanlage mit digitalem Rechner, der den analogen Computer des TOS-1 ersetzte. Sie besteht aus

- Zieleinrichtung;
- Laser-Entfernungsmesser;
- digitaler ballistischem Rechner;
- elektrohydraulischen Antrieben

Das Feuerleitsystem klärt Ziele auf, misst sie ein, berechnet automatich die Richtwinkel und die Raketenflugbahn unter Berücksichtigung von Außentemperatur sowie atmosphärischen Bedingungen wie Luftdruck, Windgeschwindigkeiten und –richtungen. Insofern war es möglich, bei TOS-1A die Treffgenauigkeit zu verdoppeln, durch Automatisierung der Richtprozesse schneller zu feuern und die Zeit in Feuerstellung zu verkürzen.

In Feuerstellung braucht die Bedienung – wie schon beim TOS-1 – ihre geschützte Kabine in der Panzerwanne nicht zu verlassen, aus der sie sämtliche Vorgänge bis aufs Fahren und Nachladen steuert, so auch das Seitenrichten des Werfers mittels Aktuatoren und SPN-Bedienfeld; das Höhenrichten erfolgt automatisch. Sozusagen per Knopfdruck bringt sie den Werfer auch wieder in Marschposition und genießt die ganze Zeit über den Schutz einer Kampfpanzerbesatzung.

Auch das Versorgungs- und Nachladefahrzeug TSM-T wurde auf Panzerwanne T-90 (nach anderen Angaben T-72) aufgebaut. Es verfügt über einen Kran zum Be- und Entladen und 24 Raketen zum Nachladen. Auf einen Werfer kommen zwei Versorgungsfahrzeuge, womit der TOS-1A über 72 Schuss Bereitschaftsmunition verfügt: 24 Raketen im Werfer und 48 auf den Versorgungsfahrzeugen.

Neben der Rakete MO.1.01.04 verschießt die TOS-Familie die neue, von „Splaw" entwickelte Rake-

220-mm-Mehrfachraketenwerfer TOS-1A „Solnzepjok" auf einem Übungsplatz. Foto: Omsktransmasch

220-mm-Mehrfachraketenwerfer TOS-1A „Solnzepjok“ auf dem Marsch. Foto: Omsktransmasch

te MO.1.01.04M. Die alte Rakete wies bei einer Länge von 3300 mm ein Gewicht von 173 kg auf, die neue misst 3700 mm und wiegt 217 kg. Die Schussweite beträgt 6000 m. 2020 wurde der Komplex unter Steigerung der Schussweite um weitere 66 % kampfwertgesteigert. Die Geschosse sind prinzipiell gleich aufgebaut und bestehen aus einem thermobaren oder Flammsprengkopf, einem Zünder und einem Feststoff-Raketentriebwerk.

Betrachtet man das TOS-1A-System als Ganzes,